动静干涉流动数值模拟技术与应用

刘春宝 编著

Numerical Simulation Strategies of Rotor-Stator Interaction Flows and Its Application

化学工业出版社

·北京·

内容简介

流体机械广泛应用于能源动力、冶金电力、石油化工、航空航天等支柱性行业，也是航空燃机、南水北调、深海开发等重大工程的核心设备。准确预测流体机械工作介质的运动规律及功能转换原理，对缩短产品开发周期与提高性能有重要意义。

本书根据作者课题组研究成果编写而成，介绍了动静干涉叶栅三维流动耦合计算方法、湍流模型评价、两相流动计算求解、多物理场耦合分析及优化、仿生交叉学科等方面的工作。全书理论与应用结合紧密，从基础理论、数值计算和实验研究等方面展开，主要内容包括：计算流体力学基础知识，计算流域动静干涉耦合方法与湍流模型评价，油、水及空气等不同介质下典型流体机械动静干涉作用机理及流场分析，界面多相流流动行为与工程应用，流动问题中多物理场耦合计算与性能优化设计。本书各章节根据需要提供了工程实例，较为全面地反映了流体动静干涉的运动特性，为相关流体机械研究提供了理论和技术支撑。

本书可作为机械、石油、化工、材料、水利水电等专业的教材和参考书，也为从事相关行业产品设计与实际应用的工程技术人员提供了重要的借鉴和参考价值。

图书在版编目（CIP）数据

动静干涉流动数值模拟技术与应用 / 刘春宝编著
. —北京：化学工业出版社，2022.3（2022.11重印）
ISBN 978-7-122-40581-4

Ⅰ. ①动…　Ⅱ. ①刘…　Ⅲ. ①湍流-模型-数值模拟-研究　Ⅳ. ①O357.5

中国版本图书馆CIP数据核字（2022）第010316号

责任编辑：张海丽　张兴辉　　装帧设计：刘丽华
责任校对：边　涛

出版发行：化学工业出版社（北京市东城区青年湖南街13号　邮政编码100011）
印　　装：北京印刷集团有限责任公司
710mm×1000mm　1/16　印张16½　字数310千字　2022年11月北京第1版第2次印刷

购书咨询：010-64518888　　售后服务：010-64518899
网　　址：http://www.cip.com.cn
凡购买本书，如有缺损质量问题，本社销售中心负责调换。

定　　价：138.00元

前言

FOREWORD

流体机械是以流体为工作介质并实现能量转换的机械，通常包括泵、水轮机、汽轮机、液力变矩器、燃气轮机、风力机、通风机、压缩机和液力偶合器等，是维持人类发展重要且必要的装备。流体机械技术源远流长，从古代水力驱动磨石加工谷物，到现代水力发电的大型水轮机、临床 3D 打印的人工心脏等，尤其是进入 21 世纪后发展迅速。

流体机械的基本功能是能量转换，核心组件是叶轮，因此，流体机械也称叶轮机械。流体机械涉及轮毂比、叶片间距、叶片展弦比、叶片安放角、叶尖间隙等多个复杂几何参数，涉及动静 - 耦合作用、主流 - 边界层相互作用、逆压梯度、流动分离、尾迹 - 射流、间隙流动、转捩流动等众多复杂流动现象。动静干涉（Rotor-Stator Interaction，RSI），通常指水轮机的转动系统（转轮）与静止系统（导叶）之间的相互影响。实际上，动静干涉是泵、水轮机、液力元件和螺旋桨等流体机械中的典型流动现象，且旋转效应改变了近壁湍流脉动旋度，故圆周方向湍流强度增强。在流体机械中，由于强旋转、大曲率和多壁面的共同影响，旋转湍流的各向异性特性更加突出，更容易产生流动分离，在叶片表面存在更大范围的强剪切流动，甚至是由层流到湍流的转捩流动。进一步引申，动静干涉流动也存在于流体传动元件表面，体现为多相交互界面力学行为，如黏附、接触、摩擦润滑、耦合共振等。动静干涉界面的演化规律受环境压强、气体扩散、液体蒸发、系统振动、流体剪切等多重因素的影响，涉及浸润状态转变、浸润状态恢复，以及气泡形态变化三种液 - 气界面演化规律。

流体机械流动分析与设计优化的重点是叶轮内部的瞬态流动，通过流动计算与分析，能够获得实验难以测量的流场速度、压力、温度等物理量的分布，发现不同尺度的涡旋结构，揭示能量损失的主要部位，从而为优化水力设计、提高水力性能提供依据。常规流动分析方法很难在流体机械非设计工况下取得符合实际的计算结果，计算流体力学（CFD）逐步成为完善计算结果的重要支撑。CFD 兼有理论性和实践性的双重特点，为现代科学中许多复杂流动与传热问题提供了有效的解决方法。本书是作者多年来教学与科研的工作积累，是在复杂流动数值模拟与工程应用领域的探索和实践，重点关注了动静干涉的强旋转、大曲率流动机械流动数值模拟方法。

本书共分为五大部分，主要内容包括动静干涉叶栅三维流动耦合计算方法、湍流模型评价、两相流动计算求解、多物理场耦合分析及优化、仿生交叉学科等方面的工作。第一部分是对流体机械动静干涉流动计算所涉及的理论及技术的基本介绍，包括第 1 ～ 2 章，分别为计算流体力学的相关基本概念、湍流模型的分类及流体运动的耦合计算方法归纳。第二部分从湍流核心区的高雷诺数流动、近壁区低雷诺数流动和层流到湍流的转捩流动等不同方面，分析了现有湍流模型在流体机械中的适用性，包括第 3 章，主要针对喷管射流及液力偶合器全三维黏性流动进行解析。第三部分指出了典型湍流模型在求解旋转湍流时存在的问题，探索了针对不同求解目标引用不同湍流模型的有效途径和方法，包括第 4 ～ 6 章，主要介绍了涉及油、水、空气等不同介质下的齿轮箱润滑、螺旋桨敞水、抛丝机排风等典型工程案例的数字化建模及关键技术。第四部分针对自然界和工业界广泛存在的界面多相流问题，进行了计算流体力学在多学科交叉领域的工程应用探索，包括第 7 章，主要针对仿生超疏水表面减阻、液滴撞击低温表面的相变问题进行探讨阐述。第五部分为基于流场解析技术的流体力学性能数字化优化设计技术专题，包括第 8 ～ 9 章，主要针对复杂工况下装备实际性能的多场耦合分析，使用辅助智能优化算法，对液力变矩器、液力缓速器和翅板式换热器等典型流体机械性能进行多目标优化设计。本书探究了湍流模型的发展趋势，及对湍流模型在流体机械中的应用进行了展望，是适用于高等院校和科研机构人才培养的流体机械设计及计算流体的教学和参考用书。

本书中介绍的成果大部分是作者课题组的研究开发成果，凝聚了作者及其老师与研究生们的心血，在本书的编写过程中还参阅并引用了很多文献和资料，在此一并致谢。

最后还要说明的是，流体力学理论博大精深，流体机械技术繁杂，虽然作者尽了最大努力，但限于水平，再加之计算流体力学理论及相关技术发展迅速、日新月异，本书的观点不一定成熟，不足和疏漏之处在所难免。敬请读者批评、指正和帮助。

编著者

目录 CONTENTS

Chapter 1

第 1 章

计算流体力学基础

1.1 计算流体力学基本原理

1.1.1 计算流体力学概述

流体力学就是以流体为研究对象，并把流体作为连续介质来处理的一门学科[1]。它是通过理论分析和实验研究两种手段发展起来的，有理论流体力学和实验流体力学两大分支[2-5]。理论分析是用数学方法求出问题的定量结果（解析解），但用这种方法只能求得简单问题的结果，对于复杂问题，计算量过于庞大无法进行求解。计算流体力学（Computational Fluid Dynamics，CFD）正是为弥补这一不足而发展起来的一门学科。

CFD 是基于经典流体力学和数值计算方法建立的[6-8]，用于解决湍流、不稳定流动和非线性流动等较复杂流动问题，是一种近似解方法，其适用范围受数学模型和计算机的性能所限制[9-12]。其解决流动问题的基本思路是：从流体力学基本物理规律出发，确定流动所遵守的控制方程，如质量守恒方程、动量守恒方程、能量守恒方程和组分守恒方程，一般这些控制守恒方程为偏微分方程，通过数值算法将计算域离散化，把连续的偏微分方程离散为代数方程组，然后数值求解该代数方程组，从而获得所求计算域连续物理变量在这些离散点上的近似值[13-18]。这样可以获得各种复杂流动的各个物理量在计算域中的分布，及它们随时间的变化规律。

另外，CFD 经常被视为虚拟的流体实验室，与传统的方法相比有几大优势，包括：速度、费用、完整的信息和极端模拟环境等[19-21]。高性能的处理器和高效的 CFD 软件代码使仿真的速度明显高于实验。设计人员可以用更少的时间在计算机上实现新产品的开发。在绝大多数场合，计算机本身在运行的费用上较大程度低于同等条件下试验设备的费用。

CFD 能够提供流场区域每一个点的全部数据，流场中的任何位置和数值都可以在 CFD 计算结果中得到。由于数值仿真模拟没有物理条件的限制，可以在非正常工作区域内进行求解，能够得到全操作条件的流场数据，条件易于控制，并且可以重复模拟过程，这些常常是实验和理论分析难以做到的[22-24]。但是，CFD 必须依靠一些较简单的、线性化的、与原问题有密切关系的模型方程进行严格数学分析，然后依靠启发性的推理给出所求解问题的数值解的理论依据[25]，再利用数值实验、地面实验和物理特性分析，验证计算方法的可靠性。

1.1.2　计算流体力学特点

CFD 的兴起推动了研究工作的发展。理论工作者在研究流体运动规律的基础上建立了各类型主控方程，提出了各种简化流动模型，给出了一系列解析解和计算方法。CFD 方法可以清晰地、普遍地揭示出物质运动的内在规律[26]，从而可以用来指导产品的设计方案。同时，它也是实验研究和数值模拟这两种研究方法的理论基础。这些研究成果推动了流体力学的发展，奠定了今天 CFD 的基础，是目前解决实际问题时常采用的方法[27]。

CFD 采用它独有的数值模拟方法，能够研究流体运动的基本物理特性[28]。CFD 的兴起促进了实验研究和理论分析方法的发展，为简化流动模型的建立提供了更多的依据，使很多分析方法得到发展和完善[29]。其特点如下：

① 它给出流体运动区域内的离散解而不是解析解，这区别于一般的理论分析方法；

② 它的发展与计算机技术的发展直接相关，这是因为模拟流体运动的复杂程度、解决问题的广度、所能模拟的物理尺度以及给出解的精度，都与计算机速度、内存、计算及输出图形的能力直接相关[30]；

③ 若物理问题的数学法（包括数学方程及其相应的边界条件）是正确的，那么可在较广的流动参数（如马赫数、雷诺数、飞行高度、气体性质、模型尺度等）范围内研究流体力学问题，且能给出流场参数的定量结果[31-33]。

另外，CFD 的最大优点是适应性强和应用面广。首先，流动问题的控制方程一般是自变量多且是非线性的，计算域的边界条件和几何形状复杂，很难求得解析解，而用 CFD 方法则可以找出符合工程需要的数值解。其次，可以利用计算机进行各种数值试验，例如，选择不同流动参数进行物理方程中各项敏感性和有效性试验，从而进行不同方案的比较[34]。此外，它不受实验模型和物理模型的限制，省时省钱，灵活性高，能给出完整和详细的资料，很容易模拟特殊尺寸、有毒、易燃、高温等真实条件下的特殊工况，达到试验中只能接近却无法达到的理想条件[35]。

CFD当然也有局限性。首先，数值解析方法本身就是一种离散近似的计算方法，依赖于数学上适用和物理上合理，是一种适用于在计算机上进行离散的有限元数学模型，且最终结果不能提供任何形式的解析表达式，只是有限个离散点上的数值解，具有一定的误差[36]。其次，它往往需要由物理模型试验或原体观测提供某些流动参数，不像物理模型实验最初就能给出流动现象并定性描述，而是需要验证建立的数学模型。并且求解过程中程序的编制以及资料的收集、整理与正确利用，在很大程度上依赖技巧与经验。以上原因都有可能导致计算结果不真实。此外，数值处理方法也会使结果偏离预想，如产生频散和数值黏性等伪物理效应[37]。虽然 CFD 具有局限性，但其具有自己的特点，仍是不可或缺的。因此，数值计算与理论分析、实验观测是相互联系、相互促进的，三者各有各的使用场合[38]。在实际工作中，注意三者的有机结合，能够做到取长补短。

1.1.3 计算流体力学应用

伴随计算机技术学科的发展，CFD 迅速崛起，涉及流体流动、热质交换、分子输运等现象的问题皆可进行分析和模拟[39]。如图 1-1 所示，CFD 的应用早已从传统的流体力学和流体工程，如航空、航天、船舶、动力、水利等，扩展到化工、建筑、机械、汽车、冶金、环境等众多领域中，并取得了令人瞩目的成就。

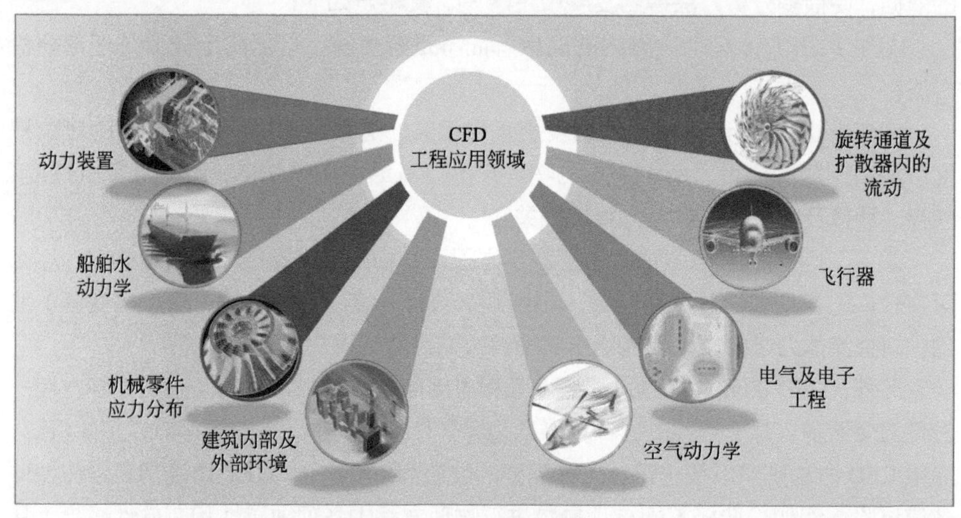

图 1-1 CFD 技术应用领域

在欧美等发达国家和地区，CFD 技术已得到飞速发展，原动力是不断增长的工业需求，而航空航天工业自始至终是最强大的推动力[40]。传统飞行器设计方法试验昂贵、费时，所获信息有限，迫使人们采用先进的计算机仿真手段指导设计，大量减少了原型机试验次数，缩短了研发周期，节约了研究经费。CFD 在湍流模型、网格技术、数值算法、可视化、并行计算等方面取得飞速发展，并给工业界带来了革命性的变化。例如，在汽车工业中（图 1-2 所示），CFD 和其他计算机辅助工程（如 CAE）工具一起，使原来新车研发需要上百辆样车减少为目前的十几辆车；国外飞机厂商用 CFD 取代大量实物试验，如美国战斗机 YF-23 采用 CFD 进行气动设计后比前一代 YF-17 减少了 60% 的风洞试验量[41-43]。目前，部分国家在航空、航天、汽车等诸多工业领域，利用 CFD 进行的反复设计、分析、优化已成为标准的必经步骤和手段。

计算流体力学进入我国时间较短，但已在众多领域获得了广泛的应用，其中航天、航空、船舶、汽车、核电是应用较为深入的领域。在航天方面，载人航天工程、新一代运载火箭的研制等都大大依赖于 CFD 技术；在航空方面，我国第一架喷气涡扇式支线飞机的研制就是 CFD 应用的典范；在船舶方面，随着造船需求不断增大，我国总造船能力要达到 200 万吨，这样巨大的任务只有依托 CFD 才能完成；在汽车方面，随着全球汽车制造向中国的转移，汽车研发能力开始提上日程，出于综合成本的考虑，这些企业都在寻求外部高性能计算，CFD 是可依赖的有效工具 [44]。目前，采用通用成熟的商业 CFD 软件进行设计分析工作已成为众多企业研发工作中不可或缺的一部分。

图 1-2 CFD 计算方法在汽车设计流程中的应用

1.1.4 计算流体力学一般分析步骤

针对流体流动进行数值模拟，采用 CFD 的方法通常包括如下步骤：

① 建立反映工程问题或物理问题本质的数学模型。具体地说就是要建立反映问题各个量之间关系的微分方程及相应的定解条件，这是数值模拟的出发点。没有正确完善的数学模型，数值模拟就毫无意义。流体的基本控制方程通常包括质量守恒方程、动量守恒方程、能量守恒方程，以及这些方程相应的定解条件。

② 寻求高准确度、高效率的计算方法，即建立针对控制方程的数值模拟离散化方法，如有限差分法、有限元法、有限体积法等。这里的计算方法不仅包括微分方程的离散化方法及求解方法，还包括边界条件的处理等。这些内容，可以说是 CFD 的核心。

③ 编制程序和进行计算。这部分工作包括计算网格划分、初始条件和边界条件的输入、控制参数的设定等。这是整个工作中最耗费时间和精力的部分。由于求解的问题比较复杂，如纳维 - 斯托克斯方程（Navier-Stokes 方程，简称 N-S 方程）就是一个十分复杂的非线性方程，数值求解方法在理论上不是绝对完善的，所以需要通过实验加以验证。正是从这个意义上讲，数值模拟又叫数值实验。这部分工作不是轻而易举就可以完成的。

④ 显示计算结果。计算结果一般通过图表等方式显示，这对检查和判断分析质量和结果有重要参考意义。

以上这些步骤构成了 CFD 数值模拟的全过程。其中，数学模型的建立是理论研究的课题，一般由理论工作者完成。无论是流动问题还是传热问题，稳态问题还是瞬态问题，CFD 方法数学模型的求解流程如下：

① 建立控制方程、初始条件和边界条件。通过建立控制方程，同时给出初始条件和边界条件来实现对整个流体运动过程的数学建模。

② 网格离散化。通过网格划分技术将控制方程进行离散化，使其符合数值计算方法的要求，以便求解所得到的离散方程组。

③ 建立离散方程。将网格划分得到的网格节点或网格中心点看作数值计算的因变量，建立关于因变量的代数方程组，通过求解该方程组得出节点值，并根据这些节点值确定离散化区域内其他位置上的值。

④ 方程组求解。给出离散方程组初始条件及边界条件，并设定流体运动涉及的物理参数和计算模型。同时，需要确定迭代计算的目标残差、瞬态计算的时间间隔等。

⑤ 计算结果。根据需求通过后处理软件，将数值计算结果以等值线图、云图、矢量图等形式表示出来。

1.2 湍流的计算流体力学数值模拟方法

湍流是一种常见的高度复杂的流动现象，是流体动力学中仍未完全解决的难题 [45-47]。不少学者对湍流现象进行了深入的研究，得到了流体微元和运动的方程组以及经验理论 [48]。

根据对湍流的脉动特征的计算方式不同，湍流的 CFD 数值模拟方法主要分为直接数值模拟和非直接数值模拟。直接数值模拟（Direct Numerical Simulation，DNS）是直接利用瞬时 N-S 方程求解湍流，其计算结果是准确的、符合实际的。湍流在高雷诺数下会产生 10 ～ 100μm 尺度的涡，并且湍流脉动频率大于 10kHz，因此，DNS 需要极其精细的网格尺寸和特别微小的时间步长，才能够解析出满足需求的湍流信息。目前，计算机的性能条件很难满足 DNS 的计算要求，因此，DNS 仅仅应用在雷诺数较低的槽道或圆管流动中，难以应用到实际工程中。同时，由于湍流包含着大量具有强烈瞬态性和非线性的涡，与时间相关的全部细节也无法用方程精确描述，而且实际工程应用也不要求全部的流动细节信息。因此，研究人员就研究了对湍流进行不同程度简化处理的非直接数值模拟（Non-Direct Numerical Simulation，NDNS）方法。

NDNS 的主要思想是至少将湍流的一部分信息在简化模型中求解，从而降低计算量，提高模拟方法的实用性。从湍流尺度大小来说，NDNS 将湍流分为了大尺度湍流和小尺度湍流。其中，对小尺度湍流进行模型简化后再求解，剩余的湍流直接求解。通过模型简化的湍流越少，则仿真结果越贴近实际流场情况，然而其计算量却不可避免地急剧增加。总的来说，在采用非直接数值模拟时，计算量更少、效率更高，对计算机要求更低，目前在数值计算领域得到了相关人员的广泛使用和认可。根据人们对模拟结果的需求不同，研究人员提出了不同程度的简化方法，从而得到了诸多湍流模型，主要包括统计平均法、雷诺时均法（Reynolds Average Navier-Stockes，RANS）以及尺度解析模拟法（Scale-Resolving Simulation，SRS）。图 1-3 为湍流数值模拟方法分类。

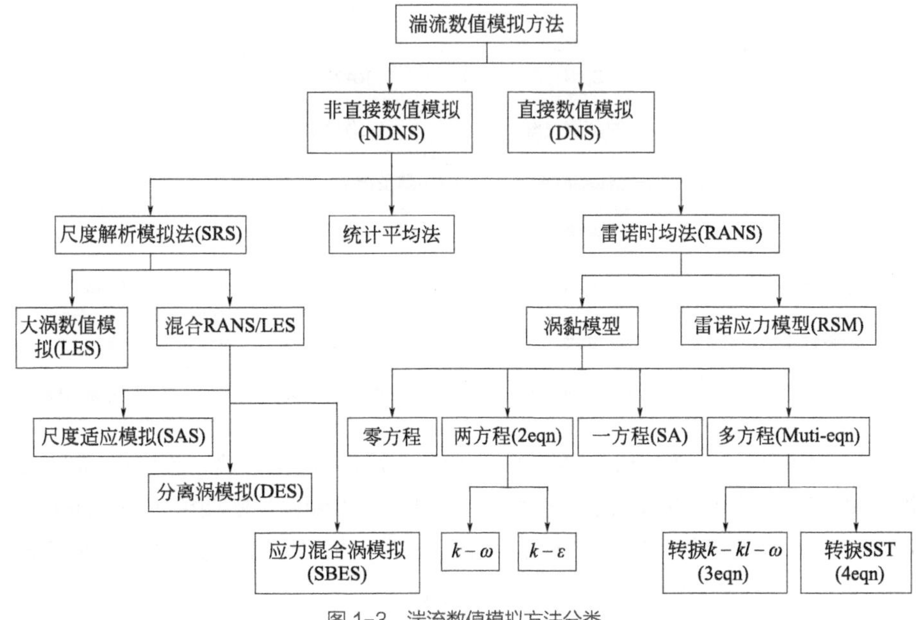

图 1-3　湍流数值模拟方法分类

统计平均法不关注湍流的脉动特征和瞬时性，只关注流场的平均运动特性，在实际工作中也很难实现[49]。作为流体机械中使用最频繁的数值模拟方法，RANS 将瞬时 N-S 方程进行了修改，引入某种时均化的湍流模型代替湍流瞬态脉动量，进而求解简化的时均方程。由于对瞬态脉动量的雷诺应力的假定或处理方式存在差异，常用的 RANS 模型主要包括雷诺应力模型和涡黏模型。RANS 的求解结果具有时均性，大大简化了求解过程。因此，RANS 无法获得精确的瞬态流动信息，但是却极大地提高了计算效率。RANS 在定子转子机械流动模拟时，存在两个至关重要的问题：第一，在转子转速较大时，流场存在大量的流动分离区，计算精度会降低；第二，当需要关注瞬态流场信息时，RANS 不能满足要求。因此，SRS 方法应运而生，它将一部分的流场信息进行直接求解，虽降低了计算效率，但能够求解到流场的详细瞬时信息。SRS 主要分为大涡模拟（Large Eddy Simulation，LES）、尺度自适应模拟（Scale-Adaptive Simulation，SAS）和分离涡模拟（Detached Eddy Simulation，DES）等。其中，SAS 和 DES 具有 RANS 和 LES 优势的混合 RANS/LES 模型（Hybrid RANS/LES，HRL）。LES 对瞬态 N-S 方程进行滤波处理，引入过滤函数对湍流进行尺度过滤，将比网格尺度或过滤器宽度大的湍流采用控制方程直接求解，将剩余的较小尺度涡采用亚格子模型进行求解。相比 DNS，LES 放弃了将全部的湍流进行直接计算，而是对涡进行过滤处理，简化求解过程，降低了计算成本。同时，它还能够解析 RANS 不能求解的信息，如精确的瞬时流动结构。表 1-1 列举了 DNS、RANS 和 LES 方法的不同特点。

表1-1　湍流数值模拟方法的特点对照

项目	DNS	RANS	LES
解析尺度	全部湍流尺度	平均尺度	大尺度
湍流尺度	无具体湍流模型	涡黏及雷诺应力模型	亚格子模型
结果精度	精确	一般	较高
网格质量	极高	一般	较高
求解代价	巨大	较小	较大
求解类型	瞬态流场结果	时均流场结果	瞬态流场结果

和 RANS 相比，虽然 LES 能够捕捉到较多的流场瞬态信息，但是它需要更加精细的网格、较小的时间步长和迭代次数，对计算机硬件性能要求较高，需要高昂的计算成本。有学者对涡轮简化的叶片进行模拟，估计出单个涡轮叶片的 RANS 和 LES 计算量，表 1-2 列举了两种算法的计算量。

表1-2　RANS和LES计算量对照

方法	网格数目	时间步数	每时间步内循环数	计算量比例（相对 RANS）
RANS	～ 10^6	～ 10^2	1	1
LES	10^8 ～ 10^9	10^4 ～ 10^5	10	10^5 ～ 10^7

针对 LES 计算量巨大的问题，近年来不断有学者提出最新的模型改善计算成本，可不断提高计算效率。近些年来，一些专家学者将 RANS 方法和 LES 方法相结合，提出了一系列的 HRL，很好地解决了 LES 计算成本高昂的问题，在工程领域得到了广泛应用。在 HRL 方法中，LES 方法用来处理大规模分离流动，RANS 方法用来处理近壁面边界层附近的湍流耗散和弱分离流动。因此，HRL 模型利用了 RANS 和 LES 的优点，从而突破了 LES 和 RANS 的先天局限性 [50]。图 1-4 展示了 RANS、LES 及 HRL 方法求解的湍流能谱。

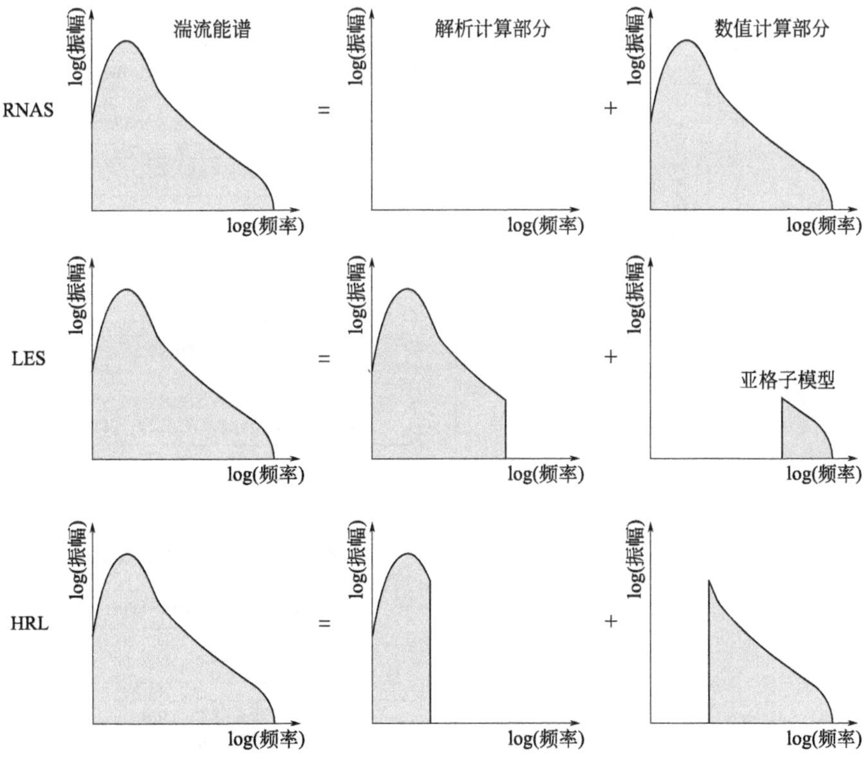

图 1-4　不同数值模拟方法解析的湍流能谱对比

目前，HRL 方法中主要包括尺度适应模拟、分离涡模拟和混合应力涡模拟等三种。其中，SAS 是在非稳态 RANS 方法的基础上被提出来的，采用稳态 RANS 模型

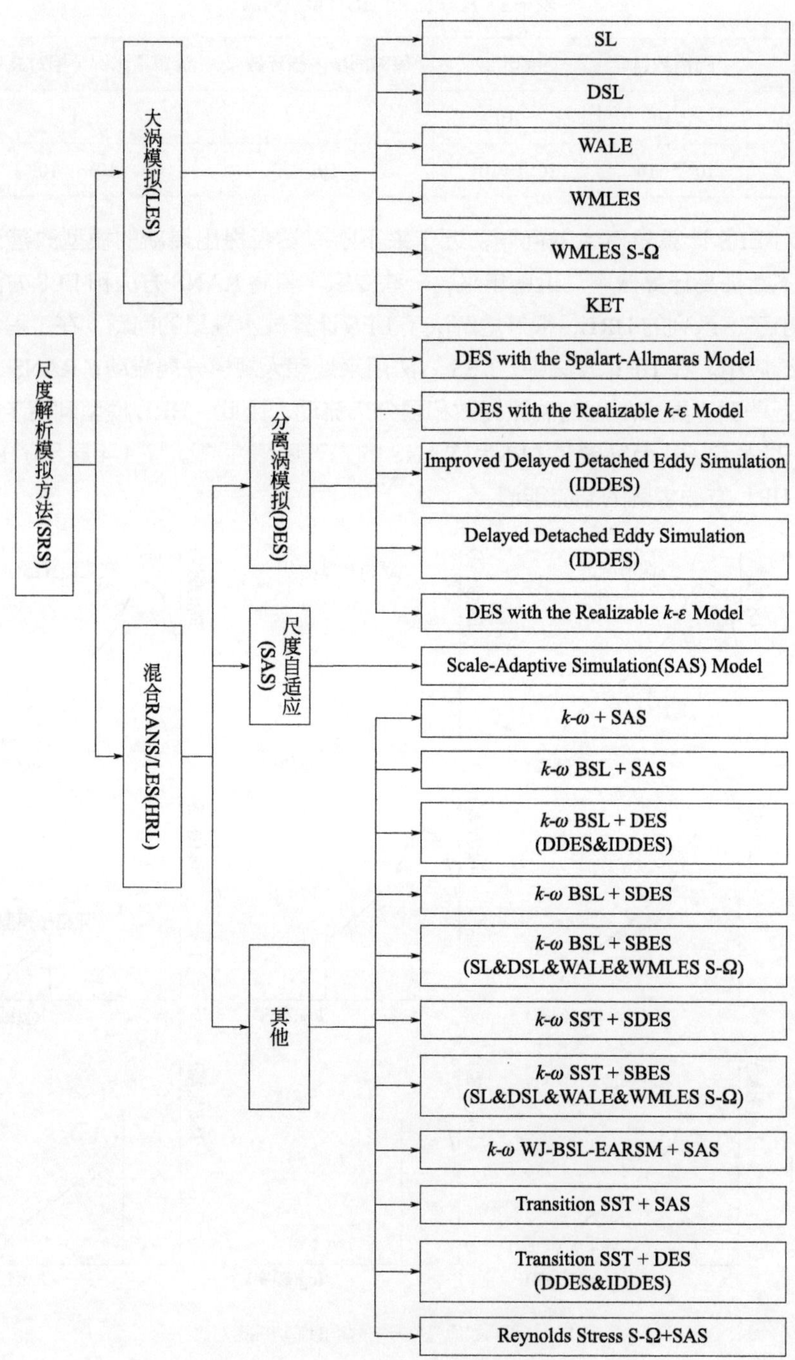

图 1-5 常用的尺度解析模拟方法

和非稳态的 LES 模型同时求解流场的稳态区域和非稳态区域，采取由流动本身决定的冯·卡门尺度划分流场和转换求解模型。SAS 适合求解大分离流动的流场问题。与 SAS 的冯·卡门尺度不同，DES 根据固定网格尺度。当网格尺度小于 DES 求解的湍流尺度时，DES 采取 LES 方法求解流场；反之，则采取 RANS 模型求解流场信息。DES 的计算效率高于 LES，但是低于 RANS。然而 DES 在求解边界壁面几何曲率较大的湍流问题时，会产生网格诱导分离现象，导致过早地转换为 LES 方法求解近壁面区域，从而导致某些信息求解误差增大，阻碍了整体湍流结构的运动发展。为了解决网格诱导分离现象，有学者提出了基于 DES 求解思想的延迟型 DES（Delayed DES，DDES）。DDES 引入了延迟函数的概念，与 DES 相比，允许的网格尺度更大，但是在有些情况下仍然能够出现网格诱导分离现象。因此，基于 DDES 模型，有学者提出了更加先进的混合应力涡模拟（Stress-Blended Eddy Simulation，SBES）模型。这种方法的优点体现在：

① 引入混合函数可以有效地阻止网格诱导分离现象，提供对壁面边界层区域 RANS 模式的防护，同时也使得 RANS 和 LES 求解的流场结构更加清晰可视化。

② 在 LES 和 RANS 模式间提供清楚明确的转换，同时改进了网格尺度识别，使其可以更快捷地由 RANS 切换到 LES 模式。

③ 可以更灵活地选择亚格子模型，并将其和 RANS 结合在一起。

常用的尺度解析模拟方法如图 1-5 所示。

1.3 湍流的计算流体力学基本数学模型

1.3.1 基本控制方程

（1）瞬态流动控制方程

针对复杂多流域瞬态流场，进行数值模拟时计算域中有多个运动速度不同的子域，且相邻子域间有物理量的传递，准确定义其运动然后进行耦合求解就需要应用多流动区域耦合计算方法，主要有：多运动参考系法、混合平面法和滑动网格法。上述三种方法描述某种以一定旋转角速度相对静止坐标系的旋转坐标系运动。如图 1-6 所示，旋转坐标系相对静止坐标系的位置矢量为 $\boldsymbol{r}_0$。旋转坐标系计算域中有某一单位矢量 $\boldsymbol{a}$，旋转角速度为 $\boldsymbol{\omega}_\mathrm{r}=\omega\boldsymbol{a}$，相对于旋转坐标系的矢径为 $\boldsymbol{r}$，则静止坐标系中绝对速度 $\boldsymbol{v}$ 与旋转坐标系中相对速度 $\boldsymbol{v}_\mathrm{r}$ 关系为

$$\boldsymbol{v}_{\mathrm{r}} = \boldsymbol{v} - \boldsymbol{u}_{\mathrm{r}} \tag{1.1}$$

式中　$\boldsymbol{u}_{\mathrm{r}}$——牵连速度，$\boldsymbol{u}_{\mathrm{r}}=\boldsymbol{\omega}_{\mathrm{r}}\times\boldsymbol{r}$。

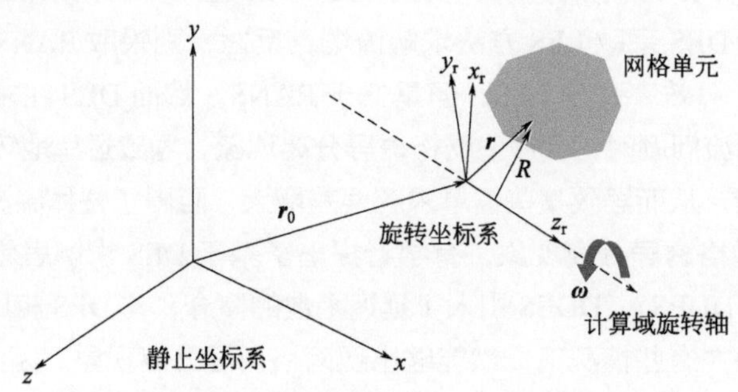

图 1-6　旋转坐标系下运动

数值模拟的实质是对流动控制方程求解。为简化计算，模拟过程中未考虑温度变化，只考虑质量守恒和动量守恒。对应黏性不可压缩的流动，连续性方程为

$$\nabla\cdot\boldsymbol{v}=0 \tag{1.2}$$

式中　∇——哈密顿算子，$\nabla=(\frac{\partial}{\partial u},\frac{\partial}{\partial v},\frac{\partial}{\partial w})$。

根据牛顿第二定律可以导出黏性不可压缩流动的动量方程为

$$\frac{\partial\boldsymbol{v}}{\partial t}+\nabla\cdot(\boldsymbol{v}_{\mathrm{r}}\boldsymbol{v})+(\omega_{\mathrm{r}}\times\boldsymbol{v})=-\frac{1}{\rho}\nabla p+\frac{1}{\rho}\nabla\cdot\boldsymbol{T}+\boldsymbol{F} \tag{1.3}$$

式中　$\boldsymbol{T}$——黏性应力张量或偏应力张量，$\boldsymbol{T}=\mu[\nabla\boldsymbol{v}+(\nabla\boldsymbol{v})^{\mathrm{T}}]$；

p——黏性流体平均意义上的压力。

式（1.2）和式（1.3）合称为 N-S 方程组，为绝对坐标系下瞬态流动控制方程。

（2）流体连续方程

$$\nabla\cdot\boldsymbol{V}=0 \tag{1.4}$$

式中　$\boldsymbol{V}$——速度；

（3）动量方程

$$\boldsymbol{F}-\frac{1}{\rho}\cdot\nabla p+\frac{1}{\rho}\cdot\mu\nabla^2\cdot\boldsymbol{V}=\frac{\mathrm{d}\boldsymbol{v}}{\mathrm{d}t} \tag{1.5}$$

式中　∇^2——拉普拉斯算子，$\nabla^2=\frac{\partial^2}{\partial u^2}+\frac{\partial^2}{\partial v^2}+\frac{\partial^2}{\partial w^2}$；

∇p——压力梯度；

p——压力；

μ——动力黏度系数；

$\boldsymbol{F}$——质量力。

1.3.2　经典雷诺时均法模型

在目前的计算机水平上，难以直接对 N-S 方程组进行求解。因此，将 N-S 方程时均化处理，得到雷诺方程，将瞬态的脉动量通过某种模型在时均化方程中体现出来[21]。雷诺方程不仅可以避免计算量过大的问题，而且可以取得很好的工程效果，是目前数值模拟最常用的方法。为更准确地计算多流域流动，还需要选择合适的湍流模型。标准 k-ε 模型（Standard k-ε 模型）是工程上应用最广泛的模型。

（1）标准 k-ε 模型

标准 k-ε 模型引入了湍动能（k）和湍动耗散率（ε），并靠其表征湍动黏度 μ_t，应用最广泛的是 RANS 模型[51]。

湍动能 k 方程和湍动耗散率 ε 的输运方程分别如下：

$$\frac{\partial}{\partial t}(\rho k)+\frac{\partial}{\partial x_i}(\rho k u_i)=\frac{\partial}{\partial x_j}\left[\left(\mu+\frac{\mu_t}{\sigma_k}\right)\frac{\partial k}{\partial x_j}\right]+G_k+G_b-\rho\varepsilon-Y_M+S_k \tag{1.6}$$

$$\frac{\partial}{\partial t}(\rho\varepsilon)+\frac{\partial}{\partial x_i}(\rho\varepsilon u_i)=\frac{\partial}{\partial x_j}\left[\left(\mu+\frac{\mu_t}{\sigma_\varepsilon}\right)\frac{\partial\varepsilon}{\partial x_j}\right]+C_{1\varepsilon}\frac{\varepsilon}{k}+(G_k+C_{3\varepsilon}G_b)-C_{2\varepsilon}\rho\frac{\varepsilon^2}{k}-Y_M+S_\varepsilon \tag{1.7}$$

式中　G_k和G_b——由平均速度梯度和浮力的湍动能产生的项；

Y_M——可压缩湍流中脉动扩展的贡献；

σ_k 和 σ_ε——对应于 k 和 ε 的湍流普朗特数；

S_k 和 S_ε——用户指定项。

目前多数学者推荐的各常数取值为[19,21]

$$C_{1\varepsilon}=1.44,\ C_{2\varepsilon}=1.92,\ \sigma_k=1.0,\ \sigma_\varepsilon=1.3 \tag{1.8}$$

湍动黏度 μ_t 可以表示为

$$\mu_t=\rho C_\mu\frac{k^2}{\varepsilon} \tag{1.9}$$

式中　$C_\mu=0.09$。

（2）SST k-ω 模型

在 k-ε 模型的基础上，k-ω 模型采用比耗散率 $\omega=\varepsilon/k$ 代替 k-ε 模型中的耗散率 ε。在湍流模拟时，ω 方程使得在求解近壁区不需要构造非线性衰减函数，因此提高了近壁面区域的计算精度。此外，k-ω 模型可以避免过高估计湍流输运作用，从而可以很好地处理带有逆压梯度的流动分离问题。SST k-ω 模型对涡黏系数进行了限制性修正，重新制定了边界层求解策略。它将边界层分为内外层，将 k-ω 模型应用到包含黏性底层及对数律层的内层部分，将适当变换的 k-ε 模型应用到外层和边界层外的湍流核心区。边界层结构如图 1-7 所示。

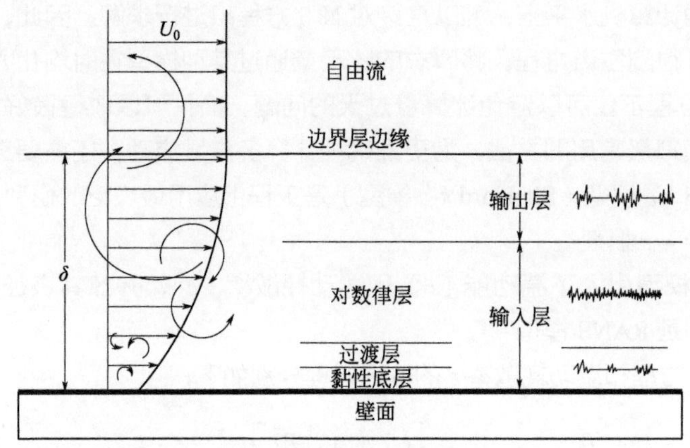

图 1-7　边界层结构

SST k-ω 模型的湍动能 k 方程与比耗散率 ω 方程为

$$\frac{\partial(\rho_{\mathrm{m}}k)}{\partial t}+\frac{\partial(\rho_{\mathrm{m}}ku_i)}{\partial x_i}=\frac{\partial}{\partial x_i}\left[(\mu_{\mathrm{m}}+\sigma_k\mu_{\mathrm{t}})\frac{\partial k}{\partial x_i}\right]+P_k-\beta^*\rho_{\mathrm{m}}k\omega \tag{1.10}$$

$$\frac{\partial(\rho_{\mathrm{m}}\omega)}{\partial t}+\frac{\partial(\rho_{\mathrm{m}}\omega u_i)}{\partial x_i}=\frac{\partial}{\partial x_i}\left[(\mu_{\mathrm{m}}+\sigma_k\mu_{\mathrm{t}})\frac{\partial \omega}{\partial x_i}\right]-\beta\rho_{\mathrm{m}}\omega^2+2(1-F_1)\rho_{\mathrm{m}}\sigma_{\omega 2}\frac{1}{\omega}\times\frac{\partial k}{\partial x_i}\times\frac{\partial \omega}{\partial x_i}+\alpha\rho_{\mathrm{m}}S^2 \tag{1.11}$$

其中，混合函数 F_1 被定义为

$$F_1=\tanh\left\{\left\{\min\left[\max\left(\frac{\sqrt{k}}{\beta^*\omega y},\frac{500\nu}{y^2\omega}\right),\frac{4\rho_{\mathrm{m}}\sigma_{\omega 2}k}{\mathrm{CD}_{k\omega}y^2}\right]\right\}^4\right\} \tag{1.12}$$

式中　y——流场中质点到壁面的距离。

$\mathrm{CD}_{k\omega}$ 被定义为

$$\mathrm{CD}_{k\omega}=\max\left(2\rho_{\mathrm{m}}\sigma_{\omega 2}\frac{1}{\omega}\times\frac{\partial k}{\partial x_i}\times\frac{\partial \omega}{\partial x_i},10^{-10}\right) \tag{1.13}$$

湍流黏度定义为

$$\nu_t = \frac{a_1 k}{\max\left(a_1\omega, SF_2\right)} \tag{1.14}$$

式中　S——应变率的不变测度；

F_2——二次混合函数，其被定义为

$$F_2 = \tanh\left[\left[\max\left(\frac{2\sqrt{k}}{\beta^*\omega y}, \frac{500\nu}{y^2\omega}\right)\right]^2\right] \tag{1.15}$$

在滞止区，SST k-ω 中定义了生产限制 $\tilde{P}_k$ 以阻止湍流的产生，其被定义为

$$\tilde{P}_k = \mu_t \frac{\partial u_i}{\partial x_j}\left(\frac{\partial u_i}{\partial x_j} + \frac{\partial u_j}{\partial x_i}\right) \rightarrow \tilde{P}_k = \min\left(P_k, 10\beta^* \rho_{\mathrm{m}} k\omega\right) \tag{1.16}$$

模型中所用常数如表 1-3 所示。

表1-3　SST k-ω模型的常数

β^*	α_1	β_1	σ_{k1}	$\sigma_{\omega1}$	α_2	β_2	σ_{k2}	$\sigma_{\omega2}$
0.09	5/9	3/40	0.85	0.5	0.44	0.0828	1	0.859

1.3.3　尺度解析方法湍流模型

（1）LES 模型

LES 模型和经典雷诺时均法模型同为非直接数值模拟的一种。LES 模型从湍流瞬时运动方程中，采用滤波函数，将尺度比滤波函数尺寸小的涡过滤出来，然后通过亚格子尺度模型对小尺度涡进行求解。滤波函数的计算公式如下 [52]：

$$G\left(\left|x - x'\right|\right) = \begin{cases} \dfrac{1}{\Delta x_1 \Delta x_2 \Delta x_3} & \left|x_i' - x_i\right| \leqslant \dfrac{\Delta x_i}{2} (i = 1,2,3) \\ 0 & \left|x_i' - x_i\right| > \dfrac{\Delta x_i}{2} (i = 1,2,3) \end{cases} \tag{1.17}$$

式中　Δx_i——i 方向上的网格尺度。

经过滤波函数过滤后的不可压缩流 N-S 方程为

$$\begin{cases} \dfrac{\partial}{\partial x_i}\left(\rho \overline{u_i}\right) = 0 \\ \rho \dfrac{\partial}{\partial t}\left(\overline{u_i}\right) + \rho \dfrac{\partial}{\partial x_j}\left(\overline{u_i u_j}\right) = -\dfrac{\partial \overline{p}}{\partial x_i} + \dfrac{\partial}{\partial x_j}\left(\mu \dfrac{\partial \overline{u_i}}{\partial \overline{x_j}}\right) - \dfrac{\partial \tau_{ij}}{\partial x_j} \end{cases} \tag{1.18}$$

式中　τ_{ij}——亚格子尺度应力，Pa。

$$\begin{cases} \tau_{ij} = \dfrac{1}{3}\tau_{kk}\delta_{ij} - 2\mu_t \overline{S_{ij}} \\ S_{ij} = \dfrac{1}{2}\left(\dfrac{\partial \overline{u_i}}{\partial x_j} + \dfrac{\partial \overline{u_j}}{\partial x_i}\right) \end{cases} \tag{1.19}$$

式中 S_{ij}——应力张量比率；

δ_{ij}——克罗内克符号；

τ_{kk}——各向同性的亚格子应力，Pa；

μ_t——亚格子尺度的湍流黏度，Pa·s。

对亚格子尺度应力的处理方式不同形成了不同亚格子模型。在商用计算软件中，可供选择的亚格子模型主要有 Smagorinsky-Lilly 模型（SL 模型）、Dynamic Smagorinsky-Lilly 模型（DSL 模型）、Wall-Adapting Local Eddy-Viscosity 模型（WALE 模型）、Algebraic Wall-Modeled LES 模型（WMLES 模型）和 Dynamic Kinetic Energy Transport 模型（KET 模型）等，见表 1-4。值得注意的是，SL 模型是最基本的亚格子模型，几乎其他所有的亚格子模型都是在 SL 模型的基础上发展而来的；DSL 模型引入了动态的模型系数，是目前使用最广泛的亚格子模型。

表1-4 5种亚格子模型方程

亚格子模型	方程	注释
SL[53, 54]	$\lvert\bar{S}\rvert = \sqrt{2\bar{S}_{ij}\bar{S}_{ij}}$ $\mu_t = C_s^2\Delta^2\lvert\bar{S}\rvert$	C_s 是模型常量，为 0.1；Δ 是过滤尺寸
DSL[55, 56]	$L_{ij} = T_{ij} - \hat{\tau}_{ij} = \widehat{\bar{\rho}\tilde{u}_i\tilde{u}_j} - \dfrac{1}{\hat{\bar{\rho}}}\left(\widehat{\bar{\rho}\tilde{u}_i}\,\widehat{\bar{\rho}\tilde{u}_j}\right)$ $\tau_{ij} = -2C\bar{\rho}\Delta^2\lvert\tilde{S}\rvert\left(\tilde{S}_{ij} - \dfrac{1}{3}\tilde{S}_{kk}\delta_{ij}\right)$ $T_{ij} = -2C\hat{\bar{\rho}}\hat{\Delta}^2\lvert\hat{\tilde{S}}\rvert\left(\hat{\tilde{S}}_{ij} - \dfrac{1}{3}\hat{\tilde{S}}_{kk}\delta_{ij}\right)$ $C_D M_{ij} = L_{ij} - \dfrac{1}{3}L_{kk}\delta_{ij}$ $M_{ij} = -2\left(\hat{\Delta}^2\hat{\bar{\rho}}\lvert\hat{\tilde{S}}\rvert\hat{\tilde{S}}_{ij} - \Delta^2\widehat{\bar{\rho}\lvert\tilde{S}\rvert\tilde{S}_{ij}}\right)$	二次过滤器 $\hat{\Delta}$ 等于主过滤器 Δ 的 2 倍；T_{ij} 是和二次过滤器有关的应力张量；L_{ij} 是湍流应力附加值
WALE[57-59]	$\mu_t = \rho L_s^2 \dfrac{\left(S_{ij}^d S_{ij}^d\right)^{3/2}}{\left(\bar{S}_{ij}\bar{S}_{ij}\right)^{5/2} + \left(S_{ij}^d S_{ij}^d\right)^{5/4}}$ $L_s = \min\left(\kappa d, C_w V^{1/3}\right)$ $S_{ij}^d = \dfrac{1}{2}\left(\bar{g}_{ij}^2 + \bar{g}_{ji}^2\right) - \dfrac{1}{3}\delta_{ij}\bar{g}_{kk}^2$ $\bar{g}_{ij} = \dfrac{\partial \bar{u}_i}{\partial x_j}$	C_w 是模型系数，等于 0.325

续表

亚格子模型	方程	注释
WMLES S-Ω[60, 61]	$\mu_t=(C\Delta)^2\lvert S-\Omega\rvert\left\{1-\exp\left[-\left(y^+/25\right)^3\right]\right\}$	C 是模型系数，等于 0.2
KET[62, 63]	$k_{sgs}=\frac{1}{2}\left(\overline{u_k^2}-\bar{u}_k^2\right)$ $\mu_t=C_k\rho k_{sgs}^{1/2}\Delta_f$ $\rho\frac{\partial\bar{k}_{sgs}}{\partial t}+\rho\frac{\partial\bar{u}_j\bar{k}_{sgs}}{\partial x_j}$ $=-\tau_{ij}\frac{\partial\bar{u}_i}{\partial x_j}-C_\varepsilon\rho\frac{k_{sgs}^{3/2}}{\Delta_f}+\frac{\partial}{\partial x_j}\left(\frac{u_t}{\sigma_k}\times\frac{\partial k_{sgs}}{\partial x_j}\right)$ $\tau_{ij}-\frac{2}{3}\rho k_{sgs}\delta_{ij}=-2C_k\rho k_{sgs}^{1/2}\Delta_f\bar{S}_{ij}$	C_k 是模型动态系数；k_{sgs} 是亚格子湍动能，m^2/s^2；Δ_f 是过滤器大小，$\Delta_f=V^{1/3}$；$\sigma_k=1.0$

（2）DDES 模型

LES 模型可在计算大分离流动区域具有较好的效果，RANS 模型在计算边界层时，将湍流模型的变量进行了时均化处理，简化了计算过程。DES 混合了 LES 和 RANS 算法，综合了两种模型的优点[64]，根据网格精度在 LES 和 RANS 算法间进行转换。而 DDES 是 DES 算法的一种扩展，在 DES 算法中，LES 和 RANS 算法之间的转换采用以下机制：

$$\begin{cases}l_{les}>l_t\rightarrow \text{RANS}\\ l_{les}\leqslant l_t\rightarrow \text{LES}\end{cases}\tag{1.20}$$

式中

$$l_{les}=C_{des}\Delta_{max}\tag{1.21}$$

$$l_t=\frac{k^{\frac{3}{2}}}{\varepsilon}=\frac{\sqrt{k}}{\beta^*\omega}\tag{1.22}$$

式中　Δ_{max}——网格间距，在直线六面体的情况下是最大边长；

l_t——RANS 求得的湍流尺度；

C_{des}——DES 模型常数，被定义为

$$C_{des}=(1-F_1)C_{des}^{outer}+F_1C_{des}^{inner}\tag{1.23}$$

式中　C_{des}^{outer}——DES 外层模型常数，大小为 0.61；

C_{des}^{inner}——DES 内层模型常数，大小为 0.78。

DDES 求得的湍流尺度为

$$l_{\mathrm{ddes}} = l_{\mathrm{t}} - f_{\mathrm{d}} \max(l_{\mathrm{t}} - l_{\mathrm{les}}) \tag{1.24}$$

式中　延迟函数 f_{d} 被定义为

$$f_{\mathrm{d}} = 1 - \tanh[(C_{\mathrm{d1}} r_{\mathrm{d}})^{C_{\mathrm{d2}}}] \tag{1.25}$$

$$r_{\mathrm{d}} = \frac{\nu_{\mathrm{t}} + \nu}{k^2 d_{\omega}^2 \sqrt{0.5(S^2 + \Omega^2)}} \tag{1.26}$$

式中　S——应变率张量的大小；

Ω——涡量张量的大小。

F_1 为一次混合函数，可通过以下方程求解：

$$F_1 = \tanh\left\{\left\{\min\left[\max\left(\frac{\sqrt{k}}{\beta^* \omega y}, \frac{500\nu}{y^2 \omega}\right), \frac{4\rho\sigma_{\omega 2} k}{\mathrm{CD}_{k\omega} y^2}\right]\right\}^4\right\} \tag{1.27}$$

式中　y——质点到壁面的距离，m。

$\mathrm{CD}_{k\omega}$ 通过以下方程求解：

$$\mathrm{CD}_{k\omega} = \max\left(2\rho\sigma_{\omega 2} \frac{1}{\omega} \times \frac{\partial k}{\partial x_i} \times \frac{\partial \omega}{\partial x_i},\ 10^{-10}\right) \tag{1.28}$$

F_2 为二次混合函数，可通过以下方程求解：

$$F_2 = \tanh\left\{\left(\max\left(\frac{2\sqrt{k}}{C_{\mu} \omega y}, \frac{500\nu}{y^2 \omega}\right)\right)^2\right\} \tag{1.29}$$

最终，DDES 模型的控制方程为

$$\begin{cases} \dfrac{\partial(\rho k)}{\partial t} + \nabla \cdot \left(\rho \vec{U} k\right) = P_k - \rho \dfrac{k^{3/2}}{l_{\mathrm{DDES}}} + \nabla \cdot \left[\left(\mu + \sigma_k \mu_{\mathrm{t}}\right) \nabla k\right] \\ \dfrac{\partial(\rho\omega)}{\partial t} + \nabla \cdot \left(\rho \vec{U} \omega\right) = \dfrac{\rho\alpha}{\mu_{\mathrm{t}}} P_k - \beta\rho\omega^2 + \\ \qquad 2(1 - F_1) \dfrac{\rho\sigma_{\omega 2}}{\omega} \nabla k \cdot \nabla\omega + \nabla \cdot \left[\left(\mu + \sigma_{\omega} \mu_{\mathrm{t}}\right) \nabla\omega\right] \\ \mu_{\mathrm{t}} = \rho \dfrac{a_1 k}{\max\left(a_1 \omega, F_2 S\right)} \end{cases} \tag{1.30}$$

式中，限制函数 P_k 被定义为

$$P_k = \min\left(\mu_{\mathrm{t}} S^2,\ 10 C_{\mu} \rho k \omega\right) \tag{1.31}$$

以上方程中的常数分别为：

$C_\mu=0.09$，$k=0.41$，$a_1=0.31$，$C_{d1}=20$，$C_{d2}=3$

（3）SBES 模型

基于 DDES 模型，SBES 引入了混合函数，为边界层的 RANS 模型提供防护，确保在 RANS 和 LES 模式中转换不同的湍流方法[65]。SST k-ω 模型的控制方程如式（1.9）和式（1.10）所示。

SBES 在 SST k-ω 模型的基础上重构了 SST 的 k 方程，添加了汇项 $\varepsilon_{\text{SBES}}$，其定义为[66]

$$\varepsilon_{\text{SBES}}=-\beta^*\rho k\omega F_{\text{SBES}} \tag{1.32}$$

式中，F_{SBES} 求解如下：

$$F_{\text{SBES}}=\left\{\max\left[\frac{L_t}{C_{\text{SBES}}\Delta_{\text{SBES}}}(1-f_{\text{SBES}}),1\right]-1\right\} \tag{1.33}$$

为使 RANS 到 LES 模式切换过程中，涡黏性保持匹配一致，定义 μ_{t} 为

$$\mu_{\text{t}}=(0.2862C_{\text{DSL}}\Delta)^2S \tag{1.34}$$

式中　C_{DSL}——DSL 模型中的常数；

S——应变率；

Δ——网格大小。

SBES 引入了混合函数，使应力匹配结合，消除了湍流尺度误识现象[67]，求解如下：

$$\tau_{ij}^{\text{SBES}}=f_{\text{SBES}}\tau_{ij}^{\text{SST}}+\left(1-f_{\text{SBES}}\right)\tau_{ij}^{\text{DSL}} \tag{1.35}$$

式中　τ_{ij}^{SST}——SST 中的应力张量；

τ_{ij}^{DSL}——DSL 中的应力张量。

1.3.4　多相流模型

多相流是由多种相间材料组成的流动，其最明显的特征是同时存在由各种相界分隔的多种物质，由连续相或分散相组成相间。计算多相流最常用的两种方法为欧拉-拉格朗日法和欧拉-欧拉法[68, 69]，包括：流体体积（Volume of Fluid，VOF）模型、混合（Mixture）模型、欧拉模型（Euler 模型）和空化模型。

（1）VOF 模型

VOF 模型是建立在固定欧拉网格下，对运动表面进行跟踪的方法。在 VOF 模

型中，液相体积分数存储在每个单元中，对于液相破碎过程可进行更好的预测[70]。

基于两种或多种流体（或相）不能相互混合的前提，当需要一个或多个不混溶的流体界面时，可以使用此模型[71]。

该模型的相体积分数方程为

$$\frac{1}{\rho_q}\left[\frac{\partial}{\partial t}(\alpha_q\rho_q)+\nabla\cdot(\alpha_q\rho_q\boldsymbol{v}_q)\right]=\sum_{p=1}^{n}(m_{pq}-m_{qp})+S_{\alpha q} \tag{1.36}$$

式中　m_{pq}、m_{qp}——相与相之间的质量传递量；

$S_{\alpha q}$——源项，通常 $S_{\alpha q}=0$。

主相的体积分数计算公式为

$$\sum_{q=1}^{n}\alpha_q=1 \tag{1.37}$$

二相系统中单相密度计算公式为

$$\rho=\alpha_2\rho_2+\nabla\cdot(1-\alpha_2)\rho_1 \tag{1.38}$$

n 相系统的密度为

$$\rho=\sum_{q=1}^{n}\alpha_q\rho_q \tag{1.39}$$

不可压缩流体的运动方程为

$$\frac{\partial\alpha(\rho\boldsymbol{U})}{\partial t}+\nabla\cdot(\rho\boldsymbol{U}\cdot\boldsymbol{U})=-\nabla p+\nabla\cdot(\mu\nabla\cdot\boldsymbol{U})+\rho\boldsymbol{g}+\boldsymbol{F}_{\mathrm{sv}} \tag{1.40}$$

式中　$\boldsymbol{F}_{\mathrm{sv}}$——体积力，等价于流体表面张力。

连续性方程：

$$\nabla\cdot\boldsymbol{U}=0 \tag{1.41}$$

能量方程：

$$\frac{\partial\alpha(\rho E)}{\partial t}+\nabla[\boldsymbol{v}(\rho E+p)]=\nabla\cdot(k_{\mathrm{eff}}\nabla T)+S_h \tag{1.42}$$

（2）混合模型

混合模型可以用来计算两相流以及多相流，适用于均匀流速相以及不均匀流速相的流动[72, 73]。

连续方程的计算式如下：

$$\frac{\partial}{\partial t}(\rho m)+\nabla\cdot(\rho_m\boldsymbol{v}_m)=0 \tag{1.43}$$

式中　$\boldsymbol{v}_m$——质量平均速度，计算如下：

$$\boldsymbol{v}_m = \frac{\sum_{k=1}^{n} \alpha_k \rho_k \boldsymbol{v}_k}{\rho_m} \tag{1.44}$$

式中　ρ_m——混合密度，计算如下：

$$\rho_m = \sum_{k=1}^{n} \alpha_k \rho_k \tag{1.45}$$

式中　α_k——第k相的体积分数。

（3）欧拉模型

欧拉模型的计算方程由以下公式构成[74, 75]。

① 质量守恒方程：

$$\frac{\partial}{\partial t}(\alpha_q \rho_q) + \nabla \cdot (\alpha_q \rho_q \boldsymbol{v}_q) = \sum_{q=1}^{n} \dot{m}_{pq} \tag{1.46}$$

式中　$\boldsymbol{v}_q$——q 相的速度；

$\dot{m}_{pq}$——p 相到 q 相的质量传递。

可得：

$$\dot{m}_{pq} = -\dot{m}_{qp}$$

$$\dot{m}_{pp} = 0$$

② 动量守恒方程：

$$\frac{\partial}{\partial t}(\alpha_q \rho_q \boldsymbol{v}_q) + \nabla \cdot (\alpha_q \rho_q \boldsymbol{v}_q) = -\alpha_q \nabla p + \nabla \cdot \bar{\bar{\tau}} + \sum_{p=1}^{n} (\boldsymbol{R}_{pq} + \dot{m}_{pq} \boldsymbol{v}_{pq}) + \alpha_q \rho_q (\boldsymbol{F}_q + \boldsymbol{F}_{\text{lift},q} + \boldsymbol{F}_{vm,q}) \tag{1.47}$$

式中　$\bar{\bar{\tau}}$——第 q 相的压力应变张量：

$$\bar{\bar{\tau}} = \alpha_q \mu_q (\nabla \boldsymbol{v}_q + (\nabla \boldsymbol{v}_q)^{\mathrm{T}}) + \alpha_q \left(\lambda_q - \frac{2}{3} \mu_q \right) \nabla \cdot \boldsymbol{v}_q \bar{\bar{\boldsymbol{I}}} \tag{1.48}$$

式中　$\bar{\bar{\boldsymbol{I}}}$——应力应变张量的不变量。

③ 升力：当使用欧拉模型时，存在第二相粒子的提升。其中，主相 q 作用于次相 p 的升力方程式如下[76]：

$$\boldsymbol{F}_{\text{lift}} = -0.5 \rho_q \alpha_q | \boldsymbol{v}_p - \boldsymbol{v}_q | \times (\nabla \times \boldsymbol{v}_q) \tag{1.49}$$

把升力 $\boldsymbol{F}_{\text{lift}}$ 添加到动量方程的两边，有 $\boldsymbol{F}_{\text{lift, q}} = -\boldsymbol{F}_{\text{lift, p}}$。

④ 虚拟质量力：虚拟质量力产生的条件是进行多相流动的相之间，次相速度大于主相速度，其作用对象是流动的相[77]。其方程式如下：

$$F_{vm}=0.5\rho_q\alpha_q\left(\frac{\mathrm{d}q\boldsymbol{v}_q}{\mathrm{d}t}-\frac{\mathrm{d}p\boldsymbol{v}_p}{\mathrm{d}t}\right) \tag{1.50}$$

式中 $\frac{\mathrm{d}q}{\mathrm{d}t}$——相物质时间，计算如下：

$$\frac{\mathrm{d}q(\phi)}{\mathrm{d}t}=\frac{\partial(\phi)}{\partial t}+(\boldsymbol{v}_q\cdot\nabla)\phi \tag{1.51}$$

把 $\boldsymbol{F}_{vm}$ 添加到动量方程的右边，有 $\boldsymbol{F}_{vm,p}=-\boldsymbol{F}_{vm,q}$。

（4）空化模型

空化是一种包含气液相间质量传输的非定常可压缩多相湍流流动现象[78-80]。空化模型是反映液体与气体之间相互变化的数学模型[81]。依据均质流密度的定义方法，空化模型分为状态方程模型和输运方程模型（Transport Equation Model，TEM）。

单一空泡的生长和溃灭过程可以利用 Rayleigh-Plesset 方程来描述。该方程假定产生空化的两相流体之间没有相对速度滑移及热量变化，同时计算了各相之间发生质量传递的过程[82]，其表达式为

$$R_\mathrm{B}\frac{\mathrm{d}^2R_\mathrm{B}}{\mathrm{d}t^2}+\frac{3}{2}\left(\frac{\mathrm{d}R_\mathrm{B}}{\mathrm{d}t}\right)^2+2\frac{\sigma}{\rho_1 R_\mathrm{B}}=\frac{P_\mathrm{v}-P}{\rho_1} \tag{1.52}$$

式中 R_B——空泡直径；

P_v——空泡表面压力；

P——环境压力；

ρ_1——液体介质的密度；

σ——表面张力系数。

忽略二阶项和表面力后，式（1.52）可简化为

$$\frac{\mathrm{d}R_\mathrm{B}}{\mathrm{d}t}=\sqrt{\frac{2}{3}\times\frac{P_\mathrm{v}-P}{\rho_1}} \tag{1.53}$$

用空泡体积来代替空泡直径，则空泡体积的变化率为

$$\frac{\mathrm{d}V_\mathrm{B}}{\mathrm{d}t}=\frac{\mathrm{d}}{\mathrm{d}t}\left(\frac{4}{3}\pi R^2\right)=4\pi R^2\sqrt{\frac{2}{3}\times\frac{P_\mathrm{v}-P}{\rho_1}} \tag{1.54}$$

从而气泡质的变率为

$$\dot{m}_\mathrm{fg}=N\frac{\mathrm{d}m_\mathrm{B}}{\mathrm{d}t}=\frac{3r\rho_\mathrm{B}}{R}\sqrt{\frac{2}{3}\times\frac{P_\mathrm{v}-P}{\rho_1}} \tag{1.55}$$

空化过程就是气液两相间质量传递的过程，运用输运方程来控制气液之间质量的转换。

$$\frac{\partial}{\partial t}(\alpha\rho_{\mathrm{v}})+\nabla\cdot(\alpha\rho_{\mathrm{v}}\boldsymbol{u}_{\mathrm{v}})=R_{\mathrm{e}}-R_{\mathrm{c}} \tag{1.56}$$

式中　α——气相体积分数；

ρ_{v}——气相密度，v 代表气相；

R_{e}——空泡产生过质量转换的源项；

R_{c}——空泡溃灭过程质量转换的源项。

① Singhal 空化模型

基于气泡动力学 Rayleigh-Plesset 方程，Singhal[83] 在 2002 年提出了完全空化模型（又称 Singhal 空化模型）。该模型考虑了湍动能脉动和不可压缩气体的影响，并由气、液两相质量守恒方程和一系列物理假设推导得到 [84]。Singhal 空化模型的气、液两相的相变率表达如下：

$$\begin{cases}\dot{m}_{\mathrm{l}}=C_{\mathrm{e}}\dfrac{\sqrt{k}}{\sigma}\rho_{\mathrm{l}}\rho_{\mathrm{v}}\left(\dfrac{2}{3}\times\dfrac{P_{\mathrm{v}}-P}{\rho_{\mathrm{l}}}\right)^{1/2}(1-y_{\mathrm{v}}-y_{\mathrm{g}}),P\leqslant P_{\mathrm{v}}\\ m_{\mathrm{l}}=-C_{\mathrm{c}}\dfrac{\sqrt{k}}{\sigma}\rho_{\mathrm{l}}\rho_{\mathrm{v}}(\dot{\dfrac{2}{3}}\times\dfrac{P_{\mathrm{v}}-P}{\rho_{\mathrm{l}}})^{1/2}y_{\mathrm{v}},P>P_{\mathrm{v}}\end{cases} \tag{1.57}$$

式中　k——湍动能；

σ——表面张力系数；

P_{v} 和 y_{v}——气相密度和质量分数；

ρ_{l}——液相密度；

y_{g}——不可压缩气体的质量分数。

常数项的取值为 $C_{\mathrm{c}}=0.01$，C_{e}=0.02。

考虑湍流脉动对临界饱和蒸汽压力的影响，其表达式为

$$P_{\mathrm{v}}=P_{\mathrm{sat}}+\frac{1}{2}p'_{\mathrm{turd}} \tag{1.58}$$

式中　P_{sat}——饱和蒸汽压；

$p'_{\mathrm{turd}}=0.39\rho k$。

② Schnerr-Sauer 空化模型

Schnerr[85] 在 2001 年提出了 Schnerr-Sauer 空化模型，它将水、气的混合物看作是包含大量球形蒸气泡的混合物，并对气液净质量传输率表达式中的体积分数项进行了计算，得到其相应的相变率：

$$\begin{cases}R_{\mathrm{e}}=\dfrac{\rho_{\mathrm{l}}\rho_{\mathrm{v}}}{\rho}\alpha_{\mathrm{v}}(1-\alpha_{\mathrm{v}})\dfrac{3}{R_{\mathrm{B}}}\sqrt{\dfrac{2}{3}\times\dfrac{P_{\mathrm{B}}-P}{\rho_{\mathrm{l}}}},P\leqslant P_{\mathrm{v}}\\ R_{\mathrm{c}}=\dfrac{\rho_{\mathrm{l}}\rho_{\mathrm{v}}}{\rho}\alpha_{\mathrm{v}}(1-\alpha_{\mathrm{v}})\dfrac{3}{R_{\mathrm{B}}}\sqrt{\dfrac{2}{3}\times\dfrac{P_{\mathrm{B}}-P}{\rho_{\mathrm{l}}}},P>P_{\mathrm{v}}\end{cases} \tag{1.59}$$

$$R_B = \left(\frac{\alpha_v}{1-\alpha_v} \times \frac{3}{4/\pi} \times \frac{1}{n_0} \right)^{\frac{1}{3}} \tag{1.60}$$

式中，n_0——单位液体体积空泡个数，模型中质量传输率正比于 $\alpha_v(1-\alpha_v)$，并且满足：

$$f(\alpha_v, \rho_v, \rho_l) = (1-\alpha_v) \begin{cases} \text{接近于 } 0 & \alpha_v = 0 \text{ 或 } \alpha_v = 1 \\ \text{达到最大值} & 0 < \alpha_v < 1 \end{cases} \tag{1.61}$$

③ Zwart-Gerber-Belamri 空化模型

Zwart 等[86]于 2004 年在 Kubota 和 Gerber 模型的基础上提出了 Zwart-Gerber-Belamri 空化模型，它是一种基于相间质量传输的空化模型[87, 88]，应用广泛。Zwart 对质量空化率方程中蒸汽的体积分数项进行了修正，用 $\alpha_{nuc}(1-\alpha_v)$ 代替 α_v，从而得到净质量传输率的表达式为

$$R_e = F_{vap} \frac{3\alpha_{nuc}\rho_v(1-\alpha_v)\sqrt{\frac{2}{3} \times \frac{P_v - P}{\rho_l}}}{R_B}, P < P_v$$
$$R_e = F_{cond} \frac{3\alpha_v \rho_v}{R_B} \sqrt{\frac{2}{3} \times \frac{P_v - P}{\rho_l}}, P > P_v \tag{1.62}$$

式中　α_{nuc}——气核体积分数，5×10^{-4}；

R_B——气泡半径，10^{-6}m；

F_{vap}——蒸发系数，50；

F_{cond}——凝结系数，0.01。

参考文献

[1] [德]L. 普朗特 , 等 . 流体力学概论 [M]. 郭永怀译 . 北京：科学出版社，1981.
[2] 张师帅 . 计算流体动力学及其应用 [M]. 武汉：华中科技大学出版社，2011.
[3] 王家楣 , 张志宏 , 马乾初 . 流体力学 [M]. 大连：大连海事大学出版社，2010.
[4] 齐梓丞 . 不可压流体动力学计算中的三角形谱元法 [D]. 大连：大连理工大学，2021.
[5] 李清扬 . 基于 CFD-DEM 方法的颗粒在流体中坍塌流动行为的理论研究 [D]. 兰州：兰州大学，2021.
[6] 赵子晗 . 基于 OTG-13 的半潜平台气隙计算方法研究 [D]. 大连：大连理工大学，2021.
[7] 朱增钢 . 扑翼飞行器非定常气动理论分析及应用 [D]. 济南：山东大学，2021.
[8] 马小力 . 基于计算机流体力学的主动脉夹层破裂血流动力学研究 [D]. 乌鲁木齐：新疆医科大学，2021.
[9] 孙单勋 . 基于计算流体力学与优化数据源的风场重建研究 [D]. 北京：华北电力大学，2020.
[10] Ejeh C J, Boah E A, Akhabue G P, et al. Computational fluid dynamic analysis for investigating the influence of pipe curvature on erosion rate prediction during crude oil production[J]. Experimental and Computational Multiphase Flow, 2020, 2(4):255-272.
[11] Hoyam Mustafa Abdelrahim Ibrahim. 矩形微通道内蒸气冷凝过程的计算流体力学分析 [D]. 北京：华北电力大学，2020.
[12] 王新 . 浮体横摇运动与窄缝流体共振耦合作用的数值研究 [D]. 大连：大连理工大学，2020.
[13] 杨俊威 . 胸主动脉瘤及切缝覆膜支架植入的血液动力学分析 [D]. 广州：广东工业大学，2020.
[14] 周治军 . 基于计算流体力学和腔内血栓对腹主动脉瘤破裂风险的研究 [D]. 重庆：重庆医科大学，2020.
[15] Resseguier V, Li L, Jouan G, et al. New trends in ensemble forecast strategy: Uncertainty quantification for coarse-grid computational fluid dynamics[J]. Archives of Computational Methods in Engineering, 2021, 28: 215-261.
[16] Verma M K, Samuel R, Chatterjee S, et al. Challenges in fluid flow simulations using exascale computing[J]. SN Computer Science, 2020, 1: 1-14.
[17] Longest P W, Farkas D, Hassan A, et al. Computational Fluid Dynamics (CFD) simulations of spray drying: Linking drying parameters with experimental aerosolization performance[J]. Pharmaceutical Research, 2020, 37: 1-20.
[18] Sohn S, Yoon S H. Numerical study of heat and mass transfer by reverse water-gas shift reaction in catalyst-coated microchannel reactor[J]. Journal of Mechanical Science & Technology, 2020, 34(3):2207-2216.
[19] Tzeng S J, Chen X X, Wang W C. Numerical studies of metal particle behaviors inside the selective laser melting (SLM) chamber through computational fluid dynamics (CFD)[J]. The International Journal of Advanced Manufacturing Technology, 2020, 107(11): 4677-4686.
[20] 张琪 . 深度学习在计算流体力学中的应用 [D]. 长春：东北师范大学，2020.
[21] 舒雷 . 基于 CFD 的搅拌反应器流场模拟和设计优化研究 [D]. 重庆：西南大学，2020.
[22] Chou S H, Lin K Y, Chen Z Y, et al. Integrating patient-specific electrocardiogram signals and image-based computational fluid dynamics method to analyze coronary blood flow in patients during cardiac arrhythmias[J]. Journal of Medical and Biological Engineering, 2020, 40(2): 264-272.
[23] Asadi M J, Shabanlou S, Najarchi M, et al. A hybrid intelligent model and computational fluid dynamics to simulate discharge coefficient of circular side orifices[J]. Iranian Journal of Science and Technology, Transactions of Civil Engineering, 2021, 45(2): 985-1010.
[24] 朱力源 . 塔式起重机非工作状态风载荷计算的研究 [D]. 沈阳：沈阳建筑大学，2020.
[25] 王晓全 . 高速离心泵口环密封的动力学特性研究 [D]. 兰州：兰州理工大学，2020.
[26] Tian J, Qi C, Sun Y, et al. Permeability prediction of porous media using a combination of computational fluid

dynamics and hybrid machine learning methods[J]. Engineering with Computers, 2021, 37(4): 3455-3471.

[27] Hemamanjushree S, Tippavajhala V K. Simulation of unit operations in formulation development of tablets using computational fluid dynamics[J]. American Association of Pharmaceutical Scientists PharmSciTech, 2020, 21(3): 1-13.

[28] Elzohiery M, Fan D, Mohassab Y, et al. Experimental investigation and computational fluid dynamics simulation of the magnetite concentrate reduction using methane-oxygen flame in a laboratory flash reactor[J]. Metall. Mater. Trans.B, 2020, 51: 1003.

[29] Ngo T T, Phu N M. Computational fluid dynamics analysis of the heat transfer and pressure drop of solar air heater with conic-curve profile ribs[J]. Journal of Thermal Analysis and Calorimetry, 2020, 139(5): 3235-3246.

[30] Ogiso S, Nakamura M, Tanaka T, et al. Computational fluid dynamics-based blood flow assessment facilitates optimal management of portal vein stenosis after liver transplantation[J]. Journal of Gastrointestinal Surgery, 2020, 24(2): 460-461.

[31] Wimmer E, Kahrimanovic D, Pastucha K, et al. Computational fluid dynamics simulations for understanding and optimizing the AOD converter[J]. BHM Bergund Hüttenmännische Monatshefte, 2020, 165(1): 3-10.

[32] 李晗生．蛙人推进器的水下航行数值模拟及实验研究 [D]. 哈尔滨：哈尔滨工程大学，2020.

[33] 王钰琦．永磁同步电机温度场分析与冷却结构设计 [D]. 杭州：浙江大学，2020.

[34] 王腾．气固流化床 CFD-PBM 耦合模型的开发及其在大型高温费托反应器中的应用 [D]. 上海：华东理工大学，2019.

[35] Taherian S, Rahai H, Lopez S, et al. Evaluation of human obstructive sleep apnea using computational fluid dynamics[J]. Communications biology, 2019, 2(1): 1-7.

[36] Janardhan R K, Hostikka S. Predictive computational fluid dynamics simulation of fire spread on wood cribs[J]. Fire Technology, 2019, 55(6): 2245-2268.

[37] Bass K, Farkas D, Longest W. Optimizing aerosolization using computational fluid dynamics in a pediatric air-jet dry powder inhaler[J]. American Association of Pharmaceutical Scientists PharmSciTech, 2019, 20(8): 1-19.

[38] Kim S, Lee J, Lee C. Computational fluid dynamics model for thickness and uniformity prediction of coating layer in slot-die process[J]. The International Journal of Advanced Manufacturing Technology, 2019, 104(5): 2991-2997.

[39] Khayat O, Afarideh H. Numerical investigation of non-newtonian liquid-gas flow in venturi flow meter using computational fluid dynamics[J]. Iranian Journal of Science and Technology, Transactions of Mechanical Engineering, 2019, 45: 1-9.

[40] Tao Y, Yang W, Ito K, et al. Computational fluid dynamics investigation of particle intake for nasal breathing by a moving body[J]. Experimental and Computational Multiphase Flow, 2019, 1(3): 212-218.

[41] Laín S, Contreras L T, Lopez O. A review on computational fluid dynamics modeling and simulation of horizontal axis hydrokinetic turbines[J]. Journal of the Brazilian Society of Mechanical Sciences and Engineering, 2019, 41(9): 1-24.

[42] Wang H, Zhao C, Chen S. Method for determining the critical velocity of paste-like slurry filling into goaf using computational fluid dynamics[J]. Arabian Journal of Geosciences, 2019, 12(16): 1-13.

[43] Tabib M, Siddiqui M S, Rasheed A, et al. Industrial scale turbine and associated wake development-comparison of RANS based Actuator Line Vs Sliding Mesh Interface Vs Multiple Reference Frame method[J]. Energy Procedia, 2017, 137: 487-496.

[44] Yang F, Zhou S, An X. Gas–liquid hydrodynamics in a vessel stirred by dual dislocated-blade Rushton impellers[J]. Chinese Journal of Chemical Engineering, 2015, 23(11): 1746-1754.

[45] Hinze J O , Uberoi M S. Turbulence[J]. Journal of Applied Mechanics, 1975, 27(3): 256-275.

[46] 张兆顺．湍流 [M]. 北京：国防工业出版社，2002.

[47] 郑文哲．基于 CFD 的两栖仿生机器人水动力特性研究 [D]. 西安：西安理工大学，2021.

[48] 张兆顺，崔桂香，许春晓．湍流理论与模拟 [M]. 北京：清华大学出版社，2005.
[49] 辛宜聪．基于 CFD 模拟的楼房猪舍内外氨气分布规律研究 [D]. 杭州：浙江大学，2021.
[50] Michelassi V, Wissink J G, Rodi W. Direct numerical simulation, large eddy simulation and unsteady Reynolds-averaged Navier-Stokes simulations of periodic unsteady flow in a low-pressure turbine cascade: A comparison[J]. Proceedings of the Institution of Mechanical Engineers, Part A: Journal of Power and Energy, 2003, 217(4): 403-411.
[51] Tominaga Y, Stathopoulos T. Numerical simulation of dispersion around an isolated cubic building: Model evaluation of RANS and LES[J]. Building and Environment, 2010, 45(10): 2231-2239.
[52] Menter F R, Kuntz M, Langtry R. Ten years of industrial experience with the SST turbulence model[J]. Turbulence, Heat and Mass Transfer, 2003, 4(1): 625-632.
[53] Menter F R. Two-equation eddy-viscosity turbulence models for engineering applications[J]. American Institute of Aeronautics and Astronautics journal, 1994, 32(8): 1598-1605.
[54] 张兆顺，崔桂香，许春晓．湍流大涡数值模拟的理论与应用 [M]. 北京：清华大学出版社，2008.
[55] Wu B. Large eddy simulation of mechanical mixing in anaerobic digesters[J]. Biotechnology and Bioengineering, 2012, 109(3): 804-812.
[56] Lu T, Wang Y W, Wang P. Large eddy simulation with three kinds of sub-grid scale model on temperature fluctuation of hot and cold fluids mixing in a tee[C]//2012 International Conference on Mechanical Engineering and Materials, 2012, 152: 1307-1312.
[57] Jahoda M, Moštěk M, Kukuková A, et al. CFD modelling of liquid homogenization in stirred tanks with one and two impellers using large eddy simulation[J]. Chemical Engineering Research and Design, 2007, 85(5): 616-625.
[58] Li Z, Song G, Bao Y, et al. Stereo - PIV experiments and large eddy simulations of flow fields in stirred tanks with Rushton and curved - Blade turbines[J]. American Institute of Chemical Engineers Journal, 2013, 59(10): 3986-4003.
[59] Lodato G, Vervisch L, Domingo P. A compressible wall-adapting similarity mixed model for large-eddy simulation of the impinging round jet[J]. Physics of Fluids, 2009, 21(3): 035102.
[60] Ji B, Luo X, Peng X, et al. Three-dimensional large eddy simulation and vorticity analysis of unsteady cavitating flow around a twisted hydrofoil[J]. Journal of Hydrodynamics, 2013, 25(4): 510-519.
[61] Deck S, Weiss P E, Renard N. A rapid and low noise switch from RANS to WMLES on curvilinear grids with compressible flow solvers[J]. Journal of Computational Physics, 2018: 231-255.
[62] Patil S, Tafti D. Large-eddy simulation with zonal near wall treatment of flow and heat transfer in a ribbed duct for the internal cooling of turbine blades[J]. Journal of Turbomachinery, 2013, 135(3): 031006.
[63] Ricci M, Patruno L, de Miranda S, et al. Effects of low incoming turbulence on the flow around a 5：1 rectangular cylinder at non-null-attack angle[J]. Mathematical Problems in Engineering, 2016,9:2302340.1.
[64] Gritskevich M S, Garbaruk A V, Schütze J, et al. Development of DDES and IDDES formulations for the k- ω shear stress transport model[J]. Flow, Turbulence and Combustion, 2012, 88(3): 431-449.
[65] Spalart P R, Deck S, Shur M L, et al. A new version of detached-eddy simulation, resistant to ambiguous grid densities[J]. Theoretical and Computational Fluid Dynamics, 2006, 20(3): 181-195.
[66] Wendt J F. Computational fluid dynamics: An introduction[J]. Computers in Physics, 1998, 7(5):542.
[67] Yul L S. A study and improvement of Large Eddy Simulation (LES) for practical applications[J]. Previews of Heat and Mass Transfer, 1995, 2(21): 167-168.
[68] 马文星．液力传动理论与设计 [M]. 北京：化学工业出版社，2004.
[69] 周莉，席光，邱凯，等．搅拌器内动 / 静叶相干非定常流场的数值分析 [J]. 西安交通大学学报，2002（09）: 907-911.
[70] 唐辉，何枫．离心泵内流场的数值模拟 [J]. 水泵技术，2002（03）: 1-14.

[71] 王瑞金，张凯，王刚 . Fluent 技术基础与应用实例 [M]. 北京：清华大学出版社，2007.
[72] 李迎华，吴宝山，张华 . CFD 动态网格技术在水下航行体非定常操纵运动预报中的应用研究 [J]. 船舶力学，2010，14（10）: 1100-1108.
[73] 隋洪涛 . 精通 CFD 动网格工程仿真与案例实战 [M]. 北京：人民邮电出版社，2013.
[74] 胡坤，李振北 . ANSYS ICEM CFD 工程实例详解 [M]. 北京：人民邮电出版社，2014.
[75] 陈华君 . 射流鼓泡反应器内气液流动 CFD 模拟研究 [D]. 上海：华东理工大学，2021.
[76] Mittal R, Iaccarino G. Immersed boundary methods[J]. Annual Review of Fluid Mechanics, 2005, 37: 239-261.
[77] Lai M C, Peskin C S. An immersed boundary method with formal second-order accuracy and reduced numerical viscosity[J]. Journal of Computational Physics, 2000, 160(2): 705-719.
[78] 薛瑞，张淼，许战军，等 . 对不同空化模型的比较研究 [J]. 西北水电，2014（02）: 85-89.
[79] Kubota A , Kato H, Yamaguchi H, et al. Unsteady structure measurement of cloud cavitation on a foil section using conditional sampling technique[J]. Asme Journal of Fluids Engineering, 1989, 111(2): 204-210.
[80] Dellanoy Y, Kueny J L. Two phase flow approach in unsteady cavitation modeling[C]//ASME Cavitation and Multiphase Flow Forum. Toronto, Canada, 1990: 153-158.
[81] 刘厚林，刘东喜，王勇，等 . 三种空化模型在离心泵空化流计算中的应用评价 [J]. 农业工程学报，2012，28（16）: 6.
[82] 杨静 . 混流式水轮机尾水管空化流场研究 [D]. 北京：中国农业大学，2013.
[83] Singhal A K, Athavale M M, Li H, et al. Mathematical basis and validation of the full cavitation model[J]. Journal of Fluids Engineering, 2002, 124(3): 617-624.
[84] 刘艳，赵鹏飞，王晓放 . 两种空化模型计算二维水翼空化流动研究 [J]. 大连理工大学学报，2012（02）: 175-182.
[85] Schnerr G H, Sauer J. Physical and numerical modeling of unsteady cavitation dynamics[C]// ICMF-2001, 4th International Conference on Multiphase Flow. New Orleans ,USA, 2001: 1-8.
[86] Zwart P J, Gerber A G, Belamri T. A two-phase flow model for predicting cavitation dynamics[C]//Fifth International Conference on Multiphase Flow. Yokohama, Japan, 2004: 152-162.
[87] Kubota A, Kato H, Yamaguchi H. A new modelling of cavitating flows: A numerical study of unsteady cavitation on a hydrofoil section[J]. Journal of Fluid Mechanics, 1992, 240(1): 59-96.
[88] Senocak I, Shyy W. Interfacial dynamics-based modelling of turbulent cavitating flows, Part-2: Time-dependent computations[J]. International Journal for Numerical Methods in Fluids, 2004, 44(9): 997-1016.

Chapter 2

第2章

计算流域动静干涉耦合方法

流体机械工作中以非定常流动为主，其与动静叶珊间的湍流交互、尾迹干扰和流动失稳的喘振、分离失速、畸变两方面有关。由于内流场多参数非线性建模的难度较大，且实验的时间及经济成本较高，而数值模拟方法的精度易于提高，流动特征相对容易改变，因此通过动静干涉耦合方法准确预报流体运动极具优势。准确定义流体运动并进行耦合求解的计算方法主要分为：多重参考系法、滑移网格法、动网格法、浸没边界法及重叠网格法等。

2.1 多重参考系法

多重参考系法（Multi-Reference Frame，MRF）是稳态计算法，根据不同的转速或移动速度，将整个求解域划分为不同子域，在子域建立各自的运动参考坐标系。子域根据对应运动参考坐标系建立控制方程。两子域间的边界、子域控制方程的扩散项及其他项，通过交界面上强制流动速度的连续来获得邻近子域的速度值，从而进行子域间信息传递。多重参考系法虽属于近似算法，但在很多时均流场的计算中，它提供了合理的模型。多重参考系法示意图如图 2-1 所示，多重参考系法分为静止域、交界面与移动域。

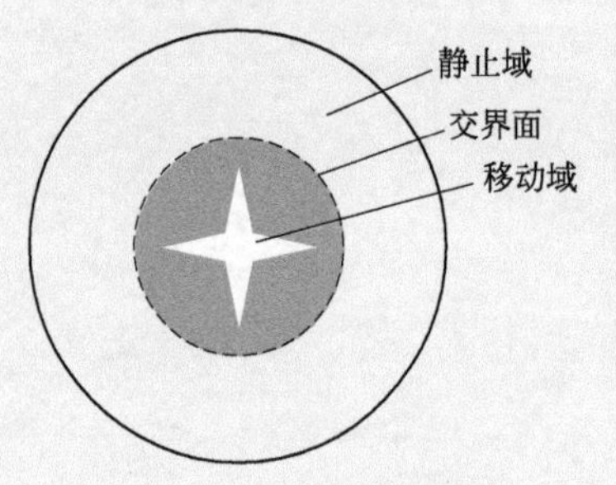

图 2-1　多重参考系法示意图

多重参考系法可对运动网格区域与静止网格区域相互作用较弱的旋转机械进行计算流体力学仿真分析，在计算中可结合湍流模型、多相流模型等对复杂流场进行准确预报，国内外学者对此进行了大量的研究，具体如下。

Mandar 等[1] 将对工业规模涡轮机进行建模的三种方法总结为：致动线法、滑移网格法和多重参考系法，并对这三种方法进行了比较。杨锋苓等[2] 将错位叶片应用于折流搅拌容器，研究了充气前后的流场、持气量、溶解氧、动力消耗。吕超等[3] 利用多重参考系法、湍流模型与多相流模型对桨叶的旋转区域进行计算流体力学仿真分析，对高压釜内部喷吹、搅拌过程进行了模拟研究。Chen 等[4] 应用多重参考系法对集装箱船风载荷进行数值模拟，解决了多风向角工况下大量重复性工作问题。

罗伟乐等[5] 在微波加热机电源柜散热分析的基础上解析了其热流固耦合传热问题，利用多重参考系法对温度场、速度场以及压力场进行了分析。黄博凯等[6] 在沥青流变改进参数的基础上，通过多重参考系法及湍流模型对低速搅拌罐分别进行了速度矢量场、搅拌罐共振及振动响应的三维数值仿真分析。张阳等[7] 通过对比常用旋转机械数值模拟方法，研究了周期性边界条件定常求解桨叶黏性绕流问题，采用求解雷诺平均纳维 - 斯托克斯方程（N-S 方程），对分布式涵道风扇 - 机翼构型的喷流气动特性进行了高精度定常的数值模拟。吴国玉等[8] 为研究金精矿在热压氧化高压釜内部的氧化预处理效果，应用多重参考系法对小型搅拌器变结构参数下的桨叶区速度场、压力场、湍流强度分布以及线速度分布等进行了结果预测。李青云[9]

采用 k-ε 湍流模型及多重参考系法对热压氧化高压搅拌浆区进行了流场分析，并研究了矿浆在高压容器内部速度场、压力场、温度场等的分布状态和流动规律。刘昭良 [10] 采用多重参考系法处理了旋转叶片与静止搅拌槽之间的相互作用，并从螺旋升力线理论、螺旋升力面理论、奇点系的诱导速度、离散化及环量理论等方面对叶片系统的理论进行了计算与分析。郭佳豪等 [11] 采用多重参考系法，实现了带旋转导叶的离心风机流场仿真，分析了添加与不添加旋转导叶情况下旋转导叶数和旋转导叶型线对离心风机流场的影响。

Silva 等 [12] 利用多重参考系法研究了飞行器悬停时的空气动力学性能，图 2-2 为不同涡尾流阶次影响的等涡旋面图，高阶方案对于下游涡旋结构产生较大的对流现象。从二阶预测来看，尾流被环形涡流逐渐耗散，这种性质有助于涡流系统实现稳定的环态结构。从图中可知，当尾流向下传输时，相互作用的初级和次级结构在尖端涡流之间延展，形成 S 型路径。靠近转子叶片的涡环存在有助于产生更大的诱导流，随着阶数增加，螺旋对流将环形涡旋分解成更小尺度，且变得更加明显。

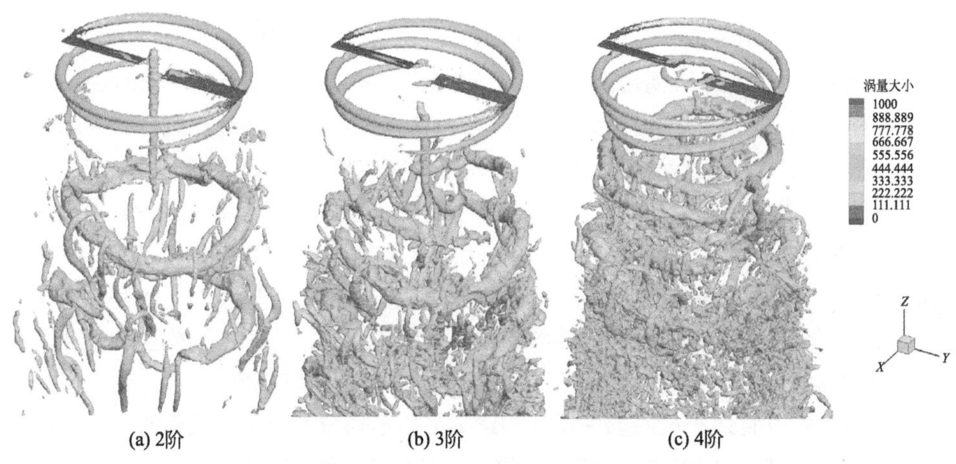

图 2-2　不同涡尾流阶次影响的等涡旋面图 [12]

图 2-3 为多重参考系与单运动参考系的等涡旋面图。在 2 阶尾流下对多重参考系及单运动参考系进行分析可知，两者尖端涡轨迹未见显著差异，而多重参考系可捕获尾流击穿和环形涡流现象。

张国连等 [13] 采用多重参考系法研究了气升式反应器中底部构造和悬挂挡板对流场的影响。李青云 [14] 使用数值模拟方式，采用多重参考系法对小型搅拌釜的流场进行了模拟，比较不同模型的桨叶区速度场、压力场等预测结果，筛选出了适合小型反应釜的流场模型。周诗睿等 [15] 采用多重参考系法处理旋转的叶片与静止的搅拌槽之间的相互作用，并从螺旋升力线理论、螺旋升力面理论、奇点系的诱导速度、离散化及环量理论等方面对叶片系统进行了计算与分析。

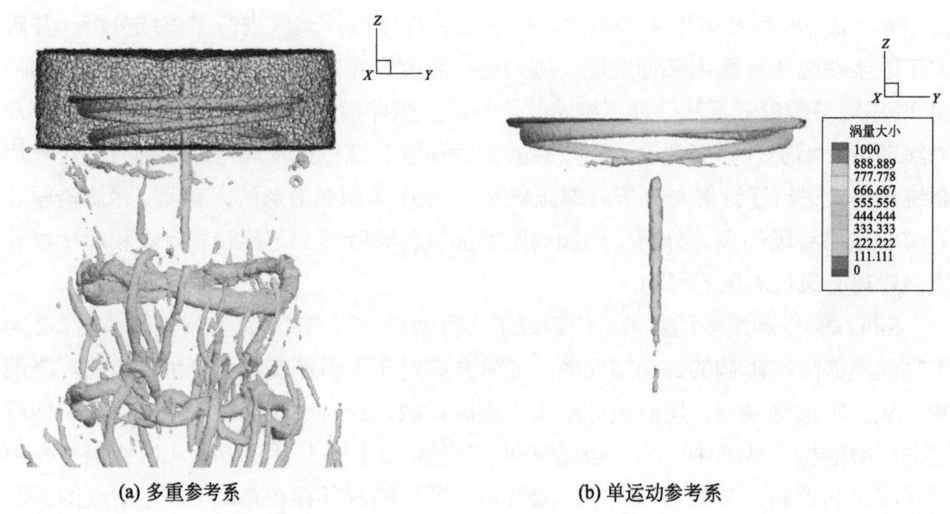

(a) 多重参考系　　(b) 单运动参考系

图 2-3　等涡旋面图 [12]

董敏等 [16] 采用多重参考系法和滑移网格法进行了数值模拟，实现了螺旋桨 / 短舱 / 进气道一体化内外流耦合流场仿真，研究了不同工况下螺旋桨滑流对进气道气动性能的影响。马成宇 [17] 为了真正实现螺旋桨的旋转运动，在计算过程中采用定长多重参考系法计算出初始流场，再用滑移网格法完成整个计算。战庆亮等 [18] 采用湍流模型和多重参考系法模拟了卧式搅拌罐内的气 - 液两相流动。胡效东等 [19] 通过运动参考系法模拟了整个求解域的运动，采用欧拉模型与 k-ε 湍流模型求解了搅拌器的驱动扭矩与功率，应用流 - 固耦合理论分析了搅拌轴及桨的应力与挠度。黎伟明等 [20] 采用多重参考系法对小型搅拌器的流场进行了模拟，比较不同模型的桨叶区速度场、压力场等预测结果，筛选出了适合小型反应器的流场模型。

王风萍等 [21] 将最小能量损失设计的螺旋桨与不同拉力分布形式设计的螺旋桨应用于多螺旋桨 / 机翼构型中，研究了螺旋桨变化对其后机翼气动特性的影响。陈海涛等 [22] 对双螺带搅拌桨和六斜叶圆盘涡轮搅拌桨在搅拌槽内部流场进行了研究，采用多重参考系法建立基础模型，分析了搅拌桨在 180r/min、240r/min、300r/min 的搅拌转速下产生的流场数据。陈卓等 [23] 通过多重参考系法对浸出槽内固液两相流动过程进行了数值模拟研究，探究了高剪切搅拌罐中叶轮角度与流体黏度改变对搅拌罐内混合流场、功率消耗、泵吸流量的影响。

Wang 等 [24] 通过两相流与传热分析对铁水脱硫过程进行了瞬态耦合 3D 数值模拟，如图 2-4 所示，通过多重参考系法描述叶轮模型，采用流体体积法捕获空气 - 热金属界面。图 2-4 显示了搅拌器的网格模型、计算域和边界。如上所述，域被细分为旋转区域和外围区域，分别指定为移动和静止参考系，轴和叶轮被视为具有相同转速的移动防滑壁。

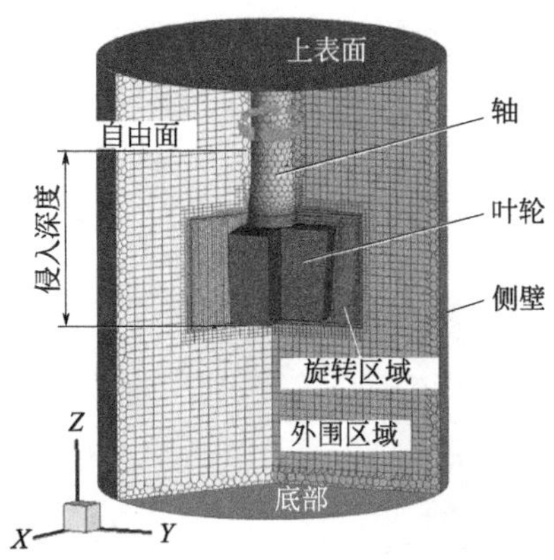

图 2-4　搅拌器网格模型 [24]

图 2-5 为搅拌器数值计算结果。图 2-5（a）为 500s、搅拌速度为 8.28m/s 时搅拌器的温度分布云图，在叶轮转速为 90r/min 时，铁水已达到稳定状态，由于叶轮搅拌，铁水开始从容器中心的叶轮移动到容器侧壁，然后将其分为上下循环，形成“双辊”流动模式。图 2-5（b）为搅拌器温度云图的俯视角度，假设叶轮沿顺时针方向旋转，叶轮迎风侧的流动最为活跃，最大流动速度为 8.02m/s。由于射流撞击壁面导致热损失，图 2-5（a）虚线标记为较低温度区。同时，熔融金属从温度上看，容器底部温度更低。图 2-5（c）显示了粒子的典型运动轨迹，粒子从位置 1 添加到容器中，向空气 - 热金属界面移动，进入铁水后，颗粒与热金属的外层（位置 2、3 和 4）一起向下旋转。一旦颗粒到达容器底部，后者就会与内部热金属一起向上旋转到空气 - 热金属界面（位置 5、6、7 和 8）。图 2-5（d）为 500s 时铁水中硫质量分数和初始直径为 3mm 的颗粒中 CaO 的质量分布，铁水中的硫不断被颗粒吸收，导致颗粒中 CaO 的质量分数降低。

李卉等 [25] 应用多重参考系稳态流动方法及多相流模型对浸出槽内固液多相进行了仿真分析。韩克非等 [26] 对液力变矩器内流场进行仿真，基于多重参考系法对结构参数与性能的相关性进行了分析。闫立林等 [27] 选用多重参考系法对不同桨叶半径和不同转速下的搅拌罐内的流动特性进行了数值研究。韩克非等 [28] 通过多重参考系法，解析了液力变矩器泵轮叶片进口角和出口角等关键参数对其性能的影响规律。刘红等 [29] 用多重参考系法模拟了横向桨叶平面，用边界条件模型模拟了纵向平面的搅拌过程，并将两种方法进行耦合，应用双流体模型模拟了气 - 液两相流场。彭珍珍等 [30] 对新型的污水搅拌设备——双曲面搅拌机的流场进行了数值模拟，基于多重参考系法，考察了搅拌槽内水体的流态特性。李波等 [31] 对机械搅拌反应器数值模拟过程中的挡板的存在、尾涡的消除、复杂桨叶类型的模拟、网格精度的影响、湍流模型的选择、离散格式的差异等几个因素的影响进行了分析。洪厚胜等 [32] 对搅拌桨与挡板之间的相对运动建立了描述流体运动的控制方程组，运用多重参考系法和滑移网格法，考察了搅拌槽内桨叶高度对流场结构和功率消耗的影响。解茂昭等[33]对液体流场采用多重参考系法进行了三维模拟，捕获了气泡在搅拌流场中运动的基本特征，对气 - 液两相之间的界面进行了追踪。

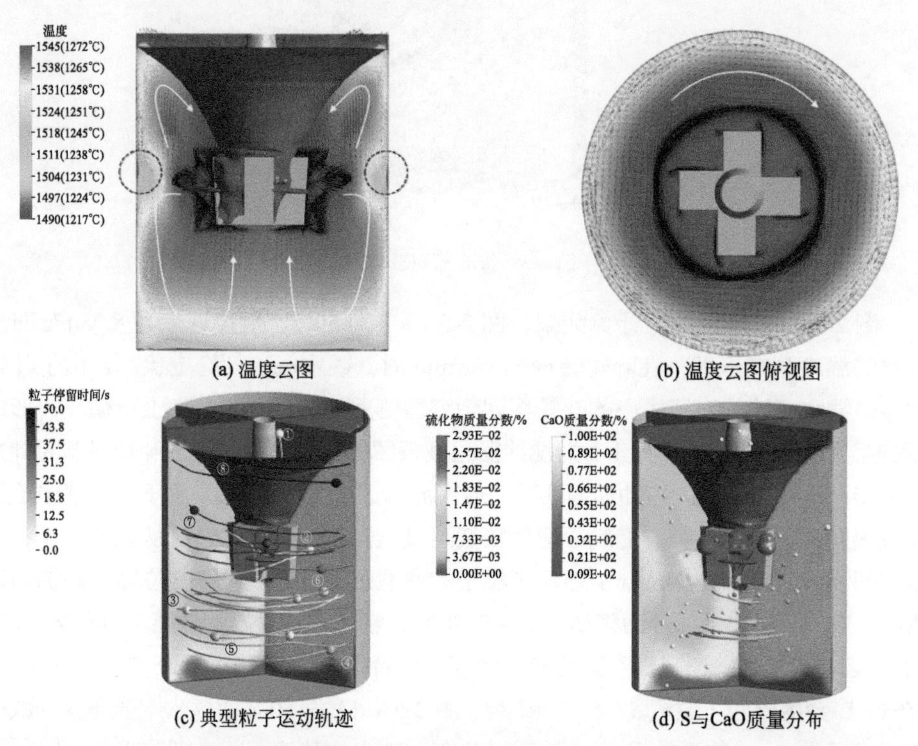

图 2-5 搅拌器数值计算结果[24]

Lu 等[34]通过多重参考系法模拟了变速箱中齿轮、轴承和周围流场的运动特性，研究了齿轮箱的润滑及温度特性。图 2-6（a）为变速箱的结构及包括流体和固体的热 - 流体耦合数值计算模型。图 2-6（b）为变速箱网格模型，网格单元数为 10589597，网格节点数为 1787247。图 2-6（c）为变速箱的流场分布特性，变速箱内部存在明显的低速区和高速区。驱动齿轮附近流速达到最大值 55.932m/s，而齿轮啮合区域的流速同样很大。图 2-6（d）为涡流内部密集区域，齿轮附近存在大尺度涡流，轴承附近存在小尺度涡流。剧烈的流体流动会引起齿轮和轴承之间的强制对流，将大部分热量从表面带走。

多重参考系法是一种定常计算模型，模型中假定网格单元做匀速运动，这种方法适用于网格区域边界上点的相对运动速度基本相同。从以上文献可以看出，多重参考系法在解决包括搅拌器搅拌、飞行器悬停、齿轮搅油等仿真问题时，将计算域分成多个子域，每个子域具有其运动方式，如静止、旋转或平移，流场控制方程在每个子域进行求解，在子域的交界面上则通过将速度换算成绝对速度的形式进行流场信息交换。在计算中，将转子或推进器等影响近似用均值来代替，在处理转子与定子间的相互影响较弱时，计算精度较高。

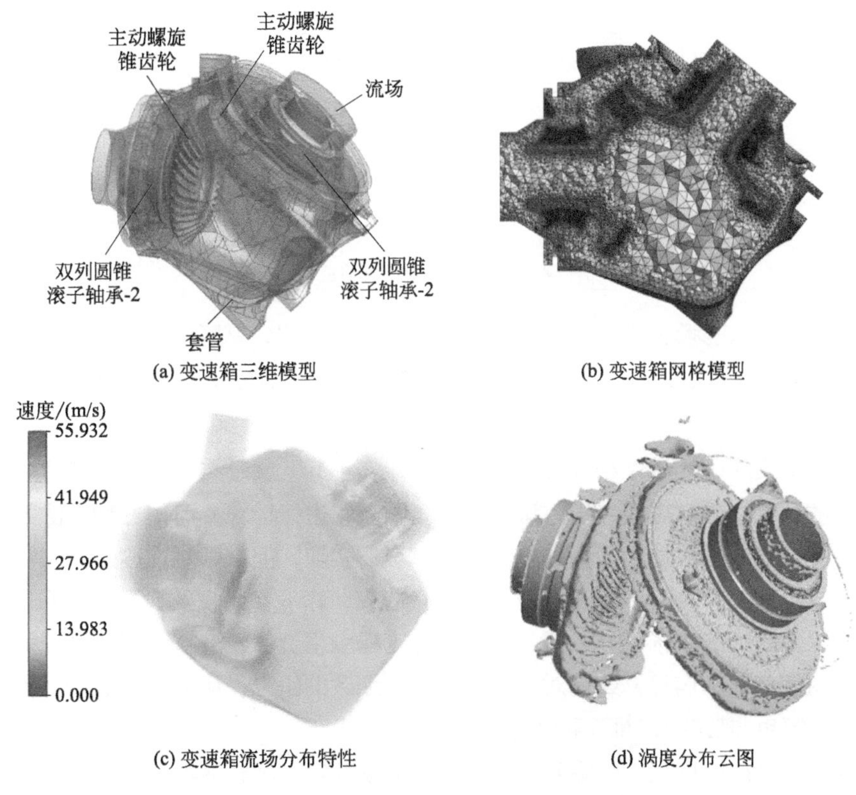

(a) 变速箱三维模型　(b) 变速箱网格模型

(c) 变速箱流场分布特性　(d) 涡度分布云图

图 2-6　变速箱三维模型、网格及流场分布 [34]

2.2 滑移网格法

滑移网格法（Sliding Mesh，SM）属于瞬态计算方法，可实时求解不同计算区域间的相互作用，是 5 种方法中最精确的方法，对计算模型要求也最苛刻，计算量也最大。

滑移网格法需要在不同计算子域间设置网格交界面，计算时相邻子域将按照运动定义沿网格交界面进行滑移。该方法非常适合模拟定子 / 转子类的运动 [35]。如果子域同时平移和旋转，只有在旋转轴或平移方向一致时才能模拟。子域间的流动参数传递通过设置网格交界面完成。计算中网格是滑移的，交界面也就随时间变化，在每一新的时间步长内需确定子域间新的网格交界面，通过交界面的实时通量传递实现不同子域间实时耦合。图 2-7 说明了有相同旋转轴两子域滑移前后交界面的变化情况。

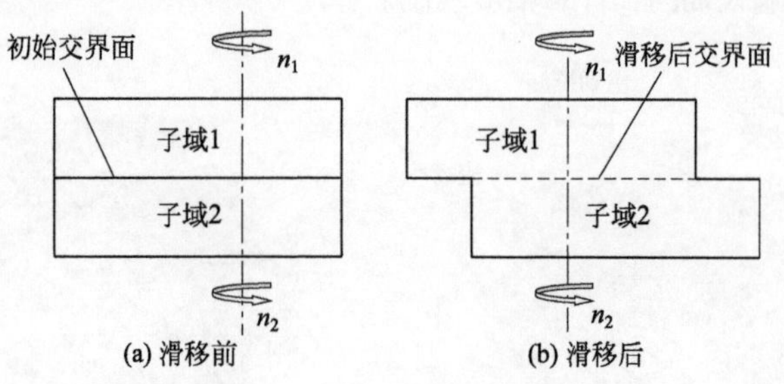

图 2-7　滑移网格法示意图

滑移网格法的瞬态问题大部分是时间周期性的，即计算区域的流动参数是周期复现的。设 T 是瞬态计算的周期，则计算区域的一些流动特性函数 Φ 为

$$\Phi(t)=\Phi(t+nT),\ n=1,2,3,\cdots \tag{2.1}$$

当一个求解域的解在相邻周期内变化很小（<5%）或没有变化时，就达到了时间周期的求解。分别应用三种方法对离心泵内流场进行计算，可得三种方法的一些特点：多重参考系法是最简单的方法，计算容易实现，但其强制速度连续限制了应用；混合平面法计算时，混合平面上的回流造成计算不容易收敛，周向平均也去掉了混合平面附近的流场梯度，但其有良好的工程应用价值；滑移网格法可以捕捉到流场随时间变化的信息，如需对问题进行深入细致的研究，可应用其进行计算，但其瞬态计算也非常耗费时间和计算机资源[36]。

滑移网格法可直接求解绝对坐标系下的流场变量，旋转区域一侧的网格随着时间整体转动，不用考虑两侧网格节点是否重合，但是界面上的通量需保持相等。由于网格在随时间做旋转运动，该区域中采用相对速度描述通量。滑移网格法可模拟不同运动区域随时间变化的非定常流场，着眼于全边界区域计算，同时考虑到时间效应，在工程上有着广泛应用，具体如下。

康玉生等[37]介绍了一种新的滑移网格法，利用数值模型模拟了大结构运动的流固耦合问题，将滑移网格法应用于高阶非结构化混合网格求解器，以模拟有与没有地面效应的两架直升机旋翼悬停运动。由于滑移网格法和独立设计的流体与实体网格的相对运动，在其公共界面上出现不匹配的网格，非匹配网格通过变节点单元连接，保证了界面的连续性、兼容性和力平衡。

图 2-8 为旋转泵的瞬时流线图，流线开始于上部入口和叶轮叶片上。如流线图中所示，流体通过叶轮叶片旋转从上部入口流到下部出口。流线的颜色图例表示流

体的切向速度。随着方案阶数的增加，涡流路径和尾流击穿的分辨率得到了显著改善。滑移网格法与高阶空间相结合，增强了对直升机桨叶在有和没有地面效应的情况下悬停时的气动性能预测精度。

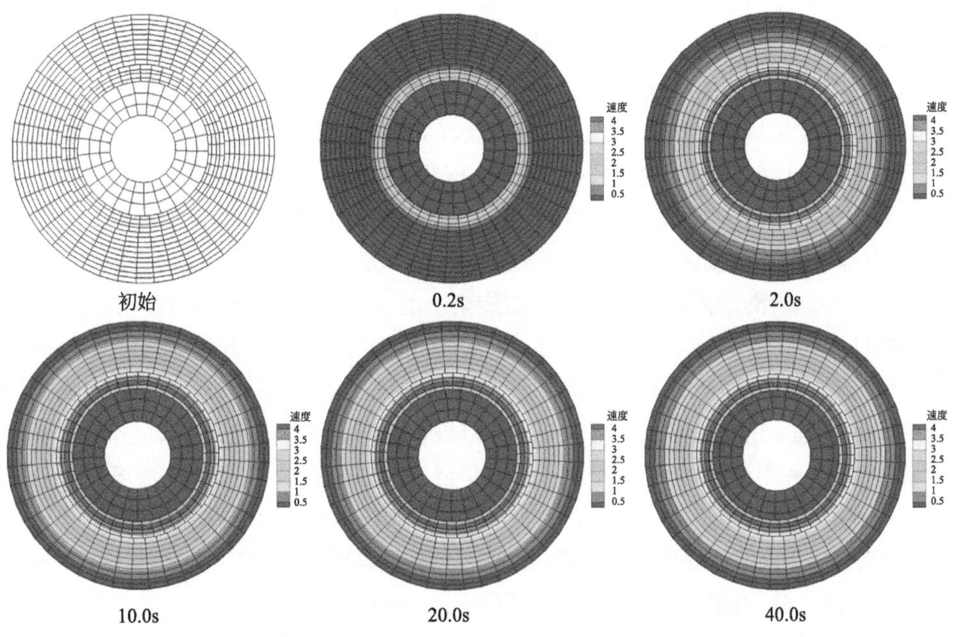

图 2-8　旋转泵的瞬时流线图[37]

Mohamed 等[38]研究了涡轮机在启动期间的空气动力学特性，对其进行流固耦合仿真，结合滑移网格法并启用了六自由度求解器，可以解决将完全解析的流场转换为用于表征翼型的瞬时运动学特性问题。Li 等[39]基于三维流体体积模型和滑移网格法，系统地研究了流动模式、混合行为、涡核深度和自由表面特性的影响。Yang 等[40]模拟了隧道中两个相邻站台之间运行的地铁列车引起的空气动力学效应，包括滑流、活塞风、阻力和压力波等，分析了匀速对隧道内瞬态气动行为的影响。

李雪松[41]利用大涡模拟法和多流动区域耦合计算的滑移网格法对液力缓速器内部气 - 液两相流动进行了三维瞬态数值模拟，将混合模型与欧拉模型交替运用在其多相流模型中。Baizhuma 等[42]提出了一种数值方法来预测结冰条件下旋转垂直轴风力涡轮机的积冰形状和空气动力学性能，结合多重参考系法和滑移网格法，可以有效地反映旋转风力涡轮机的不稳定结冰效应。Wang 等[43]通过多相流技术，研究了移动尾流和冲击波对超音速飞机的雾冷却性能的影响。

Zhang 等[44]使用滑移网格法分析了砂浆流动问题，研究表明滑移网格法不改变流动特性，滑移速度精度高。Liu 等[45]研究了应用混合平面法非匹配网格的快速搜索算法，计算得出压缩机叶片通道和非稳态流动模型，验证了滑移网格法能够准确预测气动性能曲线。Iliadis 等 [46] 分析了列车通过隧道时机头周围的能量损失、侧向振动、噪声等，使用滑动网格法求解了结构化六面体网格上的控制方程，对隧道壁和列车表面的压力及列车周围的速度场移动模型的实验数据进行了验证。

Wang 等 [47] 研究了集装箱船的黏性流场，采用雷诺平均方程、湍流模型与滑移网格法分析了船尾的自航系数、黏性流场和压力分布。Regodeseves 等 [48] 研究了水平轴风力涡轮机周围的非定常流动，采用滑动网格法模拟了叶片旋转运动，解析了全局载荷、叶片和塔架上的力分布、速度分量和攻角。姚激等 [49] 采用 SIMPLE 算法并结合滑动网格法，模拟了安装角变化下垂直轴风力机的三维非定常流场，分析了不同时刻的速度、涡量分布、风力机总转矩的变化规律及风能利用系数。Zhang 等 [50] 开发了一种高阶滑动网格法，对船用螺旋桨上的流动进行了解析模拟，该方法的低耗散特性允许即使在非常粗糙的网格上，也能在很长的距离内捕获广泛的湍流结构。

Lin 等 [51] 采用滑动网格法模拟了低温球阀内部的动态流动特性，分析了低温球阀在启闭过程中的能量损失，研究了低温球阀在不同阀芯转速下的动态流动特性。李森林等 [52] 利用滑移网格法研究了滑阀非全周阀口中的 K 型阀口的流场特性，发现阀口近壁面处出现了速度更大、范围更广的回射流，进而改变了空泡形状。

任豪宗 [53] 采用滑移网格法对限矩型液力偶合器全充液工况下不同转速比工作点进行了分析。截取周期性几何模型，获取了不同转速比运行状态下，工作腔内的速度、压力以及矢量分布。尹利云 [54] 应用滑移网格法处理定转子之间的参数传递，对液力缓速器全充液下的内流场进行了数值计算。史广泰 [55] 针对升阻型风力机的性能，对其升力型风轮叶片翼型进行了数值计算，分析了升力型风力机的气动性能。

Zhang 等 [56] 提出了一种简单、高效和高阶精确的滑动网格界面方法来处理光谱差异。图 2-9 为二维搅拌罐内四种不同状态下的流场分布。从图 2-9（a）中看出，初始瞬态流动行为类似于螺旋流动，流体被挤压推离叶片，导致同心流型，在流场中捕获了较大的波动。流体很快到达挡板和外壁后，流场变得混乱，流体通过挡板产生涡结构、弹跳压力波、叶片诱导涡、不稳定边界层等，搅拌中期密度云图如图 2-9（b）所示。随着叶片持续旋转，混沌流动结构逐渐消散，出现组织的大流动，如图 2-9（c）所示。最终流场在旋转参考系中达到准稳态，随时间变化很小，如图 2-9（d）所示。在搅拌末期，流动变得越来越均匀。比较图 2-9（a）～（d），密度场的变化随着时间的推移变得越来越小。

李涛 [57] 根据模型结构特点选取全流道计算区域，运用滑移网格法对偶合器泵轮与涡轮间交界面的参数进行传递，采用不同计算模型对偶合器各工况进行了数值计算模拟。李雪松 [58] 应用滑动网格法处理液力缓速器定 - 转子交界面之间的参数传递，进行了车用液力缓速器全充液以及气 - 液两相非稳态流场的数值计算。

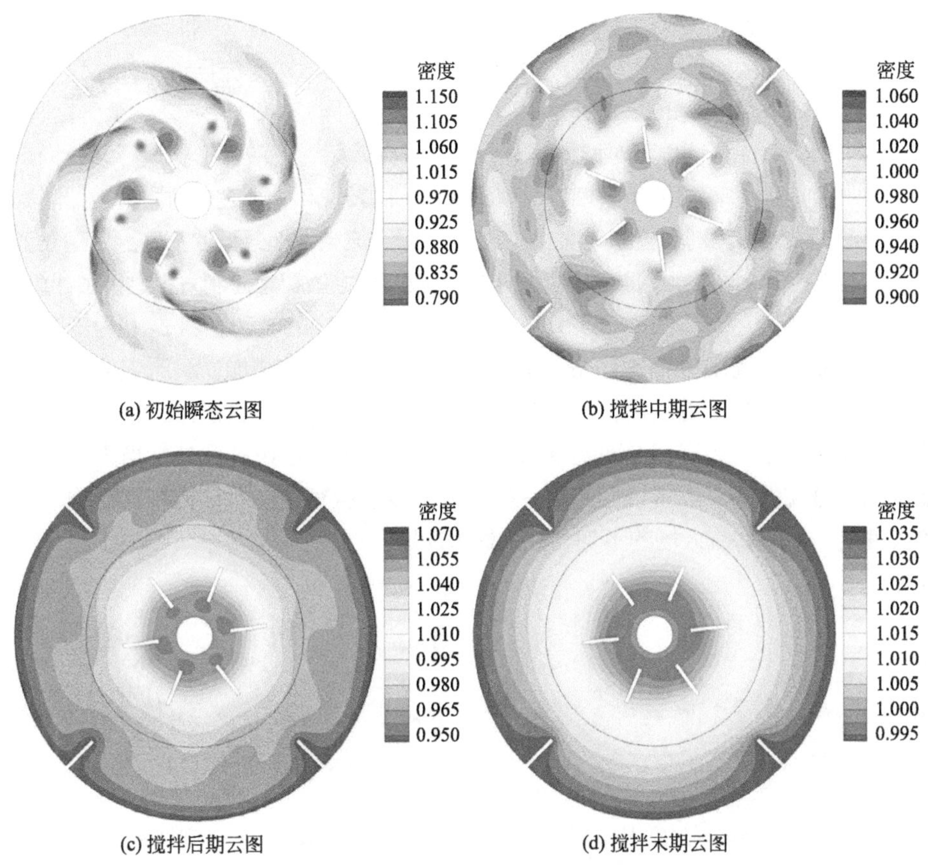

图 2-9　二维搅拌罐内四种不同状态下的流场分布 [56]

舒畅 [59] 采用计算流体力学的方法，模拟研究了在连续操作状态下结晶器内晶体的悬浮状态，将连续结晶过程简化为单一粒度晶体悬浮状态的模拟。孙善兵 [60] 对某型液力变矩器内部进行全流道建模和三维瞬态流场模拟计算，用滑动网格法，进行了各个工况下的瞬态流场的数值计算。Saini 等 [61] 对风扇尾流与航空发动机出口导叶相互作用产生的宽带噪声进行了准确评估，采用合成湍流方法来重现风扇尾流，并用欧拉方程来模拟声音的产生和传播。姚激等 [62] 采用滑移网格法，利用垂直轴风机模型分析了垂直轴风机在不同工作时刻的流场情况，研究了速度场、涡量的分布以及风力机总转矩的变化规律。

马文星等 [63] 将计算流体力学技术与粒子图像测速技术进行无缝结合，率先提出基于三维流动理论的液力变矩器现代设计方法，突破了可视化流场分析、叶片成形及三维瞬态流场计算等关键技术。卞逸峰等 [64] 应用湍流模型和滑移网格法模拟分析了有弯度翼型 4 叶片垂直轴风力机的气动特性。李雪松等 [65] 基于滑移网格法对液力缓

速器内部气 - 液两相流动进行了三维瞬态数值模拟。高慧等[66]对螺旋桨 / 艇体相互作用的流场进行了数值模拟，采用混合面模型和滑移网格法对其流场进行整体计算。童长仁等[67]分别采用多参考系模型和滑移网格法对搅拌器中的流场进行了仿真研究，在这两种模型的计算结果下对搅拌器速度场、收敛效果、凹液面形状进行了分析。童长仁等[68]利用滑移网格法及多相流模型研究了不同转速和挡板宽度对方形搅拌器流场及液面形状的影响。刘春宝等[69]在液力变矩器瞬态流场特性分析的基础上，建立了旋转坐标系下控制方程，采用数值模拟的方法对液力变矩器瞬态控制方程进行了计算。

Lin 等[70]通过滑移网格法研究了包含多个运动区域的流动。图 2-10 为不同拖曳速度下潜艇船体周围的涡量分布。从图中可知，随着速度增加，涡流强度也显著增强。随着嵌入涡流接近船尾，流型变得复杂。当船体几何形状锐化时，流场会遇到不利的压力梯度。边界层会随着轴流速度的减小而迅速增厚。此外，当边界层明显增厚时，分离的涡流被传递到船尾并被放大。由于所有这些涡结构相互影响，在大拖曳速度下，舵后流入场的不均匀性会显著加剧。

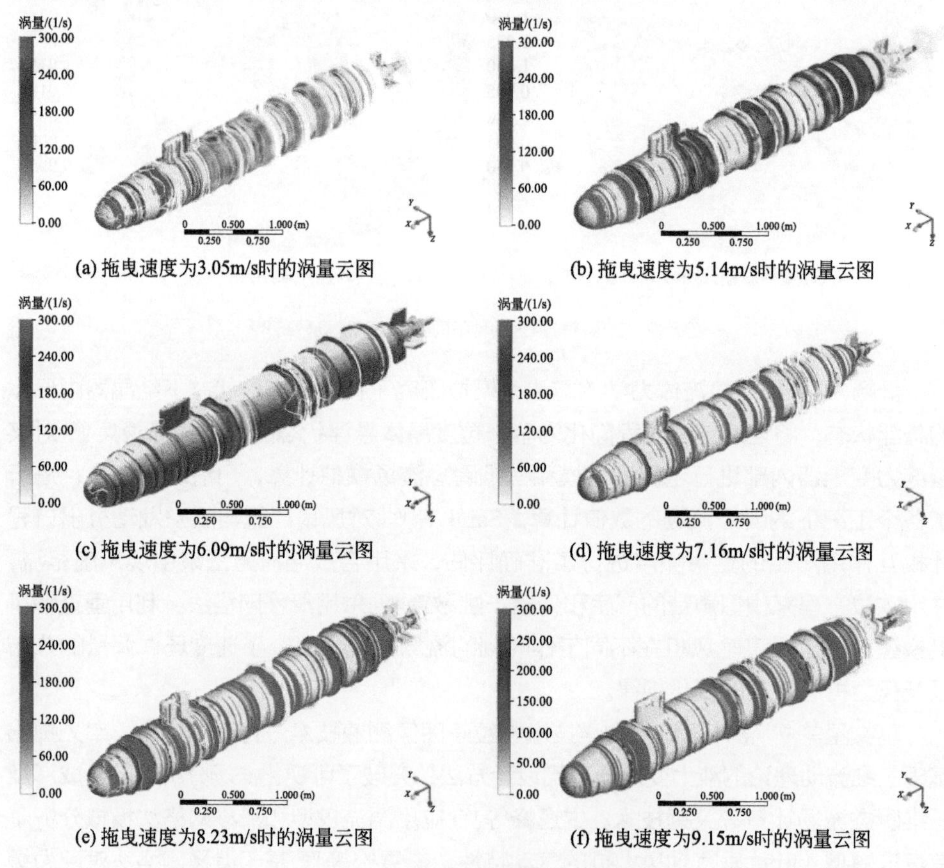

图 2-10 不同拖曳速度下潜艇周围的涡量分布[70]

滑移网格法作为一种非定常计算方法，是研究运动物体行为的一种常用方法，其将边界的运动转化为区域的运动，基于流体的非稳定性实现瞬态分析。在解决涡轮机启动时的空气动力学特性、地铁列车空气效应、集装箱船黏性流场、搅拌罐等流固耦合问题时，常用滑移网格法描述固体与流体的相对运动。滑移网格法在处理液力偶合器三维流场、搅拌罐二维流场、液力变矩器瞬态流场等旋转问题时，将计算区域分为旋转区域和静止区域。旋转区域内的网格分布较密，且随着离散的时间变化沿旋转轴产生转动，在不同的时刻重新生成网格；静止区域则保持不动。在旋转区域与静止区域的交界面上，使用两层交界面将不对应的节点分别进行求解，然后形成新的交界平面，通过新交界面上的通量传递，实现两区域内的流场耦合。与动网格法相比较，滑移网格法的优点在于，其运动仅仅是旋转区域相对于静止区域的滑动，相对节省产生新网格所需的计算资源。

2.3 动网格法

动网格法（Dynamic Mesh，DM）是旋转运动模拟的一种方法，动网格法可以用来模拟边界的运动导致流场形状发生改变的问题。动网格，顾名思义网格发生变化，而网格的更新过程由每个迭代步中边界的变化情况自动完成。在流体工程中有大量的问题涉及边界运动与变形，这都需要用到动区域或动网格法来模拟。例如，航空航天领域，飞机襟、副翼的运动，飞机外挂物的分离脱落过程，弹射逃生，导弹从井下发射过程，火箭级间分离、整流罩分离、尾罩分离过程等[71]；隧道与机车工程中，机车穿越隧道的过程；生物医学中，动脉血管的膨胀与收缩，肺的吸气与呼气过程；生物仿生学中，鸟类扇动翅膀飞行、鱼类摆动尾巴游动等。上述问题的非定常效应都非常关键，在动网格法诞生前，只能简化为定常或准定常的问题来模拟[72]。

在使用动网格法时，必须首先定义初始网格、边界运动的方式，并指定参与运动的区域，可以用边界型函数或者用户自定义函数定义边界的运动方式。动网格计算中网格的动态变化过程可以用三种模型进行计算，即弹簧光顺模型（spring-based smoothing）、动态分层模型（dynamic layering）、局部网格重构模型（local remeshing）。

弹簧光顺模型将网格各节点视为互相连接的弹簧。网格产生位移前，网格间的距离视为弹簧的平衡状态，如图 2-11（a）所示。移动后的网格如弹簧一样进行压缩或拉伸，弹簧光顺方法主要适用于三角形或四面体网格，且网格运动最好满足以下条件：边界移动为单一方向、移动方向垂直于边界。动态分层模型是根据与运动边界相邻的网格层高度来决定增加或减少动态层。依据相邻网格的高度设置理想的网格高度，再设置合并与分裂实现网格的合并与分裂。如图 2-11（b）所示为动态分层模型网格结构，动态分层模型要求与运动边界相邻的网格必须是六面体或棱柱网格（二维模型中为四面体），且运动边界必须为单侧边界。当运动边界位移较大且超过网格步长时，可能出现网格质量降低，甚至出现网格负体积的情况或网格畸变，这使得计算结果无法收敛。在边界运动的过程中，为避免出现此类问题，可采用局部网格重构模型调整网格畸变率，或对尺寸太大的网格进行局部处理，如图 2-11（c）为局部网格重构前后结构 [73]。

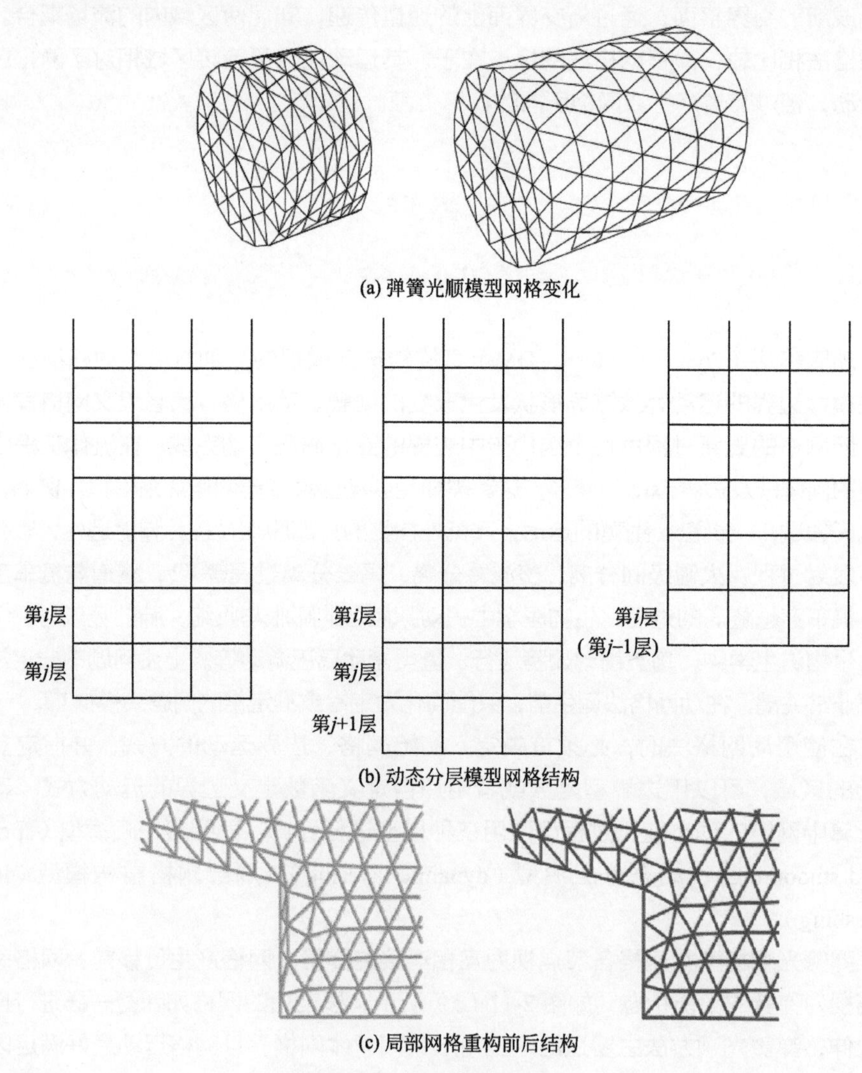

(a) 弹簧光顺模型网格变化

(b) 动态分层模型网格结构

(c) 局部网格重构前后结构

图 2-11　动网格模型 [73]

动网格的实现是在流体动力学软件中由系统自动完成的。如果在计算中设置了动边界，则会根据动边界附近的网格类型，自动选择动网格计算模型。如果动边界附近采用的是四面体网格（三维）或三角形网格（二维），则会自动选择基于弹簧变形的光滑模型和局部网格重构模型对网格进行调整；如果采用的是棱柱型网格，则会自动选择动态层模型进行网格调整，静止网格区域则不进行网格调整。

动网格法适用于解析刚性运动与变形运动等非定常流动问题，随着 CFD 技术的广泛应用，动网格法已不局限于流场与刚体运动的耦合问题，而是在多个领域得到了全方面的应用，具体如下。

代仲宇 [74] 基于动网格法，采用湍流模型、辐射模型及组分运输模型建立了火列车进地下站的数值模型，分析了有无屏蔽门情况下的烟气扩散规律及影响范围。李祥阳等 [75] 结合动网格法和滑移网格法来实现柱塞的往复运动和缸体旋转运动，在计算流体力学软件中设置边界条件进行了计算，获取了该柱塞泵的流量脉动、不同时刻的压力云图及速度矢量图。 Ma 等 [76] 提出了一种鲁棒的伪弧长移动网格法，该方法采用整体移动和块计算的策略，用于三维爆炸波传播的数值模拟。伪弧长动网格法涉及控制方程的演化、网格重分布和正性保持分析。Mehran 等 [77] 介绍了一种有效求解二维中子扩散方程的新移动网格有限体积法，该方程能够实现有效的网格运动。Dai 等 [78] 提出了一种实用的方法，将自适应动网格法和伽辽金有限元法相结合，以高效、精确地解决无侧限渗流问题。Gutiérrez 等 [79] 采用动网格法，使用较小的域来模拟上升的气泡，对流入和流出进行了精细处理，研究了气泡初始形状、气泡初始体积、流态和通道倾斜度的敏感性分析。

Kim 等 [80] 通过动网格法评估止回阀响应阀门的压力聚集行为，如图 2-12 所示，显示了阀门完全关闭时不同方案的速度分布。图 2-12（a）中，由于应用动态分层方法，阀盘和阀座没有完全接触，放大图显示通过阀瓣和阀座之间的小间隙的流体速度为零，因为孔隙率已经大大增加以阻止流动。在浸没边界法下，如图 2-12（b）所示，捕捉了阀门完全关闭的流场特性。对于使用八叉树网格和三角剖分网格，如图 2-12（c）和图 2-12（d）所示，由于浸没固体的薄层，阀盘和阀座完全接触。

Perline 等 [81] 提出了一种结合任意拉格朗日 - 欧拉（Arbitrary Lagrangian-Eulerian，ALE）移动网格和水平集界面跟踪方法，允许这两种方法用于不同的空间区域，并跨区域边界耦合。Fazio[82] 提出了一种新的数值计算方法，将水平集方法与动网格法相结合来模拟过冷核池沸腾，这种新的自适应方法在确定界面传热方面比基于具有相同网格点数的均匀网格的计算方法更准确。何金辉等 [83] 推导了动网格下的达西渗流方程和颗粒 - 流体相互作用方程，开发了考虑流体动网格的颗粒 - 流体耦合算法。

廖佳文 [84] 分析比较了动网格弹簧法、动网格径向基函数插值法和动网格弹性体法三种典型的网格变形方法，算例表明动网格弹性体法网格变形能力最强。李达 [85]

将动网格法中固定的机油入口边界条件转化为随曲轴转角变化的边界条件，探析了动边界模型对振荡冷却过程中冷却油腔内的机油流动和换热特性。王平等[86]研究了潜艇热尾流的水面温度分布和形状特征，基于重叠网格法解析了热尾流在水中的温度衰减规律。

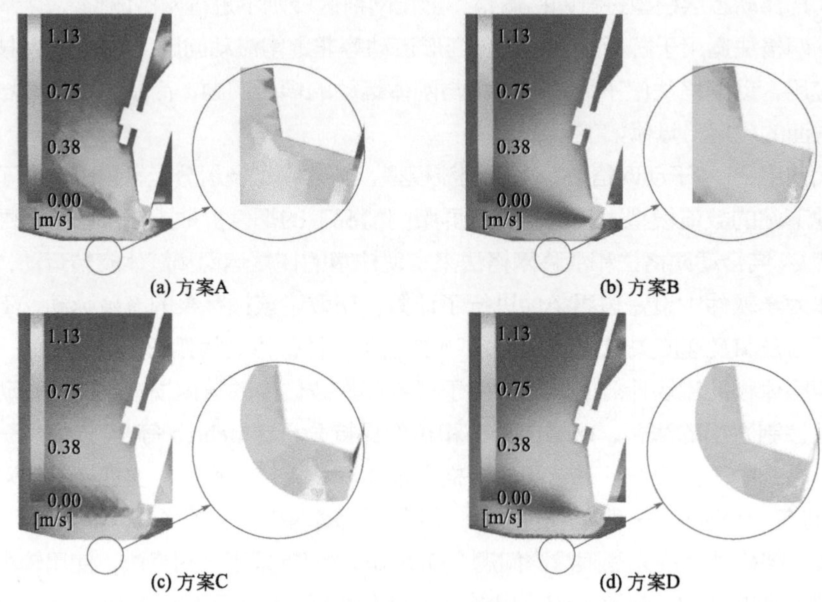

图 2-12　阀门完全关闭时的速度分布[80]

陈海登等[87]利用动网格法展现了床面变化历程，分别采用特征线法和有限元法对方程进行了时间和空间离散。吴利红等[88]提出了一种创新的多块混合网格结合动态层方法，该方法采用移动子区域代替传统的移动边界，可提高数值计算效率。李胜男等[89]搭建了基于动网格法的计算平台，模拟了试验台无法提供的极端工况下重瓦斯报警过程。龚超等[90]通过动网格法模拟了列车通过隧道产生的流场压力波，并以动荷载形式作用在隧道模型上，研究了衬砌在流场和围岩耦合作用下的响应机制。

Doustdar 等[91]研究了固定网格法和动网格法对阶梯式滑行艇流场模拟的影响，应用有限体积法对美洲狮船体模型进行计算流体力学分析。将动力、阻力和动态纵倾角的分析结果与实验数据进行比对，以评估不同网格方法的性能和准确性。与固定网格方法相比，动网格法精度更高。动网格法的计算成本明显高于固定网格方法。但在阶梯式美洲狮滑行艇的模拟中，只有使用动网格法才能检测到鼠海豚现象。图 2-13 为三种不同船速下，滑行船（重 76kg，纵向质心高度为 0.33m）在不同网格下的流场云图。随着船体速度增加，波浪角减小，波浪高度也降低。由于船体下沉量的减少，船舶与水面之间的相互作用随着滑行船速度的增加而减少。

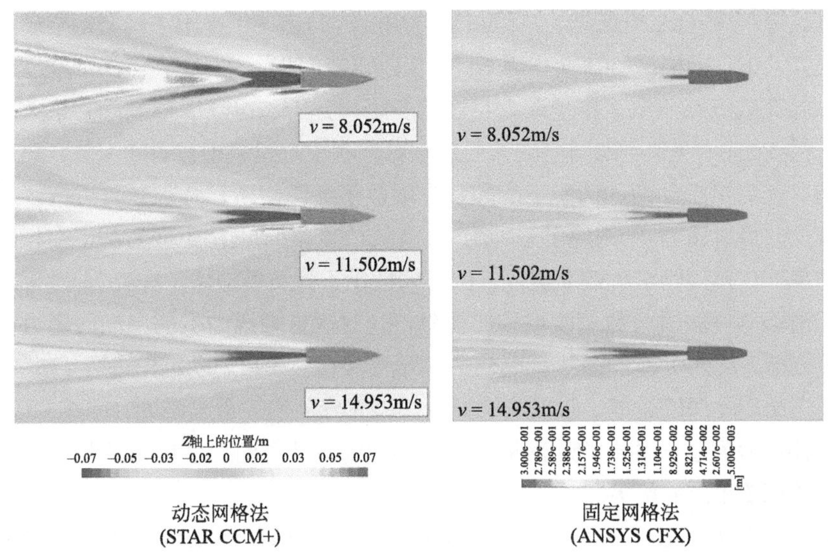

图 2-13　三种不同速度下美洲狮滑行船流场云图 [91]

图 2-14 显示了船速为 8.052m/s 时，固定网格法和动网格法下的滑行艇流场特性。从图中可以看出，从滑行艇两侧的流体分离为喷片，此外在滑行艇尾部捕获了空气涡流。

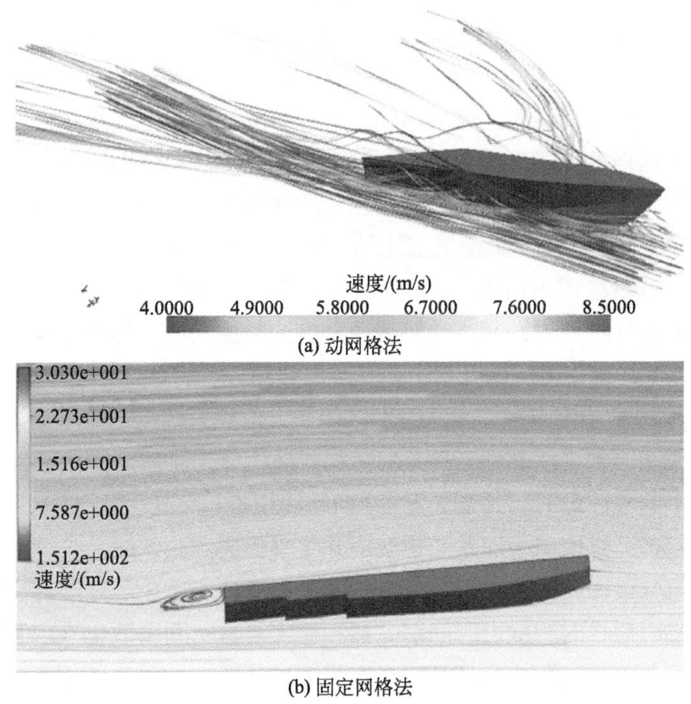

图 2-14　船速度为 8.052m/s 时滑行艇的流场云图 [91]

张斌等[92]结合二维翼型、三维机翼大角度俯仰运动，提出了具有网格质量反馈的改进弹性体动网格法。曹丽华等[93]应用动网格法建立了三维转子涡动模型，通过正交试验完成气流激振下转子动力特性的多因素分析，得到了影响动力系数的显著因素。雷红霞等[94]利用动网格法，通过轴对称欧拉方程组和有限体积法，建立了某火炮有、无后坐运动两种情况下的膛口流场数值计算模型，分别对其进行了非稳态数值模拟。卢凤翎等[95]构建了一种简单、高效的结构动网格生成方法，在相同迭代步数约束下，其网格求解效率更低，但鲁棒性优于弹簧模拟法。史亮等[96]采用动网格法和滑移网格法进行数值模拟和比较分析，对垂直轴风力机的启动问题进行了流体仿真分析。沈如松等[97]基于动网格法对翼型以15° 攻角启动过程进行了数值模拟，模拟了尾缘启动涡的生成、脱落与绕翼型环流充分发展的瞬态流场。邱鑫[98]基于均值坐标插值发展了一种新的动网格法，并通过算例计算对比了该方法与经典方法在计算效果和效率上的优劣。

刘永丰等[99]提出了一种非结构动网格法，基于动网格法求解内燃机缸内的三维流场。陈炎等[100]利用温度体动网格法和弹簧法，针对不同旋转角度下的翼型网格质量进行了比较，进而对不同动网格法的旋转变形能力进行了分析。王小兵等[101]基于数值波浪水池模型研究，在立管前增加干扰柱，研究了海洋平台立管涡激振动抑制问题。Tezduyar 等[102]提出了一种新的数值计算方法，将水平集方法与动网格法相结合来模拟过冷核池沸腾，通过数值模拟验证了这种新方法的有效性。

Wu 等[103]提出了一种新的数值模拟方法，结合水平集方法与动网格法模拟过冷核态池沸腾中气泡升腾现象，这种新的自适应方法在确定界面传热方面比具有相同网格数的均匀网格的计算方法更准确。金禹彤等[104]基于有限体积法求解非定常雷诺平均方程和湍流模型，结合整体动网格法的速度入口造波方法、阻尼消波法和流体体积液面捕捉技术构造了数值波浪水池。Ma 等[105]应用动网格法和界面跟踪法处理了复合材料暴露在雷击通道中的动态损伤。Lee[106]提出了一种结合 DRLSE 和移动网格法的图像分割算法，通过计算图像梯度的监控函数，随着图像梯度的变化自动实现网格加密，这使得图像分割的计算更加准确。

Jeferson 等[107]使用有限元方法开发了用于大位移壳结构不可压缩流动相互作用分析的分区算法。耦合由高斯 - 塞得尔隐式方法执行，流体网格由线性拉普拉斯平滑更新。为了节省计算时间并避免网格变形过程中的单元反演，其引入了一个粗糙的高阶辅助网格，它仅用于捕获结构变形并将其扩展到流体域。壳结构由有限元公式建模，节点位置和无约束向量的分量作为自由度，这避免了处理大旋转近似的需要。该文献使用隐式时间推进时间积分器和稳定混合空间离散化来求解流体动力学方程。对于耦合运动的稳态周期（T），如图 2-15 所示，壳位移的平滑度以高阶网格来表示流体的柔性边界，该网格所需自由度较少。

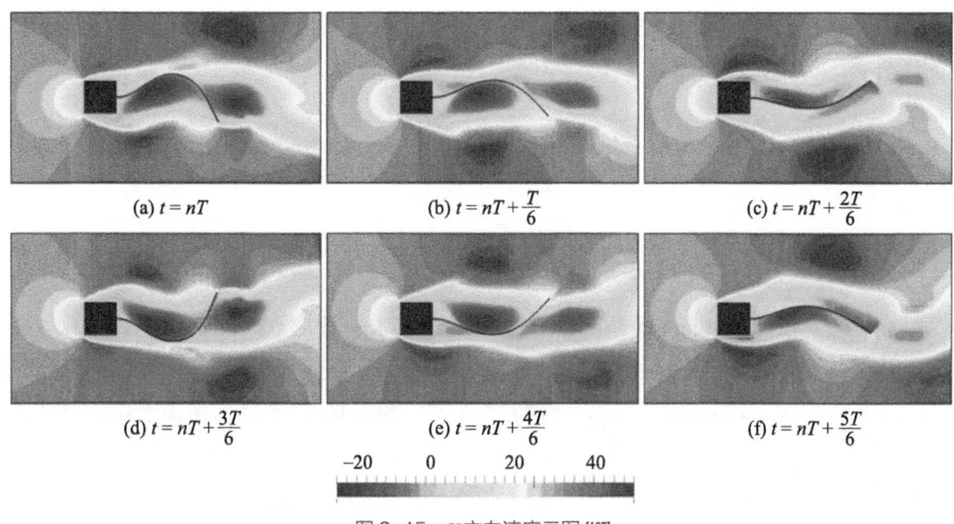

图 2-15　X 方向速度云图 [107]

Wu 等 [108] 采用动网格法研究了一种新型油垫，可承受设计范围内任何阶跃载荷的冲击，并始终保持载荷位置仅发生亚微米级变化。Almatrafi 等 [109] 精确解析了自适应动网格法和均匀网格法，并以收敛幂级数的形式呈现，在适当参数下对二维和三维曲面进行了理论和数值模拟。Yu 等 [110] 采用三维流体流动和传热模具模型研究了四种不同的角结构（直角、大倒角、多倒角和圆角）对多相流、传热和夹杂物运动行为的影响，应用动态网格模拟了模具振动。 Vikas 等 [111] 开发了一种动网格类型的有限元方法，用于计算通过多孔介质的瞬态无侧限渗流，解决了饱和区的渗流问题。

Bourne 等 [112] 使用动网格法对宇宙学演化集群执行了高分辨率喷流模拟。Greco 等 [113] 提出了一种有限元建模方法，用于模拟在机械和热载荷下弹性介质中的裂缝扩展。该模型将动网格法与相互作用积分方法相结合，模拟裂纹推进现象。Xin 等 [114] 结合动态网格法与用户定义函数模拟了衰减器的工作过程，解决了有限元流体计算中的发散问题和网格更新过程中的负体积问题。Zhao 等 [115] 利用动态网格法，在计算流体动力学软件中建立了由 100m 公路隧道和四辆并排汽油车组成的三维模型，模拟了 26~287nm 尺寸范围内的超细颗粒的扩散机制和颗粒凝聚现象。

动网格根据边界的运动进行计算域的网格重建，来实现流动区域内物理参数的变化，其原理可以概况为原网格运用插值计算得到新网格条件下的物理参数，根据每个时间点上的物理变量迭代得出流体的演化过程。动网格法可解决预先定义的运动，如鱼尾摆动、止回阀门开闭等，亦可解决如冷却箱机油流动、潜艇尾流、船体滑行、碳基喷嘴侵蚀等流体域和固体域相互作用问题。对于小变形的简单问题，弹簧光顺模型即可得到较好的解；对于运动方向较为单一，且拓扑结构简单的问题，动态分层方法较为实用；而对于复杂的大变形问题，通常采用网格重构法，虽然该方法重构网格需要耗费很大的计算量和较多的计算时间，但可以保证变形重构后网格的质量，防止计算发散。

2.4 浸没边界法

浸没边界法（Immersion Boundary，IB）通过求解固定欧拉网格上的流场来模拟任意几何体周围流动的技术，并用拉格朗日网格表示浸没体边界，该网格可以随时间发生变化。图 2-16 为浸没体在笛卡尔网格中的示意图。因此，需要通过引入力源项或通过更改浸没体表面附近的空间离散化来满足无滑移边界条件，以某种方式表示浸没体边界的存在。对于运动或变形中的浸没边界，只有拉格朗日网格会随着时间而移动，因此无须为流场重新划分基础的空间离散化网格。如何准确表示浸没物体周围流动的关键是离散化控制方程，使得欧拉网格和拉格朗日网格之间的物理变量满足守恒条件。

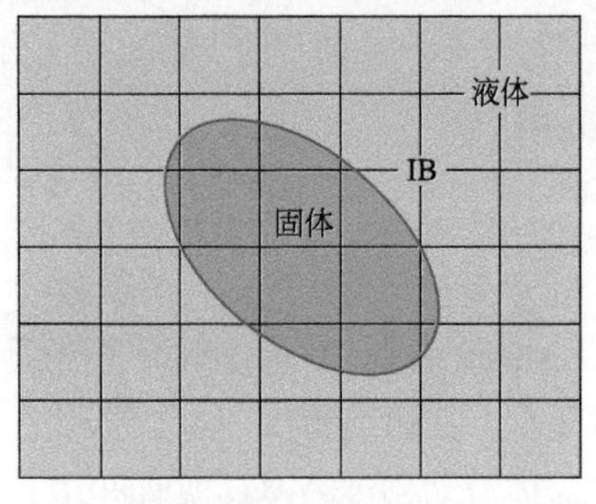

图 2-16 浸没体在笛卡尔网格中的示意图

浸没边界法可以大致分为两种[116]。第一种方法是沿浸没体表面引入边界力，以抵消周围的流体作用，从而满足无滑移边界条件。边界力被添加到连续的 N-S 方程中，然后再进行离散化，以确保欧拉流场与表示边界表面的拉格朗日网格之间的相互作用。这种方法依赖于离散德尔塔函数的使用，被称为连续力法（Continuous Forcing Approach，CFA）[117]。第二种方法仅在浸没体表面附近改变欧拉空间离散，以将无滑移边界条件纳入离散的空间算子中。因为该法通过修改离散化方案以解决流场中的浸没物体[118]，故被称为离散力法（Discrete Forcing Approach，DFA）。离散力法需要推导适合边界处理的微分方案，与连续力法相比，该方案实际实施起来较为复杂。但是，离散力法通常通过将适当的差分方案纳入由 N-S 方程离散化过程中所出现的空间算子中，进而产生更好的计算精度。

浸没边界法主要用于模拟复杂外形结构的流场运动与各种边界问题，在不断的完善与改进中。浸没边界法不仅可与有限差分、有限元、罚函数法等进行耦合，而且其应用范围也在不断扩展，目前该方法已经成功应用于流固耦合及多相流等问题，具体如下。

秦如冰等[119]基于浸没边界法开发了相应的求解程序，该方法无须构建复杂的贴体网格，而是采用简单的笛卡尔网格，通过将体积力添加到控制方程中的方式纳入边界条件。李永成等[120]结合浸没边界法，采用自编程序，通过求解不可压黏性 N-S 方程，对水下滑翔机仿生推进运动进行了数值模拟研究。王露等[121]通过改进算法来提高流场速度分布函数的计算精度，简化流固边界表面作用力计算方法。

Manueco 等[122]为了准确预测空间发展边界层的影响，开发了一种紧凑的浸没边界法，基于一维 RANS 方程的薄边界层方程壁模型，对可压缩湍流边界层的内部进行了建模。如图 2-17 可知，流体与导弹机翼产生较大分离，对全局负载产生较大的影响。流场产生较大的湍流，两种方案左上翼的模拟均恢复了二次分离。蒙皮摩擦线的总体一致性显示了本策略准确建模和分析浸没这种高雷诺数湍流中的翅片能力。

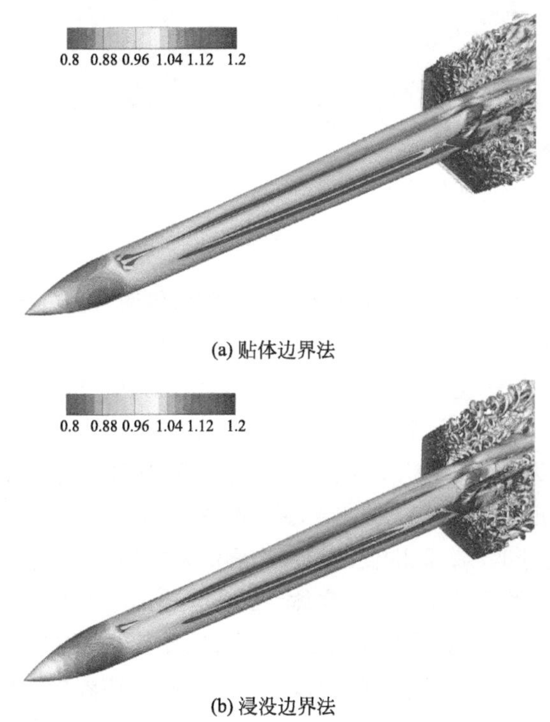

(a) 贴体边界法

(b) 浸没边界法

图 2-17　可视化等值面速度云图[122]

Billo 等[123]提出了一种从罚函数和浸没边界法结合的技术方法，该方法适用于无限薄的障碍物和有限元公式。Ghosh 等[124]使用浸没边界法对二维黏性不可压缩流体中的单个半圆环形状粒子的重力沉降进行了数值模拟，研究颗粒密度、流体的动态黏度和颗粒尺寸对所考虑颗粒沉降速度的影响。

Keisuke 等[125]为了模拟运动物体周围的非定常可压缩湍流，提出了一种在笛卡尔网格上使用浸没边界法的运动网格法，浸没边界法与壁面函数相结合，为运动体周围的湍流模拟施加壁面边界条件。图 2-18 显示了沿旋转方向的等值面速度云图，从图中可观察到螺旋叶片尖端涡流。使用与 MUSCL 相关的高阶方案可计算更精细的涡流，在高阶方案中存在纠缠两个螺旋涡流的二级编织结构。从等值面可以看出，数值方案对尾流结构的预测有很大影响。

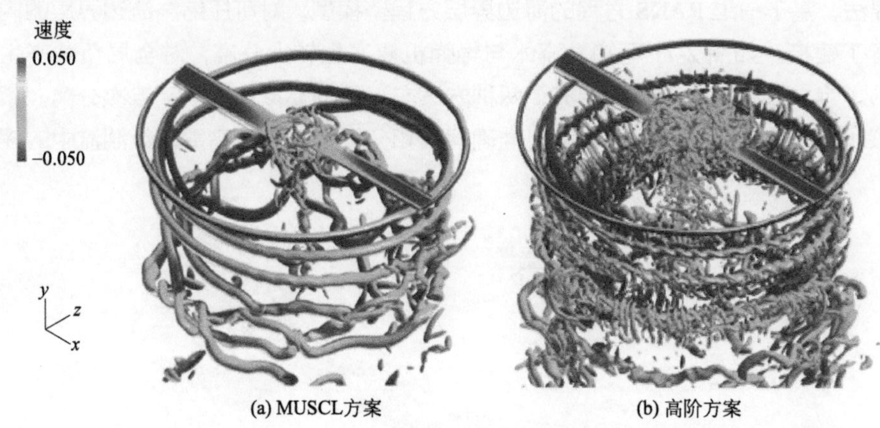

(a) MUSCL方案 (b) 高阶方案

图 2-18 沿旋转方向的等值面速度云图 [125]

Mohammadi 等 [126] 引入了浸没边界法，对辐射传递方程进行求解，以模拟不规则几何形状中自然对流的辐射传热。Kubo 等 [127] 提出了一种基于雷诺平均方程、水平集边界表达式和浸没边界法的二维湍流拓扑优化方法。Kasbaoui 等 [128] 提出了一种移动浸没边界法，并将其用于层流和湍流状态下封闭容器旋转湍流的直接数值模拟。张和涛等 [129] 为克服传统浸没边界法的质量不守恒缺陷，提出了一种用于可压缩流固耦合问题的强耦合预估 - 校正浸没边界法。Robaux 等 [130] 使用谐波多项式单元方法解决拉普拉斯问题，同时使用浸没边界法来捕获自由表面运动，此方法可以考虑固定、浸没或壁面表面穿孔、实体。Troldborg 等 [131] 对模型树主要分支上的阻力及其尾流风场进行了数值预测和实验观测。模型树安装在风洞的力传感器上。数值模拟解决了雷诺平均和分离涡流模拟，结合浸没边界模型模拟了预测力和尾流场。

Narváez 等 [132] 提出了一种用于固体和流体间共轭传热的高分辨率模拟方法，该方法是对现有浸没边界法的扩展，基于浸没区域内的解决方案的重建。Li 等 [133] 改进了惩罚浸没边界法来解决瞬态流固耦合问题，流体求解器选用欧拉有限元法，求解总能量守恒，保证不连续问题的正确性。Yang 等 [134] 应用大涡模拟，结合浸没边界法，对典型流体动力学问题进行了模拟。

Stavropoulos 等 [135] 提出了一种用于模拟复杂或移动边界的空化浸没边界法，该方法旨在用于广泛的工业和工程规模的处理流程。Giannenas 等 [136] 提出了一种基于三次样条重建的简单且可扩展的浸没边界法，该方法在笛卡尔网格上的湍流中对浸没对象进行了高精度模拟。Bagherizadeh 等 [137] 提出了一种数值模型，使用水平集框架来模拟孤立波的传播及其与浸没边界法的相互作用。

Su 等 [138] 为了模拟具有移动流固界面的流动问题，提出了一种基于混合笛卡尔浸没边界法的边界处理技术，以在其空间离散化过程中修改黏性项的离散化方案。Zhao 等 [139] 基于浸没边界法，提出了一种混合计算的气动 / 水力声学方法来处理声学散射和流动引起的噪声问题。Yan 等 [140] 提出了新的三维浸没边界法，结合水平集方法进行界面捕获，以模拟固定或运动结构与两相流体流动之间的相互作用。Chen 等 [141] 采用成熟的湍流壁模型和浸没边界法的分层笛卡尔网格模拟了压缩机中的非定常流动。Zhao 等 [142] 应用共轭梯度技术和显式技术，提出了新的浸没边界法，有效模拟了具有移动边界的不可压缩流动。

周睿等 [143] 为模拟真实水库自由液面的大幅变动，利用浸没边界法来处理水库自由液面的变动问题，比较了水库水温分布、水库下泄水温和坝前垂向水温分布。程自强 [144] 将浸没边界法与有限差分方法相结合，并将其应用于含弹性边界的不可压流场的数值模拟，研究了含复杂弹性边界的不可压流场和含复杂刚性边界的可压流场的数值模拟。李燕玲 [145] 应用浸没边界法精确地模拟了翼型的升力，而对于阻力的模拟，相对网格具有严格的一阶精度，并提出了一种简单有效的误差估计修改方法。

Aalilija 等 [146] 提出了一个简单有效的数值模型来解释多材料传热中浸没界面处的热接触电阻多材料传热中的界面现象。李强等 [147] 对聚合物熔体填充过程使用耦合有限体积和水平集的浸没边界法进行了模拟。Ong 等 [148] 采用不可压缩的两相流直接数值模拟模型，计算了轴对称液滴的自由落体运动。Brahmachary 等 [149] 探究了黏性可压缩流的浸没边界法的开发，及其对超高声速流中剪切和热通量的准确计算评估。Zhang 等 [150] 为了准确有效地模拟由流固耦合引起的结构变形和断裂，开发了近场动力学模型和使用浸没边界法的格子玻尔兹曼方法之间的强耦合。Gsell 等 [151] 基于简单通用的理论框架，分析了由直接浸没边界法的插值扩展非互易性引起的边界滑移误差，并利用格子 - 玻尔兹曼模拟进行了验证。Su 等 [152] 提出了一种基于网格线的浸没边界法，用于非体共形笛卡尔网格，对不稳定、不可压缩的流动进行了有效和准确的模拟。

李永成等 [153] 结合浸没边界法对水下滑翔机仿生推进运动进行了数值模拟研究，探析了滑翔机推进性能在不同来流速度时的相关性。从图 2-19 中可知，拍动频率 f 为 0.4Hz 时，与 f 为 0.6Hz 时相比较，翼尾流场中涡环倾角略有增大，导致涡环能量在水平方向减少，因此推进效率有所降低；拍动频率 f 增至 1.0Hz 时，翼尾流场涡环倾角增加，尾流场中出现涡环破裂，推进效率最低。

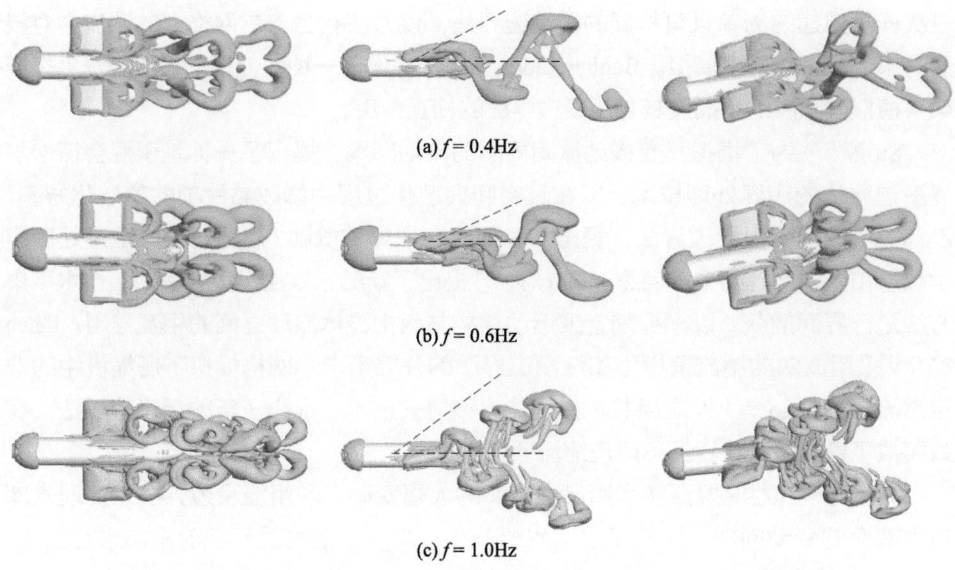

图 2-19 不同拍动频率时的涡场结构（从左至右分别为俯视图、侧视图、斜视图）[153]

张春泽等[154]将单相自由液面格子玻尔兹曼方法与浸没边界法相结合，准确地通过数值方法研究涉及自由液面的流固耦合问题，该耦合模型通过对耦合作用力的迭代，可确保浸没边界的无滑移条件的实现，并可提高耦合模型计算的稳定性和准确性。Onishi 等[155]提出了无拓扑方法与浸没边界法相结合的高雷诺数黏性和不可压缩流动，该方法产生无拓扑的浸没边界，特别适合高度复杂几何形状的流动模拟。艾丛芳等[156]开发了一个非流体静力模型来预测内部波的产生和传播，该模型采用半隐式、分数阶算法来求解基于笛卡尔网格系统的控制方程，结合浸没边界法来处理不平坦底部的复杂几何形状。

Benoit 等[157]提出了一种用于模拟空气动力学复杂几何形状可压缩流动法的浸没边界法，通过局部修改控制方程来考虑其影响。任洵涛等[158]利用基于浸没边界法的开源软件包对所提出的双层柔性蒙皮结构进行了数值模拟，分析了各参数对减阻性能的影响。Liu 等[159]提出了一种新的隐式强迫浸没边界法来解决涉及复杂域的不可压缩黏性流体流动问题。在传统的浸没边界法基础上，在不可压缩的 N-S 方程中加入固体体积，以满足嵌入固体内的速度条件。Constant 等[160]根据笛卡尔网格上的湍流可压缩流动，提出了一种浸没边界法，该方法能够消除壁面压力和摩擦系数上的虚假振荡。

Kettemann 等[161]提出了一种浸没边界法，在开源计算流体动力学框架泡沫扩展中实现并可公开使用。Wang 等[162]开发了一种浸没边界法，以处理可压缩反应流的固体嵌入流场模拟。Zhang 等[163]出了一种使用局部定向单元方法的单元浸没边界法，用于模拟涉及实体几何的不可压缩流动。康啊真等[164]用坐标变换来追踪随时间变化的自由液面，添加了浸没边界法处理不规则结构物表面，建立了基于大涡模拟方法的三维数值模型。

浸没边界法主要用于模拟黏性流场中的浸没边界运动，是处理复杂几何形状在流场中运动的有效方法，如解决半圆形粒子重力沉降、封闭容器内的湍流运动、水库自由页面变动问题、液滴自由流动、水下滑翔机推进性能等不可压缩流动；也可处理螺旋叶片尖端涡流、导弹机翼运动、消除虚假振荡等可压缩流动。在复杂流动模拟中，由于无须生成贴体网格，浸没边界法能够有效降低多尺度耦合模拟的难度，简化运动物体的模拟过程。即便对于拓扑变化的运动或者是变形的表面，浸没边界法的计算网格也不需要做任何变化。由于具备这些独特的优势，浸没边界法在流固耦合、大运动物体以及大变形模拟中都具有较大的优势。

2.5 重叠网格法

重叠网格法（Overset Meshing，OM）是将整体分成了背景网格和前景网格两部分，两部分网格之间存在重叠、覆盖或嵌套的关系，一般情况下往往将背景网格设置为静止区域，前景网格设置为运动区域。因此，利用重叠网格法就可以实现多个相互独立的网格之间进行无约束地相对移动的目的。如图 2-20 所示，背景网格与前景网格形成计算域的基础网格。圆形区域网格内部边界为计算中要移动的边界。红色实线表示重叠边界，其由用户自定义设置，一般不做限制。

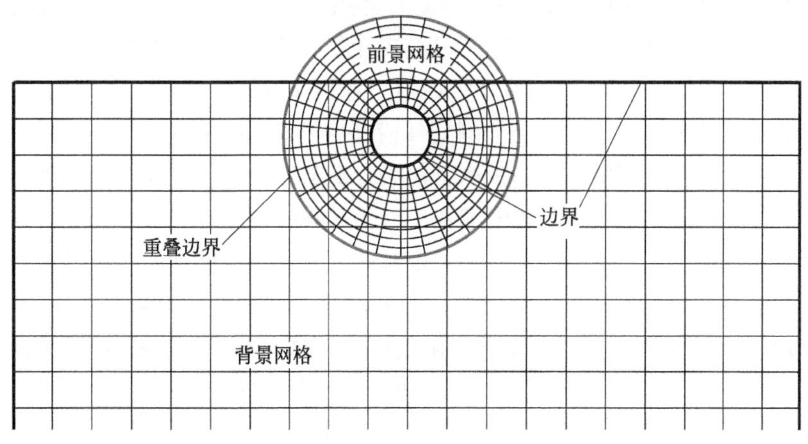

图 2-20　重叠网格各部分组成

重叠网格内部单元分为五个类型：洞单元、活动单元、插值单元、贡献单元和孤点单元。洞单元是指不参与计算的网格单元，这些单元一般处于运动结构的内部，或者处于计算区域以外。重叠网格法的初始状态，两种网格之间是相互独立的，它们之间并没有建立联系。需要通过以下几个步骤来建立数据信息的传递：首先是寻找出洞单元，并将其从计算域中删去，这一步骤称为挖洞，并将与洞单元相连的单元标记为插值单元；其次是为插值单元寻找出足够数量的贡献单元，标记出匹配良好的贡献单元；再根据插值单元和贡献单位的位置关系，求解权重系数，这一步是为了通过加权求和的方式完成两种单元之间的插值；最后对重叠区域进行优化，再一次搜寻最佳匹配的单元，去除多余单元，只保留匹配最好的两层插值单元。经过这一步后，能极大提高插值的精度。

重叠网格法把每个运动物体周围进行单独网格划分，可生成结构化网格或非结构化网格，同时各嵌套覆盖网格间存在网格重叠部分。重叠网格法兼容了结构网格成熟、逻辑简单、高效高精度且壁面黏性模拟能力强等优点，可高效解决多体相对运动与繁琐外形绕流的流动问题。国内外学者针对重叠网格法进行了大量研究，具体如下。

Li等[165]基于动态重叠网格法，根据几何特征将复杂结构分解为简单的拓扑组件，并围绕这些组件生成高质量的网格，对应求解所有组件网格上的流场。Kopriva 等[166]提出了一种罚函数，通过使用全局能量解释重叠区域中的能量，表明在耦合矩阵定义下，重叠域问题是有界的、保守的、适定的，并且具有等效于原来的单域问题。

Andrea 等[167]应用重叠网格法研究了 TCC 发动机中气缸内的流态及湍流运动。图 2-21 为 TCC 发动机应用雷诺平均方程的计算结果，图中显示了速度流场及粒子图像速度矢量对比情况。

吴家鸣等[168]采用重叠网格法、多重参考系法和滑移网格法三种工程常用计算方法计算了在一定来流条件下得到的导管螺旋桨的推力特性，并对比分析了三种方法的优势和不足。Mallapragada 等[169]模拟了靠近侧壁移动的通用理想化汽车模型，通过对重叠网格准确预测了 25° 倾斜角体模型后斜面上的流场，使用修正闭合系数的剪切应力传递湍流模型，准确预测了初始分离剪切层中的流动特性和后斜面上的流动再附着。Jarkowski 等[170]提出了基于重叠网格法与非匹配网格的层次结构，由于该算法效率高，可以在不稳定的隐式求解器的时间推进期间即时执行重叠单元的搜索。王维洲等[171]基于有限体积法和重叠网格法，研究了 400km/h 条件下等截面无开孔扩大型缓冲结构对初始压缩波形和压力梯度的影响规律。Poh 等[172]采用重叠网格法，在空气介质下的耦合叶片压缩机上进行了二维瞬态计算流体力学模拟。胡奇等[173]准确预报了第一层网格节点高度、船体表面网格尺寸及重叠网格大小等网格因素对水陆两栖飞机着水性能计算结果的影响。

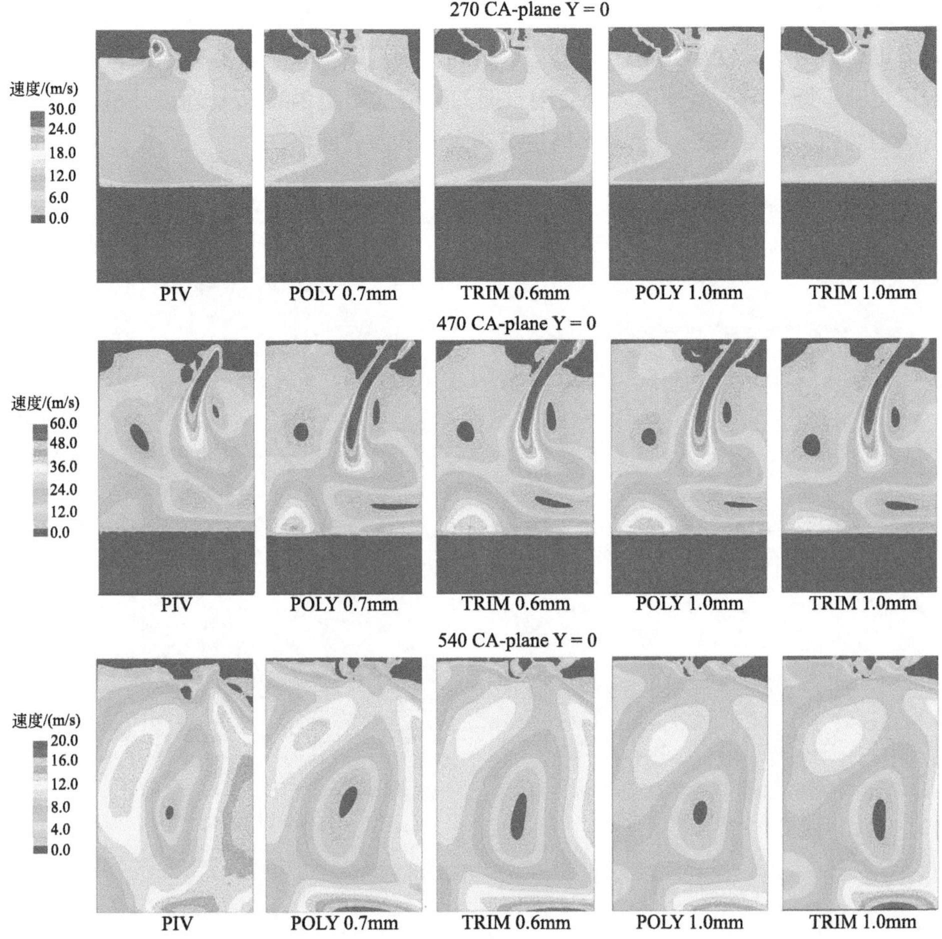

图 2-21　粒子图像测速法速度矢量与计算流体力学速度流场对比图 [167]

谭颖 [174] 结合雷诺平均方程，基于重叠网格法对黏性流体中两船并行航行水动力特性进行了数值模拟。刘佳明等 [175] 综合运用滑移网格法与重叠网格法模拟了大型集装箱船加装新型震荡水翼辅助推进装置前后在规则波中的航行状态。张勇等 [176] 运用流体体积法两相流模型，结合自适应网格加密法、重叠网格法和动网格法，建立了连杆大头喷油飞溅过程的计算模型，验证了模型的可靠性。Duman 等 [177] 通过重叠网格法对水面战舰加速和停止过程中的瞬时阻力进行了预测。朱仁庆等 [178] 在波高一定的情况下，模拟了浮冰在一系列不同波长的规则波中垂荡和纵摇运动，通过重叠网格法实现浮体运动，同时通过计算流体作用于浮体的合力与合力矩，求解了浮冰运动控制方程，更新了浮冰运动。

Orxan 等 [179] 设计了一种并行重叠网格法，以减少域间的信息传递、降低计算成本，并开发了并行重叠网格法组装器连接各组件间的网格，该汇编器与求解器在空间上进行了分区，使重叠网格位于同一区间。该汇编器和求解器在通用直升机上进行了负载平衡、可扩展性和内存使用方面的配置。如图 2-22 所示为直升机各部分的网格横切面，如图 2-23 所示为网格生成器完成的所有网格。

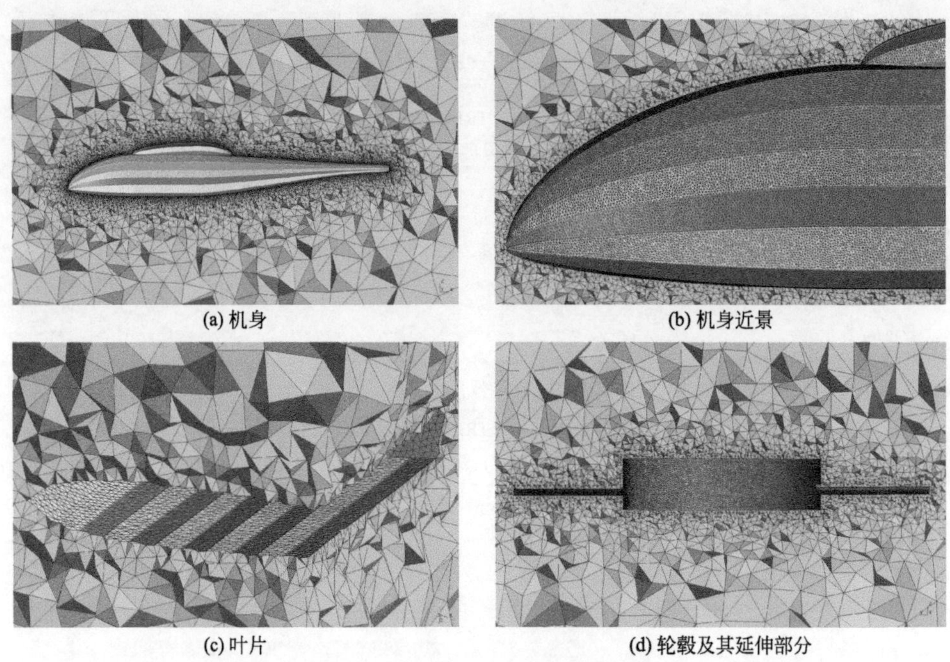

图 2-22　直升机各部分网格横切面

图 2-23　直升机全局网格[179]

杨壮滔[180]以圆柱形浮标作为研究对象，研究了其在波浪作用下产生运动的机理，建立了基于不同理论的浮标运动响应仿真方法。Cui 等[181]基于动态非结构化重叠网格对非定常激波 - 涡流相互作用进行了数值研究，解析了飞机高速飞行时整流罩受气流温度场与压力场的影响。汤傲等[182]采用计算流体力学分析软件对小口径尾翼弹飞出膛口及尾翼张开过程中的膛口流场进行了数值模拟。Xu 等[183]使用由重叠网格和自适应网格细化技术组成的高精度数值方法验证了垂直轴风力发电机安装在建筑物侧面的可行性。Wang 等[184]为了减少自主水下航行器调整姿态所需的时间和距离，提出了一种具有非对称机头结构，建立了基于流体体积方法的数值模型来描述高速入水的腔体和轨迹特性。郑宇[185]利用重叠网格动网格法，结合六自由度求解器，模拟了船舶破舱进水过程中的船舶升沉、横摇等运动。

王国亮[186]以势流理论面元法与黏流技术及模型试验相结合的方式，分析了多工况下螺旋桨的水动力性能，开展了冰干扰下螺旋桨的定常及非定常性能计算方法研究。Liu 等[187]提出了全尺寸船舶参数横摇的计算流体力学预测方法，选择水面战舰作为研究对象，在与模型试验相同的条件下对全尺寸舰艇进行了研究。赵汗冰[188]基于重叠网格法和有限体积法，建立了高速磁浮列车驶入隧道的计算模型。张亚等[189]提出了基于重叠网格法等 3 种计算域构造方法，实现了多风向角计算模型共享，助力风载荷数值建模的完全流程化和自动化。范晶晶等[190]针对传统割补法在壁面狭缝处网格重叠失败的问题，提出了以单元顶点状态进行洞面优化的顶点方法及以单元大小进行洞面优化的体积方法。Liu 等[191]为了准确分析高速地铁列车以 120km/h 的速度进入并在隧道中运行所引起的空气动力阻力，采用重叠网格法，并用湍流模型模拟了列车周围的流场，以获得准确的壁面应力值。

Zhu 等[192]对估计螺旋锥齿轮损失的分析模型进行了相当大的改进，并提出了一种新的重叠啮合方法来预测风阻损失。Mittal 等[193]基于最近开发的多域谱元素方法，为不稳定不可压缩 N-S 方程的半隐式解开发了多速率时间步长器，该策略可保留基础半隐式时间步长的时间收敛性。王贵春等[194]为研究斜拉索涡激振动响应特性，基于重叠网格法，对斜拉索二维模型进行了研究。Sun 等[195]通过模型牵引试验和数值模拟，研究了混合式轮轨两栖卡车的动力特性。

Zhou 等[196]采用重叠网格法模拟了高速护卫舰与系泊船舶之间的相对运动，通过实验和数值分析方法研究了高速护卫舰模型靠近封闭码头时，其产生的波浪、瞬态船舶运动和作用在系泊船舶上的水动力对系泊船舶稳定性的影响。Li 等[197]对具有弹性屏障脉冲分离装置的双脉冲固体火箭发动机的二次脉冲点火瞬态进行了数值模拟，应用动态重叠网格法解决了弹性屏障的大变形和膨胀问题。

Hanssen 等[198]提出了一种基于势流理论的水波及其与表面穿刺刚体相互作用的全非线性二维数值方法，使用这种浸没边界重叠网格方法的组合方法，可以避免为复杂边界生成边界拟合网格。He 等[199]研究波浪中自由起伏的刚性连接箱的运动响应和流体动力学特性，基于内部约束插值剖面法，与重叠网格法相结合，模拟了不同频率入射波下刚性连接箱的运动响应和动力特性。张罗莲[200]利用八叉树方法对含有 2 块各自绕轴旋转的板的交叉旋转模型进行网格划分，计算得到了其流场的矢量流速分布。周超杰等[201]针对复杂海洋环境下多浮体系统的流固耦合问题，使用重叠网格法模拟了多浮体系统在波浪作用下的运动响应。

Ashesh 等[202]应用重叠网格法计算不可压缩流体，预测了复杂几何组件的大运动与变形，应用 N-S 方程研究了重叠网格间的信息交换对数值性能的影响。如图 2-24 所示为风力涡轮机的重叠网格模型。使用不可压缩方程对叶片进行高精度分析，图 2-25 所示为 7m/s 时叶片均匀旋转下的流场。

Rulli 等[203]展示了重叠网格法应用于内燃机的可行性和有效性。Sun 等[204]对基于结构化重叠网格的高水头模型混流式水轮机的负载进行了数值研究，其与标准网格法相比，更具灵活性。Hu 等[205]采用重叠网格法模拟了交叉通道对真空管运输气动特性的影响，研究了三种列车的流动结构、气动力和气热环境。

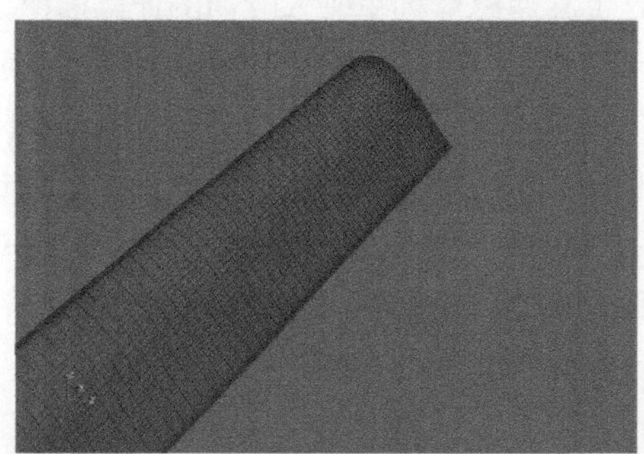

(a) 叶片结构化网格

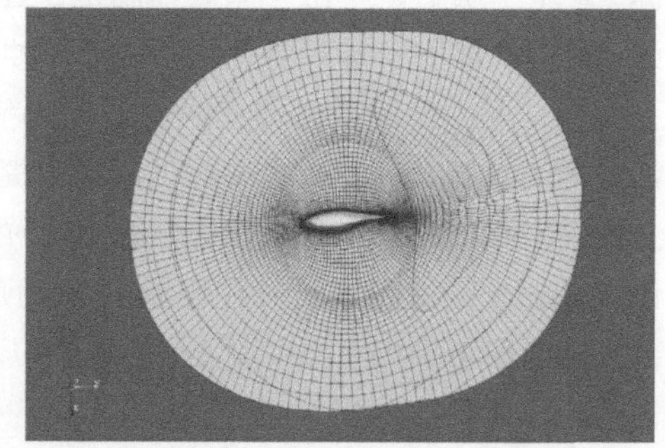

(b) 叶片弦向挤压生成的体网格

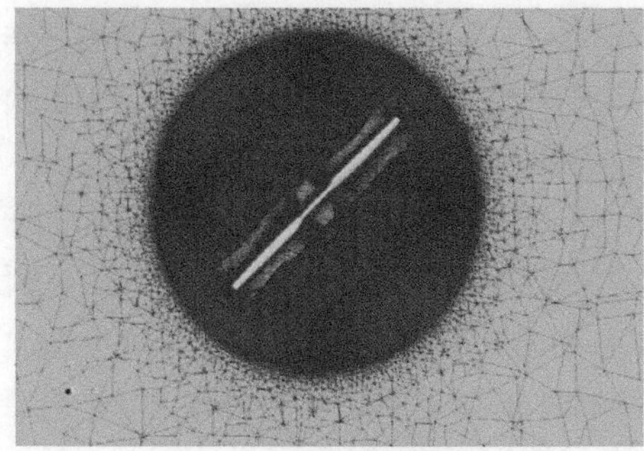

(c) 叶片环境重叠网格

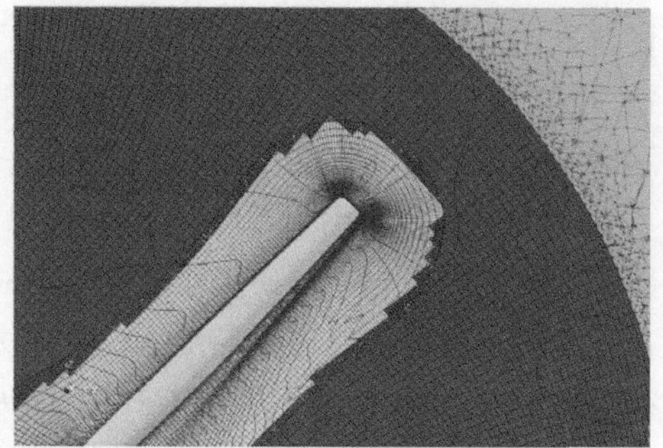

(d) 叶片重叠孔网格特写

图 2-24　风力涡轮机重叠网格模型[202]

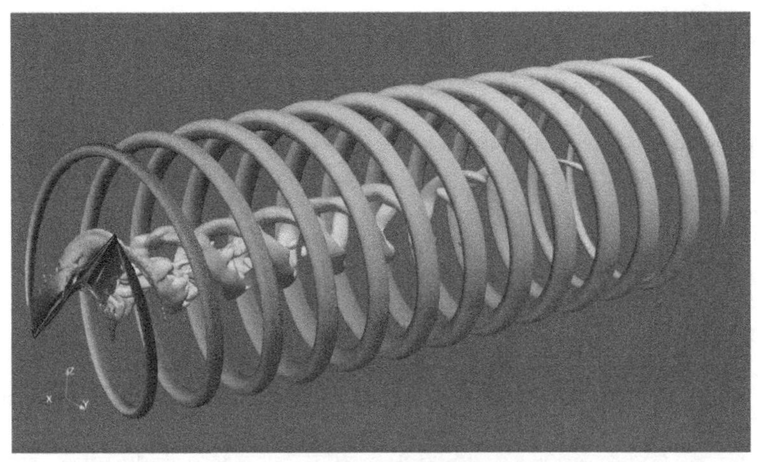

图 2-25　7m/s 时叶片匀速转动的涡等值面图 [202]

Hu 等 [206] 基于襟翼的运动部件之间不可避免地存在间隙、导致空气动力学特性发生显著变化的情况，提出了重叠组装算法，并将模拟结果与实验结果进行了比较，充分验证了模拟的准确性。Jiao 等 [207] 采用基于计算流体动力学的非定常 N-S 方程和流体体积模型求解器来估计双向横波中的船舶运动响应。王慕之等 [208] 使用重叠网格法模拟了复杂外形高速列车完全通过隧道时引起的隧道内的压力波动，描述了重叠网格法及使用该方法进行列车与隧道建模的过程。吴利红等 [209] 建立了自主式水下潜器全物理模型，模拟了螺旋桨旋转运动，提出了实时预报载体强制自航下潜运动受力和流动特性的类物理数值模拟方法。程萍等 [210] 采用重叠网格法计算了美国国家可再生能源实验室的大型风机，对塔架风机进行了气动力数值模拟和分析。

重叠网格法将整体分成了背景网格和前景网格两部分，当物体运动时，壁面处会受力，从而带动前景网格内的所有网格一起运动。前景区域中的计算网格是独立生成的，它们之间存在着重叠、嵌套或覆盖关系。重叠网格法也是一种瞬态方法，且不会出现负体积网格，在模拟多体相对运动方面有明显优势，可解决如汽缸内流态、压缩机叶片旋转、船体航行水动力特性、浮标运动响应、水下航行器水下姿态调整、船舶破舱进水等问题。重叠网格法在避免网格再生时出现的网格异常变形、网格重新生成效率低等方面有其独特的优势。

参考文献

[1] Mandar T, Siddiqui M S, Rasheed A, et al. Industrial scale turbine and associated wake development -comparison of RANS based Actuator Line Vs Sliding Mesh Interface Vs Multiple Reference Frame method[J]. Energy Procedia, 2017, 137: 487-496.

[2] Yang F L, Zhou S J, An X H. Gas–liquid hydrodynamics in a vessel stirred by dual dislocated-blade Rushton impellers[J]. Chinese Journal of Chemical Engineering, 2015, 23(11): 1746-1754.

[3] 吕超，殷宏鑫，孙铭赫，等 . 热压氧化高压釜喷吹搅拌过程模拟研究 [J]. 黄金，2021，42(10) : 62-64.

[4] Chen Z B,Yan H J,Zhou P, et al. Parametric Study Of Gas–Liquid Two-Phase Flow Field Inhorizontal Stirred Tank[J]. Transactions of Nonferrous Metals Society of China, 2021, 31(06): 1806-1817.

[5] 罗伟乐，覃万翔，刘阳明，等 . 基于旋转导叶的离心风机气动流场仿真 [J]. 轻工机械，2021，39（03): 16-22.

[6] 黄博凯，巢文革，闵建彬 . 改性沥青搅拌罐流体及结构有限元仿真分析 [J]. 中国建筑防水，2021（10): 56-60.

[7] 张阳，周洲，郭佳豪 . 分布式涵道风扇喷流对后置机翼的气动性能影响 [J]. 航空学报，2021，42（09): 431-444.

[8] 吴国玉，郑晔，徐文清，等 . 基于 FLUENT 软件的热压氧化高压釜流场数值模拟 [J]. 黄金，2020，41(10): 60-63.

[9] 李青云 . 基于 CFD 的小型反应釜中不同湍流模型数值模拟比较 [J]. 当代化工，2020，49（07): 1483-1487.

[10] 刘昭良 . 搅拌器叶片的流场模拟及参数改进研究 [D]. 青岛：山东科技大学 , 2020.

[11] 郭佳豪，周洲，范中允 . 一种给定拉力分布的螺旋桨设计方法及应用 [J]. 航空动力学报，2020，35（06): 1238-1246.

[12] Silva P A S F, Tsoutsanis P, Antoniadis A F. Simple multiple reference frame for high-order solution of hovering rotors with and without ground effect[J]. Aerospace Science and Technology, 2021, 111(4): 106518.

[13] 张国连，高子渝，杨伦磊，等 . 多开关电源密集排布散热设计与仿真分析 [J]. 筑路机械与施工机械化，2020，37（05): 85-90.

[14] 李青云 . 小型反应釜流场 SST 和 LES 模拟结果比较 [J]. 广东化工 , 2020，47（08): 22-24.

[15] 周诗睿，李博，周杨，等 . 螺旋桨滑流对发动机进气道气动性能的影响 [J]. 航空动力学报，2019，34（06): 1322-1333.

[16] 董敏，夏晨亮，李想 . 组合桨搅拌槽内部流场及混合时间数值模拟 [J]. 排灌机械工程学报，2019，37（01): 43-48.

[17] 马成宇 . 高空长航时无人机后掠桨叶气动性能研究 [D]. 南昌：南昌航空大学 , 2018.

[18] 战庆亮，周志勇，葛耀君 . 无变形网格下运动参考系求解平动流固耦合问题 [J]. 振动与冲击，2017，36（06): 114-121.

[19] 胡效东，王超，王灏，等 . 基于流 - 固耦合理论的搅拌反应器机械特性 [J]. 济南大学学报 (自然科学版)，2017，31（02): 150-158.

[20] 黎伟明，马晓利 . 舰载机多体动力学建模与弹射起飞模拟 [J]. 机械科学与技术，2016，35（11): 1797-1804.

[21] 王风萍，李炜，沈丽霞，等 . 计算流体力学在生物反应器模拟中的应用 [J]. 河北北方学院学报 (自然科学版)，2016，32（08): 55-59.

[22] 陈海涛，张裕中 . 叶轮角度与流体黏度对高剪切罐内流体影响的模拟研究 [J]. 食品与机械，2012，28（05): 131-134.

[23] 陈卓，周萍，李鹏，等 . 机械搅拌式锌浸出槽内固液两相流的数值模拟与结构优化 [J] . 中国有色金属学

报，2012，22（06）: 1835-1841.

[24] Wang Q, Jia S Y, Tan F G, et al. Numerical study on desulfurization behavior during kanbara reactor hot metal Treatment[J]. Metallurgical and Materials Transactions B-Process Metallurgy and Materials Processing Science, 2021, 52(2): 1085-1094.

[25] 李卉，邱磊．螺旋桨在均匀流场中的非定常水动力数值模拟 [J]. 船海工程，2011，40（06）: 40-44.

[26] 韩克非，吴光强，王立军．基于正交设计的泵轮叶栅关键参数对液力变矩器的性能影响优化分析 [J]. 中国电机工程学报，2010，30（35）: 65-70.

[27] 闫立林，李晓倩．基于 CFD 软件的搅拌罐开发和优化 [J]. 科技传播，2010（15）: 92-93.

[28] 韩克非，吴光强，王欢．基于 CFD 的泵轮叶栅关键参数对液力变矩器的性能影响预测 [J]. 汽车工程，2010，32（06）: 497-500.

[29] 刘红，解茂昭，尹洪超，等．熔体吹气发泡法制备泡沫铝的准三维数值模拟 [J]. 辽宁工程技术大学学报（自然科学版），2009，28（05）: 770-773.

[30] 彭珍珍，赵恒文，郭聪聪，等．双曲面搅拌机流场的数值模拟研究 [J]. 中国给水排水，2009，25（19）: 91-94.

[31] 李波，张庆文，洪厚胜，等．搅拌反应器中计算流体力学数值模拟的影响因素研究进展 [J]. 化工进展，2009，28（01）: 7-12.

[32] 洪厚胜，陶慧，张庆文．搅拌槽内桨叶高度对流场结构和功率消耗影响的数值模拟 [J]. 合成橡胶工业，2008（01）: 9-13.

[33] 解茂昭，宋会玲，刘红，等．单个气泡在液态金属搅拌流场中运动与变形的数值模拟 [J]. 热科学与技术，2007（02）: 146-151.

[34] Lu F X, Wang M, Pan W B, et al. CFD-based investigation of lubrication and temperature characteristics of an intermediate gearbox with splash lubrication[J]. Journal of computational physics, 2021, 11(1): 352.

[35] 余国保．基于 CFD 的重型车辆液力缓速器结构参数优化研究 [D]. 南京：南京理工大学，2014.

[36] 尹利云．基于内流场数值计算的液力缓速器结构参数优化研究 [D]. 长春：吉林大学，2012.

[37] Kang Y S, Sohn D W, Kim J H, et al. A sliding mesh technique for the finite element simulation of fluid-solid interaction problems by using variable-node elements[J]. Computers & Structures, 2021, 130: 91-104.

[38] Mohamed O S, Elbaz A M R, Bianchini A. A better insight on physics involved in the self-starting of a straight-blade darrieus wind turbine by means of two-dimensional computational fluid dynamics[J]. Journal of Wind Engineering and Industrial Aerodynamics, 2021, 218: 104793.

[39] Li Q, Ma S W, Shen X Y, et al. Effects of impeller rotational speed and immersion depth on flow pattern, mixing and interface characteristics for kanbara reactors using VOF-SMM simulations[J]. Metals, 2021, 11(10): 1596.

[40] Yang X Y Shou A J, Zhang R J, et al. Numerical study on transient aerodynamic behaviors in a subway tunnel caused by a metro train running between adjacent platforms[J]. Tunnelling and Underground Space Technology incorporating Trenchless Technology Research, 2021, 117: 104152.

[41] 李雪松，于秀敏，程秀生，等．液力缓速器瞬态两相流动大涡模拟及性能预测 [J]. 江苏大学学报（自然科学版），2012，33（04）: 385-389.

[42] Baizhuma Z, Kim T, Son C. Numerical method to predict ice accretion shapes and performance penalties for rotating vertical axis wind turbines under icing conditions[J]. Journal of Wind Engineering & Industrial Aerodynamics, 2021, 216: 104708.

[43] Wang T, Abdelmaksoud R. Interactions of wakes and shock waves with two-phase air/mist cooling in a transonic gas turbine stage[J]. International Journal of Heat and Mass Transfer, 2021, 179: 121652.

[44] Zhang B,Liang C L. A conservative high-order method utilizing dynamic transfinite mortar elements for flow simulations on curved nonconforming sliding meshes[J]. Journal of Computational Physics, 2021, 443: 110522.

[45] Liu A, Ju Y P, Zhang C H. Parallel rotor/stator interaction methods and steady/unsteady flow simulations of multi-row axial compressors[J]. Aerospace Science and Technology, 2021, 116: 106859.
[46] Iliadis P, Hemida H, Soper D, et al. Numerical simulations of the separated flow around a freight train passing through a tunnel using the sliding mesh technique[J]. Proceedings of the Institution of Mechanical Engineers, Part F: Journal of Rail and Rapid Transit, 2020, 234(6): 638-654.
[47] Wang Z Z, Min S S, Peng F, et al. Comparison of self-propulsion performance between vessels with single-screw propulsion and hybrid contra-rotating podded propulsion[J]. Ocean Engineering, 2021, 232: 109095.
[48] Regodeseves P G, Morros C S. Numerical study on the aerodynamics of an experimental wind turbine: Influence of nacelle and tower on the blades and near-wake[J]. Energy Conversion and Management, 2021, 237: 114110.
[49] 姚激，黄剑峰，袁伟斌，等 . 安装角变化下垂直轴风力机气动性能的研究 [J]. 水电能源科学，2012，30（02）: 148-150.
[50] Zhang B, Ding C, Liang C L. High-order implicit large-eddy simulation of flow over a marine propeller[J]. Computers & Fluids, 2021, 224: 104967.
[51] Lin Z H, Li J Y, Jin Z J, et al. Fluid dynamic analysis of liquefied natural gas flow through a cryogenic ball valve in liquefied natural gas receiving stations[J]. Energy, 2021, 226: 120376.
[52] 李森林，杨胜清，陈乾鹏 . 基于 Fluent 滑动网格对非全周开口滑阀阀口空化现象的研究 [J]. 液压气动与密封，2021, 41（01）: 28-34.
[53] 任豪宗 . 限矩型液力偶合器全充液工况的流固耦合分析 [D]. 太原：太原理工大学，2020.
[54] 尹利云 . 基于内流场数值计算的液力缓速器结构参数优化研究 [D]. 长春：吉林大学，2012.
[55] 史广泰 . 升力型、升阻型垂直轴风力机流场计算及性能预测 [D]. 兰州：兰州理工大学，2013.
[56] Zhang B, Liang C L. A simple, efficient, and high-order accurate curved sliding-mesh interface approach to spectral difference method on coupled rotating and stationary domains[J]. Journal of Computational Physics, 2015, 295 : 147-160.
[57] 李涛 . 车辆液力辅助起步与制动系统偶合器内流场特性研究 [D]. 长春：吉林大学，2011.
[58] 李雪松 . 基于非稳态流场分析的车用液力缓速器参数优化方法研究 [D]. 长春：吉林大学，2010.
[59] 舒畅 . 应用 CFD 模拟 DTB 结晶器内的流体混合过程 [D]. 天津：天津科技大学，2011.
[60] 孙善兵 . 液力变矩器三维瞬态流场分析研究及改型设计 [D]. 兰州：兰州理工大学，2012.
[61] Saini P, Defoe J, Farbar E. Suitability assessment of an uncalibrated body force based fan modeling approach to predict automotive underhood airflows[J]. SAE International Journal of Advances and Current Practices in Mobility, 2021, 3(5): 2695-2709.
[62] 姚激，张立翔 . 基于滑移网格的小型垂直轴风力机气动性能的数值模拟 [J]. 机械与电子，2013(05): 12-15.
[63] 马文星，刘春宝，雷雨龙，等 . 工程机械液力变矩器现代设计方法及应用 [J]. 液压气动与密封，2012，32（10）: 71-76.
[64] 卞逸峰，陈庆远，许金泉 . 有弯度翼型垂直轴风力机的数值模拟研究 [J]. 可再生能源，2012，30（08）: 33-37.
[65] 李雪松，程秀生，苗丽颖，等 . 液力缓速器三维瞬态流场大涡模拟及特性计算 [J]. 液压气动与密封，2010，30（03）: 38-41.
[66] 高慧，韩强，姚震球 . 采用混合面和滑动网格模型对艇体流场数值分析比较 [J]. 船舶，2011，22（06）: 14-17.
[67] 童长仁，李俊标，黄金堤，等 . 基于多参考系与滑动网格模型的搅拌器流场仿真 [J]. 山西冶金，2011，34（02）: 4-6.
[68] 童长仁，黄金堤，李俊标，等 . 基于 Fluent 的自由液面搅拌流场数值模拟 [J]. 能源研究与管理，2010(04）: 33-35.
[69] 刘春宝，马文星，朱喜林 . 液力变矩器三维瞬态流场计算 [J]. 机械工程学报，2010，46（14）: 161-166.

[70] Lin Y X, Li X C. The investigation of a sliding mesh model for hydrodynamic analysis of a SUBOFF model in turbulent flow fields[J]. Journal of Marine Science and Engineering, 2020, 8(10): 744.

[71] 张旋，余永刚，张欣尉 . 枪口压力对水下发射膛口流场特性的影响 [J]. 弹道学报，2021，33（03）: 37-43.

[72] 田素根，赵远扬，李连生 . 涡旋液压泵内部流动与压力脉动的数值模拟 [J]. 液压与气动，2021，45（09）: 145-150.

[73] 李曼丽 . 发射膛内非定常流场数值模拟研究 [D]. 太原：中北大学，2021.

[74] 代仲宇 . 城际铁路隧道携火列车进地下站烟流控制技术研究 [D]. 成都：西南交通大学，2017.

[75] 李祥阳，郗艺婷，陶佳欣，等 . 非对称高速轴向柱塞泵数值模拟分析研究 [J]. 液压气动与密封，2021，41（08）: 19-22.

[76] Ma T, Zhao J, Ning J. A 3-D pseudo-arc-length moving-mesh method for numerical simulation of detonation wave propagation[J]. Shock Waves, 2020, 30(7-8): 825-841.

[77] Mehran V, Dariush R O, Morteza G. A new moving-mesh finite volume method for the efficient solution of two-dimensional neutron diffusion equation using gradient variations of reactor power[J]. Nuclear Engineering and Technology, 2019, 51(5): 1181-1194.

[78] Dai Q W, Lei Y, Zhang B, et al. A practical adaptive moving-mesh algorithm for solving unconfined seepage problem with Galerkin finite element method[J]. Scientific Reports, 2019, 9(1): 6988.

[79] Gutiérrez E, Balcázar N, Bartrons E,et al. Numerical study of taylor bubbles rising in a stagnant liquid using a level-set/moving-mesh method[J]. Chemical Engineering Science,2017,164: 158-177.

[80] Kim N S, Jeong Y H. An investigation of pressure build-up effects due to check valve's closing characteristics using dynamic mesh techniques of CFD[J]. Annals of Nuclear Energy, 2021, 152(3): 107996.

[81] Perline K R,Helenbrook B T. A hybrid level-set/moving-mesh interface tracking method[J]. Applied Numerical Mathematics, 2015, 92: 21-39.

[82] Fazio R. Moving-mesh methods for one-dimensional hyperbolic problems using CLAWPACK[J]. Computers and Mathematics with Applications, 2003, 45(1): 273-298.

[83] 何金辉，李明广，陈锦剑，等 . 考虑动态流体网格的颗粒 - 流体耦合算法 [J]. 上海交通大学学报，2021，55（06）: 645-651.

[84] 廖佳文 . 动网格松弛法和弹性体法改进 [D]. 北京：北京大学，2021.

[85] 李达 . 高强化活塞振荡冷却及温度场分析 [D]. 太原：中北大学，2020.

[86] 王平，杜永成，柳文林，等 . 基于动网格与来流法的潜艇热尾流浮升扩散规律对比研究 [J]. 工程热物理学报，2020，41（10）: 2589-2595.

[87] 陈海登，陶祥海，李玲 . 稳定流态下海底管线局部冲刷有限元数值模型 [J]. 水利水电科技进展，2020，40（03）: 50-54.

[88] 吴利红，王诗文，封锡盛，等 . AUV 自航对接的类物理数值模拟 [J]. 北京航空航天大学学报，2020，46（04）: 683-690.

[89] 李胜男，刘明亮，周鑫，等 . 基于 Fluent 软件动网格法的瓦斯继电器内部流场模拟 [J]. 能源研究与信息，2018，34（03）: 164-168.

[90] 龚超，朱珍德 . 高速列车气动效应对二次衬砌作用数值研究 [J]. 河南科学，2018，36（05）: 721-727.

[91] Doustdar M M, Kazemi H. Effects of fixed and dynamic mesh methods on simulation of stepped planing craft[J]. Journal of Ocean Engineering and Science, 2019, 4(1): 33-48.

[92] 张斌，杨涛，丰志伟，等 . 网格质量反馈的弹性体动网格改进 [J]. 国防科技大学学报，2018，40（01）: 10-16.

[93] 曹丽华，司和勇，李盼，等 . 汽轮机转子动力特性的多因素分析及稳定性预测 [J]. 中国电机工程学报，2018，38（03）: 823-831.

[94] 雷红霞，王志军 . 火炮后坐对膛口流场的影响 [J]. 中北大学学报（自然科学版），2017，38（01）: 36-41.

[95] 卢凤翎，陈小前，禹彩辉，等 . 一种基于求解椭圆型方程的结构动网格生成方法 [J]. 航空学报，2017，38

（03）: 161-174.

[96] 史亮，钱潇如，韩万金．采用动网格与滑移网格技术的垂直轴风力机启动性能计算[J]. 可再生能源，2016，34（10）: 1509-1516.

[97] 沈如松，袁书生，王强，等．基于动网格法的翼型启动过程数值模拟[J]. 海军航空工程学院学报，2013，28（04）: 394-398.

[98] 邱鑫．一种应用均值坐标生成动网格的方法[J]. 科技信息，2013（18）: 378-379.

[99] 刘永丰，张文平，明平剑，等．一种动网格插值方法在内燃机CFD中的应用[J]. 内燃机工程，2013，34（01）: 87-92.

[100] 陈炎，张勤昭，曹树良．温度体动网格方法的旋转变形能力[J]. 排灌机械工程学报，2012，30（04）: 447-451.

[101] 王小兵，王学兵，李武生．海洋平台立管的涡激振动抑制研究[J]. 油气田地面工程，2019，38（07）: 104-109.

[102] Tezduyar T E, Sathe S,Pausewang J, et al. Interface projection techniques for fluid–structure interaction modeling with moving-mesh methods[J]. Computational Mechanics, 2008, 43(1): 39-49.

[103] Wu J F, Dhir V K, Qian J L. Numerical simulation of subcooled nucleate boiling by coupling level-set method with moving-mesh method[J]. Numerical Heat Transfer, Part B: Fundamentals, 2007, 51(6): 535-563.

[104] 金禹彤，陈吉昌，卢昱锦，等．楔形体入波浪水面数值模拟[J]. 航空学报，2019，40（10）: 46-59.

[105] Ma X T, Wang F S, Wang Z, et al. Thermal dynamic damage of aircraft composite material suffered from lightning channel attachment based on moving mesh method[J]. Composites Science and Technology, 2021, 214: 109003.

[106] Lee W L, Shi H J. Image segmentation application combined with DRLSE and moving mesh method[J]. Journal of Physics: Conference Series, 2021, 2024(1): 012019.

[107] Jeferson W D F, Humberto B C, Rodolfo A K S. ALE incompressible fluid-shell coupling based on a higher-order auxiliary mesh and positional shell finite element[J]. Computational Mechanics, 2019, 63 (3): 555-569.

[108] Wu H, Huang Y, Cui H L, et al. A passive compensated method with hydraulic transmission for static infinite stiffness of thrust bearing[J]. Tribology International, 2021, 163: 107193.

[109] Almatrafi M B, Abdulghani A, Lotfy K H, et al. Exact and numerical solutions for the GBBM equation using an adaptive moving mesh method [J]. Alexandria Engineering Journal, 2021, 60(5): 4441-4450.

[110] Yu S, Long M J, Zhang M Y, et al. Effect of mold corner structures on the fluid flow, heat transfer and inclusion motion in slab continuous casting molds[J]. Journal of Manufacturing Processes, 2021, 68: 1784-1802.

[111] Vikas S, Kazunori F, Akira M. Space-time finite element method for transient and unconfined seepage flow analysis[J]. Finite Elements in Analysis & Design,2021,197: 103632.

[112] Bourne M A, Sijacki D. AGN jet feedback on a moving mesh: Gentle cluster heating by weak shocks and lobe disruption[J]. Monthly Notices of the Royal Astronomical Society, 2021, 506(1): 488-513.

[113] Greco F, Ammendolea D, Lonetti P, et al. Crack propagation under thermo-mechanical loadings based on moving mesh strategy[J]. Theoretical and Applied Fracture Mechanics, 2021, 114: 103033.

[114] Xin Q, Li J W. Study on flow dynamic characteristic of bladder pressure pulsation attenuator based on dynamic mesh technology[J]. Journal of Vibroengineering, 2021, 23(4): 1011-1023.

[115] Zhao Y, Yang W N, Song X C, et al. Coagulation patterns and the impacts on traffic-related ultrafine particle dispersion in road tunnels employing dynamic mesh algorithms[J]. Environmental Science and Pollution Research International, 2021, 28(43): 61380-61396.

[116] Zeng J S, Li H, Zhang D X. Direct numerical simulation of proppant transport in hydraulic fractures with the immersed boundary method and multi-sphere modeling[J]. Applied Mathematical Modelling, 2021, 91: 590-613.

[117] Bridel-Bertomeu T. Immersed boundary conditions for hypersonic flows using ENO-like least-square reconstruction[J]. Computers and Fluids, 2021, 215: 104-794.

[118] Rafi S, Efi Z, Yuri F. A semi-implicit direct forcing immersed boundary method for periodically moving immersed bodies: A schur complement approach[J]. Computer Methods in Applied Mechanics and Engineering, 2021, 373: 113498.

[119] 秦如冰，柴翔，程旭．基于浸没边界法的流固耦合模拟分析 [J]. 核科学与工程，2020，40（05）: 763-770.

[120] 李永成，赵桥生，马峥，等．基于拍动推进方式的新型水下滑翔机运动特性研究 [J]. 中国造船，2018，59（03）: 23-30.

[121] 王露，李天匀，朱翔，等. 基于改进的浸没边界 - 格子 Boltzmann 方法的圆柱绕流仿真计算 [J]. 中国造船，2017，58（04）: 150-159.

[122] Manueco L, Weiss P E, Deck S. On the coupling of wall-model immersed boundary conditions and curvilinear body-fitted grids for the simulation of complex geometries[J]. Computers & Fluids, 2021, 226: 104996.

[123] Billo G, Belliard M, Sagaut P. A finite element penalized direct forcing immersed boundary method for infinitely thin obstacles in a dilatable flow[J]. Computers and Mathematics with Applications, 2021, 99: 292-304.

[124] Ghosh S, Yadav P. Study of gravitational settling of single semi-torus shaped particle using immersed boundary method[J]. Applied Mathematics and Computation, 2022, 413: 126643.

[125] Keisuke S,Taro I. Unsteady turbulent flow simulations on moving cartesian grids using immersed boundary method and high-order scheme[J]. Computers & Fluids, 2021, 231: 105173.

[126] Mohammadi M, Gandjalikhan N S A. Solution of radiative-convective heat transfer in irregular geometries using hybrid lattice boltzmann-finite volume and immersed boundary method[J]. International Communications in Heat and Mass Transfer, 2021, 128: 105595.

[127] Kubo S, Koguchi A, Yaji K, et al. Level set-based topology optimization for two dimensional turbulent flow using an immersed boundary method[J]. Journal of Computational Physics, 2021, 446: 110630.

[128] Kasbaoui M H, Kulkarni T, Bisetti F. Direct numerical simulations of the swirling von Kármán flow using a semi-implicit moving immersed boundary method[J]. Computers and Fluids, 2021, 230: 105132.

[129] 张和涛，宁建国，许香照，等．一种强耦合预估 - 校正浸入边界法 [J]. 爆炸与冲击，2021，41（09）: 86-99.

[130] Robaux F, Benoit M. Development and validation of a numerical wave tank based on the harmonic polynomial cell and immersed boundary methods to model nonlinear wave-structure interaction[J]. Journal of Computational Physics, 2021, 446: 110630.

[131] Troldborg N, Sorensen N N, Dellwik E, et al. Immersed boundary method applied to flow past a tree skeleton[J]. Agricultural and Forest Meteorology, 2021, 308-309: 108603.

[132] Narváez G F, Lamballais E, Schettini E B. Simulation of turbulent flow subjected to conjugate heat transfer via a dual immersed boundary method[J]. Computers and Fluids, 2021, 229: 105101.

[133] Li T Z, Zhang A M, Liu Y L, et al. Transient fluid–solid interaction with the improved penalty immersed boundary method[J]. Ocean Engineering, 2021, 236: 109537.

[134] Yang D D, He S D, Shen L, et al. Large eddy simulation coupled with immersed boundary method for turbulent flows over a backward facing step[J]. Proceedings of the Institution of Mechanical Engineers, Part C: Journal of Mechanical Engineering Science, 2021, 235(15): 2705-2714.

[135] Stavropoulos V E, Rodriguez C, Kyriazis N, et al. A direct forcing immersed boundary method for cavitating flows[J]. International Journal for Numerical Methods in Fluids, 2021, 93(10): 3092-3130.

[136] Giannenas A E, Laizet S. A simple and scalable immersed boundary method for high-fidelity simulations of fixed and moving objects on a cartesian mesh[J]. Applied Mathematical Modelling, 2021, 99: 606-627.

[137] Bagherizadeh E, Zhang Z X, Farhadzadeh A, et al. Numerical modelling of solitary wave and structure interactions using level-set and immersed boundary methods by adopting adequate inlet boundary conditions[J]. Journal of Hydraulic Research, 2021, 59(4): 559-585.

[138] Su G T, Zheng M Z, Li Q S. An improved hybrid cartesian/immersed boundary method for flow simulation with moving boundaries[J]. Journal of Physics: Conference Series, 2021, 1985(1): 012077.

[139] Zhao C, Yang Y, Zhang T, et al. A sharp interface immersed boundary method for flow-induced noise prediction using acoustic perturbation equations[J]. Computers and Fluids, 2021, 227: 105032.

[140] Yan B, Bai W, Jiang S C, et al. A three-dimensional immersed boundary method based on an algebraic forcing-point-searching scheme for water impact problems[J]. Ocean Engineering, 2021, 233: 109189.

[141] Chen C C, Wang Z, Du L, et al. Simulating unsteady flows in a compressor using immersed boundary method with turbulent wall model[J]. Aerospace Science and Technology, 2021, 115: 106834.

[142] Zhao X, Chen Z, Yang L M, et al. Efficient boundary condition-enforced immersed boundary method for incompressible flows with moving boundaries[J]. Journal of Computational Physics, 2021, 441: 110425.

[143] 周睿，程永光，吴家阳 . 基于浸没边界法的水库变动水面模拟及验证 [J]. 水利水运工程学报，2020(01): 66-73.

[144] 程自强 . 含复杂边界的流场计算和 DG 格式的声学分辨率性质研究 [D]. 合肥：中国科学技术大学，2021.

[145] 李燕玲 . 风力涡轮机气动力学浸入边界法数值模拟 [D]. 武汉：武汉科技大学，2021.

[146] Aalilija A, Gandin Ch-A, Hachem E. A simple and efficient numerical model for thermal contact resistance based on diffuse interface immersed boundary method[J]. International Journal of Thermal Sciences, 2021, 166: 106817.

[147] Li Q, Qu F C. A level set based immersed boundary method for simulation of non-Isothermal viscoelastic melt filling process[J]. Chinese Journal of Chemical Engineering, 2021, 32(04): 119-133.

[148] Ong C R, Miura H, Koike M. The terminal velocity of axisymmetric cloud drops and raindrops evaluated by the immersed boundary method[J]. Journal of the Atmospheric Sciences, 2021, 78(4): 1129-1146.

[149] Brahmachary S, Natarajan G, Kulkarni V, et al. Role of solution reconstruction in hypersonic viscous computations using a sharp interface immersed boundary method[J]. Physical review E, 2021, 103(4-1): 432302.

[150] Zhang Y, Haeri S, Pan G, et al. Strongly coupled peridynamic and lattice boltzmann models using immersed boundary method for flow-induced structural deformation and fracture[J]. Journal of Computational Physics, 2021,435: 110267.

[151] Gsell S, Favier J L. Direct-forcing immersed-boundary method: a simple correction preventing boundary slip error[J]. Journal of Computational Physics, 2021, 435: 110265.

[152] Su G T, Pan T Y, Zheng M Z, et al. A well-defined grid line-based immersed boundary method for efficient and accurate simulations of incompressible flow[J]. Computers and Mathematics with Applications, 2021, 89: 99-115.

[153] 李永成，赵桥生，马峥，等 . 基于拍动推进方式的新型水下滑翔机运动特性研究 [J]. 中国造船，2018, 59 (03): 23-30.

[154] 张春泽，米家杉，刁伟，等 . 基于浸没边界—格子 Boltzmann 方法的带自由液面的水力学问题模拟 [J]. 水电能源科学，2017，35 (02): 108-111.

[155] Onishi K, Tsubokura M. Topology-free immersed boundary method for incompressible turbulence flows: An aerodynamic simulation for "Dirty" CAD geometry[J]. Computer Methods in Applied Mechanics and Engineering, 2021, 378: 113734.

[156] Ai C F, Ma Y X, Yuan C F, et al. Non-hydrostatic model for internal wave generations and propagations using immersed boundary method[J]. Ocean Engineering, 2021, 225: 108801.

[157] Benoit C, Renaud T, Mary I. An immersed boundary method on cartesian adaptive grids for the simulation of

compressible flows around arbitrary geometries[J]. Energies, 2021, 37(3): 2419-2437.
[158] 任洵涛，赵丹，陈辉，等 . 基于浸入边界法的双层柔性蒙皮减阻性能研究 [J]. 应用科技，2021，48(02): 1-7.
[159] Liu R K, Ng K C, Sheu T W. A volume of solid implicit forcing immersed boundary method for solving incompressible Navier-Stokes equations in complex domain[J]. Computers and Fluids, 2021, 218: 104856.
[160] Constant B, Péron S, Beaugendre H, et al. An improved immersed boundary method for turbulent flow simulations on cartesian grids[J]. Journal of Computational Physics, 2021, 435: 110240.
[161] Kettemann J, Gatin I, Bonten C. Verification and validation of a finite volume immersed boundary method for the simulation of static and moving geometries[J]. Journal of Non-Newtonian Fluid Mechanics, 2021, 290: 104510.
[162] Wang J H, Zhang C. The variable-extended immersed boundary method for compressible gaseous reactive flows past solid bodies[J]. International Journal for Numerical Methods in Engineering, 2021, 122(9): 2221-2238.
[163] Zhang X H, Gu X C, Ma N. A ghost-cell immersed boundary method on preventing spurious oscillations for incompressible flows with a momentum interpolation method[J]. Computers & Fluids, 2021, 220: 104871
[164] 康啊真，祝兵，邢帆，等 . 超大型结构物受波浪力作用的数值模拟 [J]. 工程力学，2014，31 (08): 108-115.
[165] Li G H, Wang F X. A multiple instance solver framework based on dynamic overset grid method gor flow field simulation of array configuration with moving components[J]. Journal of Computational Physics, 2022, 448: 110741.
[166] Kopriva D A, Nordström J, Gassner G J. On the theoretical foundation of overset grid methods for hyperbolic problems: Well-posedness and conservation[J]. Journal of Computational Physics, 2022, 448: 110732.
[167] Andrea B, Fabrizio D, Matteo S. Overset grids for fluid dynamics analysis of internal combustion engines[J]. Energy Procedia, 2017, 126: 979-986.
[168] 吴家鸣，张强 . 三种 CFD 方法计算敞水导管螺旋桨推力特性结果观察 [J]. 广州航海学院学报，2021，29 (03): 56-61.
[169] Mallapragada S, Uddin M. Overset mesh-based computational investigations on the aerodynamics of a generic car model in proximity to a side-wall[J]. SAE International Journal of Passenger Cars- Mechanical Systems, 2019, 12(3): 211-223.
[170] Jarkowski M, Woodgate M A, Barakos G N. Towards consistent hybrid overset mesh methods for rotorcraft CFD[J]. International Journal for Numerical Methods in Fluids, 2014, 74(8): 543-576.
[171] 王维洲，钟登朝，胖涛，等 . 400km/h 高速铁路隧道洞口等截面无开孔扩大型缓冲结构气动效应分析 [J]. 高速铁路技术，2021，12 (05): 57-61.
[172] Poh W C, Elhadidi B, Ooi K T . 2D transient analysis of suction process for coupled vane compressor[J]. IOP Conference Series: Materials Science and Engineering, 2021, 1180(1): 012027.
[173] 胡奇，王明振，吴彬，等 . 网格因素对水陆两栖飞机着水性能计算结果的影响 [J]. 船海工程，2021，50 (04): 10-13.
[174] 谭颖 . 两船并行航行水动力特性数值研究 [D]. 大连：大连理工大学，2020.
[175] 刘佳明，吕峰，杜易洋，等 . 新型震荡水翼应用于实船的推进性能研究 [J]. 舰船科学技术，2021，43 (15): 53-57.
[176] 张勇，范相彬，杨靖，等 . 连杆大头油孔喷油飞溅数值仿真模拟 [J]. 内燃机工程，2021，42 (04): 62-69.
[177] Duman S, Bal S. Prediction of the acceleration and stopping manoeuvres of a bare hull surface combatant by closed-form solutions and CFD[J]. Ocean Engineering, 2021, 235: 109428.
[178] 朱仁庆，张曦，李志富 . 波浪场中浮冰摇荡运动特性 [J]. 哈尔滨工程大学学报，2021，42 (08): 1140-

1146.
[179] Orxan S, Ibrahim S. Overset grid assembler and flow solver with adaptive spatial load balancing[J]. Applied Sciences-Basel, 2021, 11(11): 5132.
[180] 杨壮滔 . 小型浮标在波浪作用下运动响应研究 [D]. 北京：中国舰船研究院，2018.
[181] Cui P C, Chen J T, Li B, et al. Research on shock-vortex interaction of fairings based on dynamic unstructured overset grid[J]. Journal of Physics: Conference Series, 2021, 1985(1): 012016.
[182] 汤傲，戴劲松，王茂森，等 . 小口径尾翼弹膛口流场数值模拟 [J]. 兵器装备工程学报，2021，42（06）: 34-37.
[183] Xu W H, Li G H, Zheng X B, et al. High-resolution numerical simulation of the performance of vertical axis wind turbines in urban area: Part I, wind turbines on the side of single building[J]. Renewable Energy, 2021, 177: 461-474.
[184] Wang X H, Shi Y, Pan G, et al. Numerical research on the high-speed water entry trajectories of auvs with asymmetric nose shapes[J]. Ocean Engineering, 2021, 234: 109274.
[185] 郑宇 . 客滚船破舱稳性及破舱进水 CFD 时域模拟研究 [D]. 上海：上海交通大学，2017.
[186] 王国亮 . 冰 - 桨 - 流相互作用下的螺旋桨水动力性能研究 [D]. 哈尔滨：哈尔滨工程大学，2016.
[187] Liu L W, Chen M X, Wang X Z, et al. CFD prediction of full-scale ship parametric roll in head wave[J]. Ocean Engineering, 2021, 233: 109180.
[188] 赵汗冰 . 高速磁浮列车通过隧道时气动性能研究 [D]. 兰州：兰州交通大学，2020.
[189] 张亚，于晨芳，蒋武杰 . 船舶风载荷数值模拟中流域构造方法的研究与应用 [J]. 船舶标准化工程师，2021，54（03）: 16-22.
[190] 范晶晶，阎超，张辉 . 重叠网格洞面优化技术的改进与应用 [J]. 航空学报，2010，31（06）: 1127-1133.
[191] Liu Z, Chen G, Zhou D, et al. Numerical investigation of the pressure and friction resistance of a high-speed subway train based on an overset mesh method[J]. Proceedings of the Institution of Mechanical Engineers, Part F: Journal of Rail and Rapid Transit, 2021, 235(5): 598-615.
[192] Zhu X, Dai Y, Ma F Y. On the estimation of the windage power losses of spiral bevel gears: An analytical model and CFD investigation[J]. Simulation Modelling Practice and Theory, 2021, 110: 102334.
[193] Mittal K, Dutta S, Fischer P. Multirate timestepping for the incompressible Navier-Stokes equations in overlapping grids[J]. Journal of Computational Physics, 2021, 437: 110335.
[194] 王贵春，曹宗恒 . 基于重叠网格法的斜拉索涡激振动分析 [J]. 郑州大学学报（理学版），2021，53（03）: 119-126.
[195] Sun C L, Xu X J, Wang L H, et al. Research on hydrodynamic performance of a blended wheel-track amphibious truck using experimental and simulation approaches[J]. Ocean Engineering, 2021, 228: 108969.
[196] Zhou L L, Abdelwahab H S, Guedes S C. Experimental and CFD investigation of the effects of a high-speed passing ship on a moored container ship[J]. Ocean Engineering, 2021, 228: 108914.
[197] Li Y K, Chen X, Cheng H G, et al. Fluid–structure coupled simulation of ignition transient in a dual pulse motor using overset grid method[J]. Acta Astronautica, 2021, 183: 211-226.
[198] Hanssen F C W, Greco M. A potential flow method combining immersed boundaries and overlapping grids: Formulation, validation and verification[J]. Ocean Engineering, 2021, 227: 108841.
[199] He G H, Jing P L, Jin R J, et al. Two-dimensional numerical study on fluid resonance in the narrow gap between two rigid-connected heave boxes in waves[J]. Applied Ocean Research, 2021, 110: 102628.
[200] 张罗莲 . 基于 SC/Tetra 重叠网格法的交叉旋转模型分析 [J]. 计算机辅助工程，2012，21（04）: 69-71.
[201] 周超杰，洪亮，张周康，等 . 重叠网格在多浮体结构 CFD 中的应用 [J]. 兵器装备工程学报，2018，39（11）: 199-204.
[202] Ashesh S,Shreyas A, Jayanarayanan S. Overset meshes for incompressible flows: On preserving accuracy of underlying discretizations[J]. Journal of Computational Physics, 2021, 428: 109987.

[203] Rulli F, Barbato A, Fontanesi S, et al. Large eddy simulation analysis of the turbulent flow in an optically accessible internal combustion engine using the overset mesh technique[J]. International Journal of Engine Research, 2021, 22(5): 1440-1456.

[204] Sun L G, Guo P C, Yan J G. Transient analysis of load rejection for a high-head francis turbine based on structured overset mesh[J]. Renewable Energy, 2021, 171: 658-671.

[205] Hu X, Deng Z G, Zhang W H. Effect of cross passage on aerodynamic characteristics of super-high-speed evacuated tube transportation[J]. Journal of Wind Engineering and Industrial Aerodynamics, 2021, 211: 104562.

[206] Hu Z Y, Xu G H, Shi Y J. A new study on the gap effect of an airfoil with active flap control based on the overset grid method[J]. International Journal of Aeronautical and Space Sciences, 2021, 22(4): 779-801.

[207] Jiao J L, Huang S X, Guedes S C. Numerical investigation of ship motions in cross waves using CFD[J]. Ocean Engineering, 2021, 223: 108711.

[208] 王慕之，梅元贵，贾永兴 . 重叠网格法应用于模拟高速列车隧道气动效应 [J]. 应用力学学报，2017，34（03）: 589-595.

[209] 吴利红，封锡盛，叶作霖，等 . 自主水下机器人强制自航下潜的类物理模拟 [J]. 上海交通大学学报，2021，55（03）: 290-296.

[210] 程萍，万德成 . 基于重叠网格法数值分析塔架对风机气动性能的影响 [J]. 水动力学研究与进展 (A 辑)，2017，32（01）: 32-39.

[27] [illegible] R, [illegible] large eddy simulation analysis of the turbulent flow in [illegible] combustion engine using [illegible] mesh technique[J]. [illegible], 2021, [illegible]
[28] [illegible] analysis of [illegible] for a [illegible] based on [illegible][J]. [illegible], 2021, [illegible]
[29] [illegible]
[30] [illegible]
[31] [illegible] CT [illegible], 2014, [illegible]
[32] [illegible], 2015, [illegible]
[33] [illegible]
[34] [illegible]

Chapter 3

第3章

动静干涉流场湍流模型评价

流体机械内部流动的复杂性集中体现为多叶轮共同工作、动静流场相互干涉、流道及叶片扭曲等方面。准确的流动结构描述与特性预测可以有效地辅助乃至主导设计过程，缩短设计周期、降低成本等。湍流模型对准确预测包含大范围的几何尺度和时间尺度的流动交互现象的本质起着决定性作用。面对当前湍流模型众多而难以选择的问题，本章首先针对简单的喷管射流进行计算，以较少的网格划分及计算周期初步评估出较为适合的模型。随后在涉及动静轮干涉的液力偶合器三维瞬态流场中对比得出最优模型，完成其内部循环流动的特征分析。总之，湍流模型的发展与改善是流动数值模拟技术中极具挑战的突破点和关键点之一。

3.1 无干涉状态下的喷管射流

本节通过一个简单的例子来解释 CFD 技术在医药领域的应用。以一个标准化的喷管模型模拟一套医药设备的注射装置，通过 CFD 计算模拟方法来预测流体在注射装置中的流动形式。实验数据来自 Hariharan 等 [1]PIV 实验所得。分别采用 BSL SBES DSL、BSL SBES WALE、BSL SEES WMLESS-Ω、DSL、SST SAS 和 SST DDES 六种湍流模型，以雷诺数 Re=3500 和 Re=6500 的计算数据和 PIV 实验数据做对比，观察流体从层流到湍流的转换过程，进而评估各湍流模型在流场捕捉方面的能力。

3.1.1 几何模型

标准喷管模型 [2] 包含一个小的轴对称喷管，它由三部分构成：收敛段、恒定直径喉管段以及突扩段。图 3-1（a）显示了喷管模型的几何尺寸。最小直径 D_1=0.004m，最大直径 D_2=0.012m。模型的进口和出口长度没有定义，可任意选取，但必须保证要有完整的流体流动形态。图 3-1（b）显示了需要提取的模拟数据位置，提取的数据主要是轴向中心线上的速度：1 和 2 位于恒定直径进口段，3 位于收敛段之内，4 和 5 位于喉管区域的下游，6 正好处于模型突然扩张部位，7 ～ 12 位于扩张段的下游。在这 12 个部位的中心线上提取该部位的速度数据，和测量的实验数据做对比。

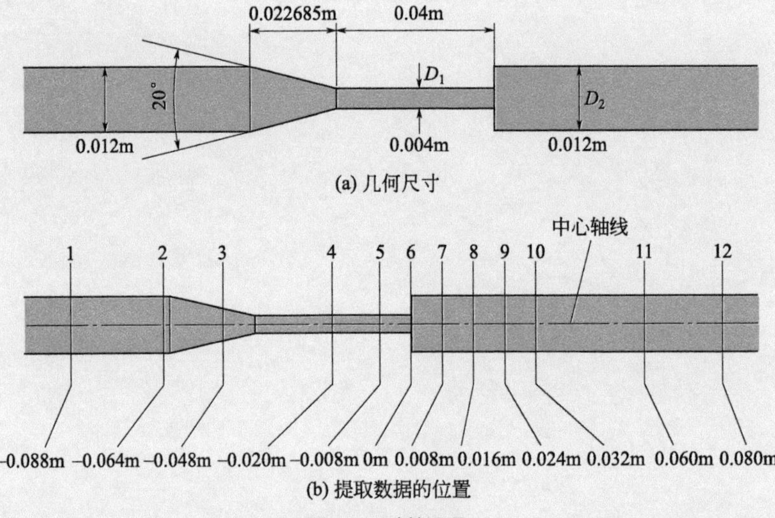

(a) 几何尺寸

(b) 提取数据的位置

图 3-1　喷管设置

3.1.2　计算设置

数值模拟中，流体介质采用牛顿流体，其密度 ρ=1056kg/m^3，动力黏度 μ=3.5×10^{-3}N/（s·m^2）。模型采用了六面体网格，为了求解近壁面区域，对壁面周围进行了网格加密。模型网格及局部网格如图 3-2 所示。计算设定边界条件时，进口速度为稳定的轴向速度输入，出口为压力出口。采用压力 - 速度耦合求解方式，SIMPLEC 算法，迭代计算步长为 0.01s，迭代步数为 500 步。模拟计算时，流体从模型左侧入口进入，从右侧出口流出。表 3-1 中列出了流体的喉管雷诺数 *Re*, 以及对应的进口雷诺数和进口轴向速度 [3]。进口雷诺数和进口轴向速度可由喉管雷诺数计算得出。在雷诺数 *Re*=3500 和 *Re*=6500 时，流体为完全湍流状态。模型包含水流加速、水流减速、流速变更、回流等物理特征。通过观察这些特征，可以验证流体从层流到湍流的演变过程。

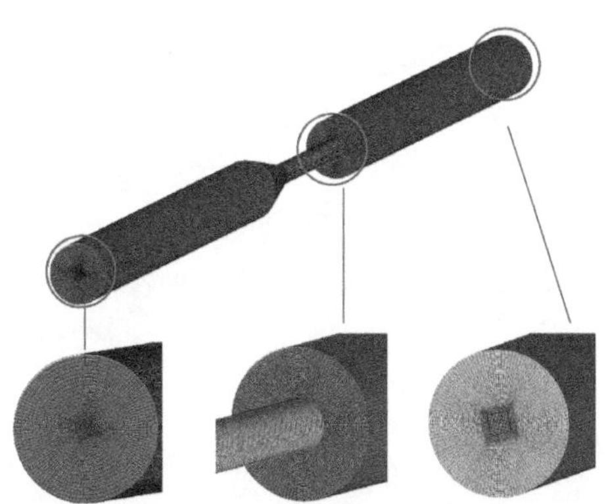

图 3-2　模型网格及局部网格

表3-1　流动条件

序号	进口雷诺数 *Re*	喉管雷诺数 *Re*	进口轴向速度 /（m/s）
1	1167	3500	0.322325
2	2167	6500	0.598524

进行完整计算前，需要进行网格无关性验证。网格无关性就是验证计算结果对于网格密度变化的敏感性 [4]。通过增加网格的密度，观察比较不同网格密度的计算结果。如果不同数目的网格计算结果在允许的变化幅度范围内，则可以说明增加网格数对计算结果已影响不大，即得到的解与网格无关。本算例采用了网格数量分别为 24 万、80 万、200 万、400 万的 4 套网格。在相同计算条件下进行计算并比较计算结果，找出计算结果趋于稳定时的网格数。计算结果如图 3-3 所示。计算结果表

明，平均误差随着网格数量的增加，其计算结果的变化趋于平缓。四套网格的平均误差分别为 8.5974%、7.1166%、6.9526%、6.9487%。第三套和第四套网格相对于前一套网格的计算误差降幅仅为 2.30% 和 0.56%。此时的计算结果波动已经很小，甚至可以忽略。因此，当网格数量达到 400 万时，计算结果与前面一套网格的计算结果已相差不大，此时的计算结果与网格无关。最后，按照 400 万网格进行求解计算。

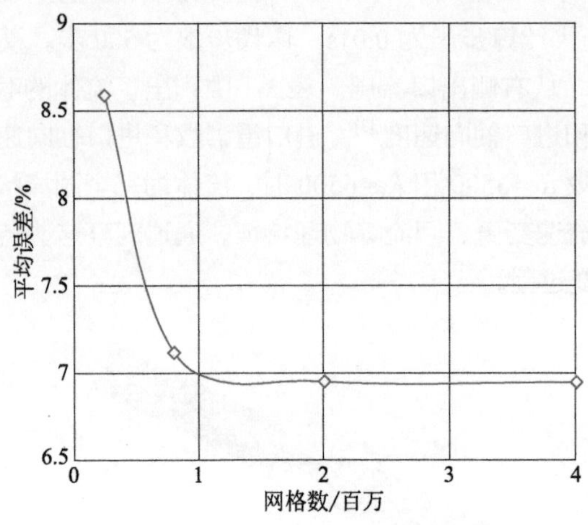

图 3-3　平均误差随网格数量的变化

3.1.3　流动结果

采用上述六种模型对喷管模型进行数值模拟，通过中心线轴向速度分布、雷诺数分布和涡结构分布等流动结果得出了最佳的湍流模型。

（1）中心线轴向速度分布

图 3-4 显示了雷诺数 Re=3500 和 Re=6500 时，喷管中心线上轴向速度分布。通过和实验数据做对比，可以看出在进口收敛段和喉管段，各个计算模型的模拟数据与实验数据都较为吻合。尤其是在进口收敛段，模拟数据与实验数据基本吻合，喉管段模拟数据相较实验数据则偏小，误差在 5% 以内。在突扩段，流体经由喷嘴喷出，由完全湍流状态向层流状态转变，形成涡结构。

各个模型的计算数据与实验数据表现出不同的差距。在雷诺数 Re=3500 时，BSL SBES DSL、BSL SBES WALE 和 DSL 的计算数据和实验数据较吻合；其他三种计算模型的数据则误差相对较大，尤其是 BSL SBES WMLES S-Ω 的数据，在 Z=0.024m部位出现了较大的波动，完全不符合实验的发展趋势。在雷诺数 Re=6500 时，BSL SBES DSL、SST SAS 和 BSL SBES WALE 的数据与实验数据较为吻合；其他三种计算模型的数据则误差较大，其中，DSL 的数据在 Z=0.03m 部位出现了较大的波动。综合比较各计算结果，BSL SBES DSL 与实验值最吻合。

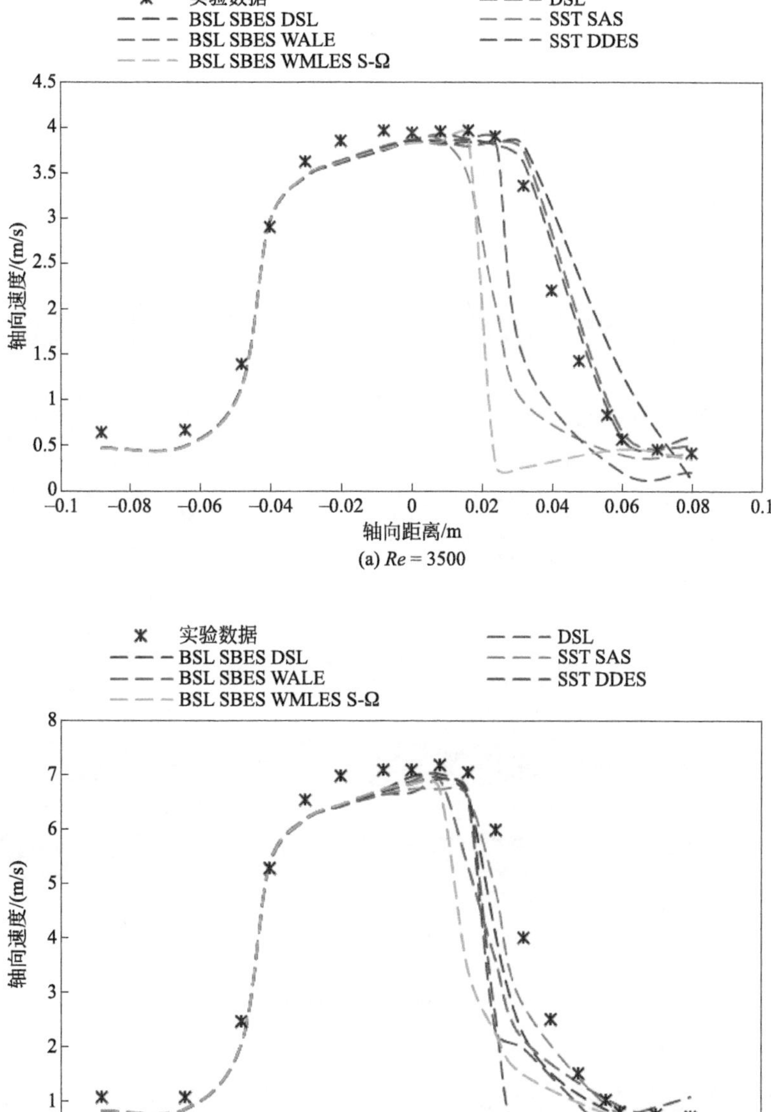

图 3-4　喷管中心线上轴向速度

图 3-5 显示了 t=0.5s 时喷管模型的纵切面速度流线图。流体流经喉管部位时，由于直径减小，使得流体压强减小，速度增加。然后流体经由喷嘴部位进入突扩段，直径瞬间增大，使得流体压强沿程增大，流速则相应减小。流体经喷嘴沿轴向方向喷射而出，在突扩部位靠近壁面的部位会形成一小段真空。由于压强差，流体会形成回流现象，从而形成小涡旋。随着时间的推移，流体速度和压强在轴向和径向沿程都相应地改变。由于速度差和压强差，伴随着涡旋的产生。当速度减小到一定程度，水流分解，速度急剧减小，涡旋慢慢消失。流体完成了由湍流状态向层流状态的转变。在六种湍流模型中，除了 SST SAS 外，其余五种计算模型都很好地表现出了这一转换过程。

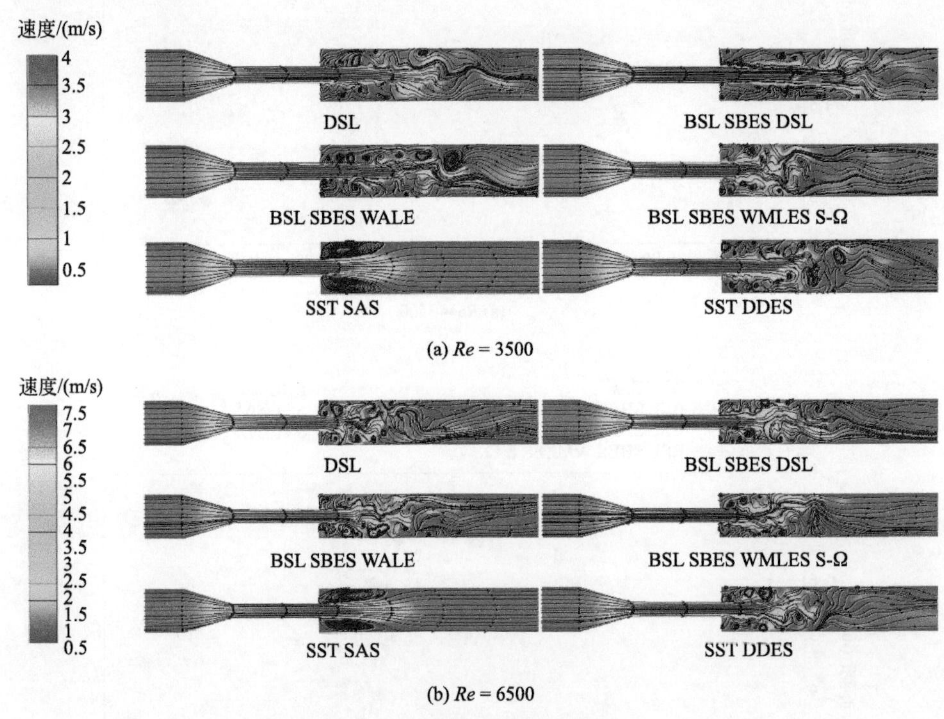

图 3-5 喷管模型纵切面速度流线图

（2）雷诺数分布

雷诺数 Re 是用来表征流体流动状况的无量纲数 [5]，是流体惯性力与黏性力比值的量度。图 3-6 展示了 t= 0.5s 时六种湍流模型对喷管突扩段流场内 Re 的预测。从图中可以看出，流体流经突扩部位时，由于直径突然增大，流体柱在轴向和径向上流速沿程减小。流体在轴线附近明显表现为湍流状态，随着流动的继续，远离轴线附近的流体速度减小，压力增加，动能转化为压能，在流动状态上表现为湍流向层流状态的转换。由图 3-6（a）可以看出，除 SST SAS 外，其余五种模型都能较好地捕捉到流场的流动。但 BSL SBES DSL 的 *Re* 预测值相对偏大些，BSL SBES WMLESS-Ω 和 SST DDES 的 *Re* 值预测值相对偏小些，而 DSL 和 BSL SBES WALE 对 *Re* 的预测值则比较准确。由图 3-6（b）可以看出，除 SST SAS 外，其余五种模型对 *Re* 值的预测能力都比较接近，都能较好地捕捉到流场的流动。

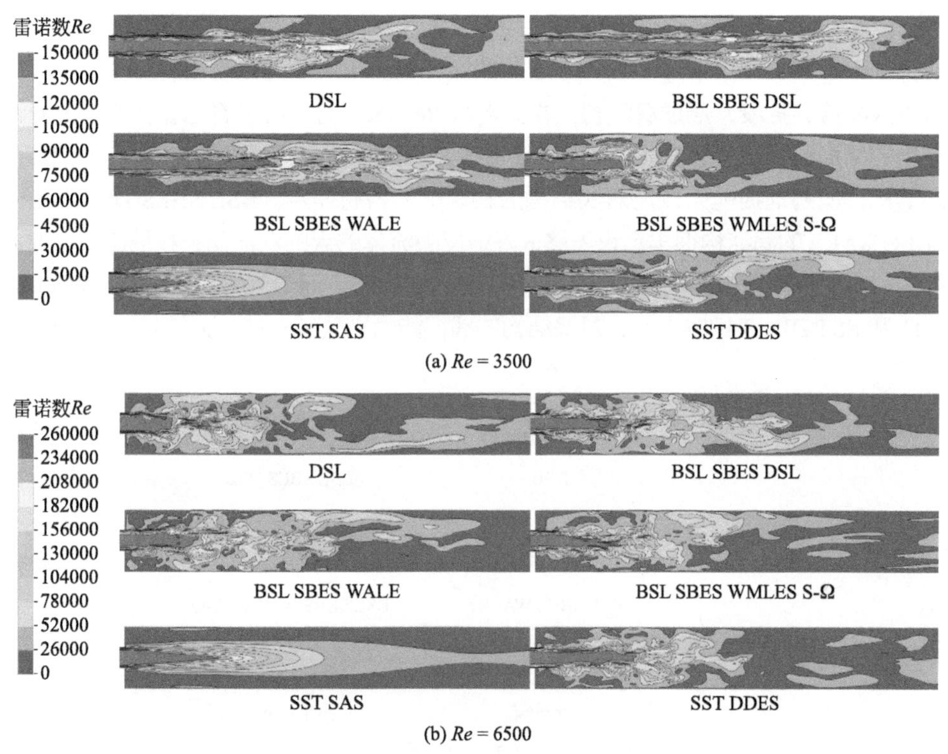

图 3-6　喷管模型突扩段雷诺数等线图

（3）涡结构分布

涡是流体运动中的一种常见现象，在湍流研究领域有重要研究意义和实用价值。然而到目前为止，人们对于涡的认识仍处于起步阶段，没有严格准确的定义。为了更好地识别涡，人们总结出涡的三条重要性质：①涡是涡量集中的区域；②涡心处的压力极小；③流体的变形可以分解为对称部分和反对称部分，存在涡的区域反对称部分的贡献占优。基于以上三条性质，人们提出了多种涡的识别准则。

在本书中，采用 Dubief 等[6] 提出的 Q 判据准则提取喷管中的涡结构。他们指出，如果涡张量对流体变形的贡献大于应变率张量，则可认为该区域有涡存在，因此他们定义 Q 为

$$Q=\frac{1}{2}\left(\|\Omega\|^2-\|S\|^2\right) \tag{3.1}$$

式中 $\|\ \|$ —— 张量的二范数；

Ω —— 旋转率张量；

S —— 应变率张量。

图 3-7 中分别展示了 $t=0.5\text{s}$ 时，喷管突扩段在雷诺数 $Re=3500$ 和 $Re=6500$（Q 值分别为 $Q=5\times10^4$ 和 $Q=5\times10^5$）时的涡结构。由图中可以看出，流体经喷嘴喷射进入喷管突扩段，形成涡结构。在雷诺数 Re=3500 时，可以看出，SST SAS 对涡结构的捕捉能力最差，基本捕捉不到涡结构。而其余计算模型虽然能较好地捕捉到涡结构，但是捕捉能力以及对涡结构的表现能力各有差别。BSL SBES DSL 和 BSL SBES WALE 的涡结构很丰富，能够很好地反映流体的大的涡流团，在局部上，对涡结构的表现也很细腻，能够很清楚地表现出涡街形态。而 DSL、BSL SBES WMLES S-Ω 和 SST DDES 相较来说，对涡结构的捕捉能力则要差一些，无论是在整体还是

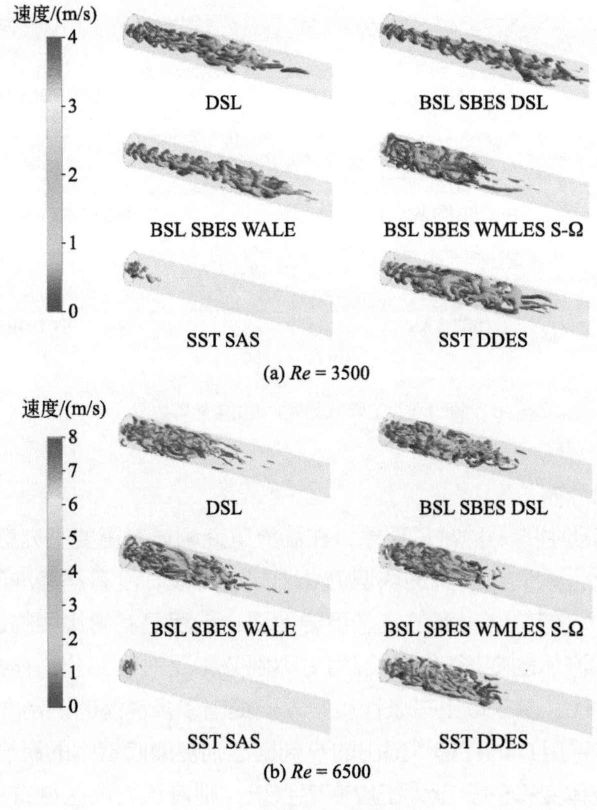

图 3-7　喷管模型突扩段涡结构

在局部上对涡结构和涡街的表现都比较粗糙。在雷诺数*Re*=6500时，SST SAS依然对涡结构的捕捉能力最差，基本捕捉不到涡结构。其他计算模型对涡结构的捕捉能力则相差不多，都能很好地捕捉到涡结构，对涡结构的表现能力也没有过于明显的差距。但从整体上看，BSL SBES DSL、BSL SBES WALE和SST DDES对涡结构的捕捉能力相对比较强一些，能够捕捉到较远距离的一些涡结构。经过以上的分析及对比，可以得出BSL SBES WALE是完成涡结构捕捉的最佳湍流模型。

3.2 动静干涉下的液力偶合器内循环流动

液力偶合器[7,8]是以液体为介质传递功率的一种动力传动装置，主要由带有径向叶片的碗状工作轮组成。与主动轴连接的叶轮称为泵轮，与从动轴连接的轮称为涡轮，泵轮和涡轮之间存在一定的间隙（保证两叶轮不发生接触，可以独立自由转动），形成一个循环圆状腔室结构，轮内有几十片径向辐射分布的叶片。液力偶合器工作的实质是在泵轮高速的旋转下，带动工作液体从泵轮半径较小的流道入口流向半径较大的流道出口。此时工作液体获得较大的动能，在泵轮出口处工作液体以较高的速度冲击涡轮叶片，并沿着涡轮叶片表面与工作腔外环所构成的流道做向心运动。工作液体对涡轮的冲击降低了自身的速度，动能也随之降低，释放出的液体能推动涡轮旋转[9]。调速型液力偶合器结构如图 3-8 所示。

普通型液力偶合器在额定工况下工作腔是全充液状态，此时泵轮与涡轮的速度和扭矩近似相等，从而实现了普通型液力偶合器传递速度和扭矩的基本功能。工作时，泵轮将原动机的机械能转变为工作介质的动能和重力势能，而涡轮则又将工作介质的动能和重力势能转变为输出轴的机械能，从而实现能量的柔性传递。液力偶合器的额定滑差为输入转速的 1.5% ～ 3%。调速型液力偶合器可在输入转速不变的情况下，通过调节液力偶合器内的充油量实现输出轴的无级调速（调速范围为输入转速的 25% ～ 98%），使工作机按照负载工作范围曲线运行[10,11]，如图 3-9 所示。限矩型液力偶合器泵轮

图 3-8　调速型液力偶合器结构图

内缘设置了前辅腔，在泵轮的另一侧设置了后辅腔，而且前、后辅腔间，以及后辅腔与工作腔间有过流孔。工作液体可以由过流孔实现工作腔、前辅腔以及后辅腔三者之间的耦合流动，工作腔、前辅腔以及后辅腔构成一个多流动域，工作液体通过在多流动域之间的耦合流动就可以达到限矩的作用。本节通过研究液力偶合器流体腔之间的耦合流动，探索动静干涉下的液力偶合器内部的循环流动[12-14]。

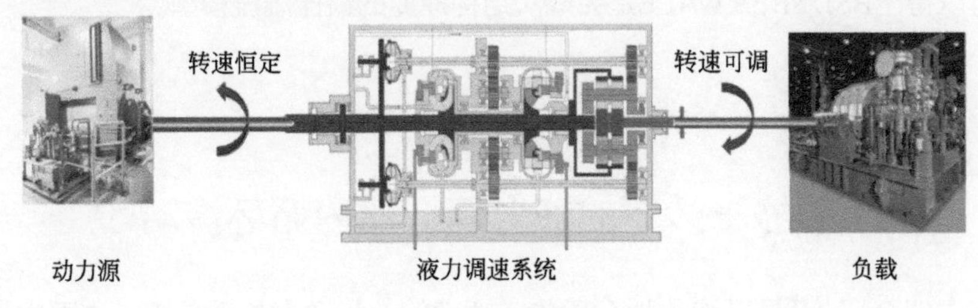

图 3-9　液力调速系统

3.2.1　几何模型及计算设置

液力偶合器在工作中，内部流体受泵轮和涡轮叶片相互作用引起了多种受力，包括摩擦力、黏性力、惯性力、离心力和科氏力等。由于在工作过程中转速较快，叶片与流动介质剧烈作用，内部流场流动复杂，因此数值模拟定子 / 转子叶片产生的不规则的、多尺度的、有结构的三维瞬态流动是一项具有难度的课题[15,16]。但是在液力偶合器内部湍流模拟过程中，能够捕捉瞬态流场 SRS 方法却鲜有应用，而不具备捕捉瞬时流场能力的 RANS 方法却应用最多。

液力偶合器 YH380 的三维模型[17]如图 3-10 所示，其泵轮和涡轮结构对称，均具有 12 个叶片。首先对液力偶合器的流道进行抽取，利用 ANSYS ICEM 软件对其进行网格划分，得到合理分布的六面体网格，并且对边界层进行加密处理，网格数约为 120 万。计算过程中流道封闭，没有进出口。未考虑两相流动，忽略了流体密度和黏度的变化。表 3-2 总结了 CFD 模型的详细设置。

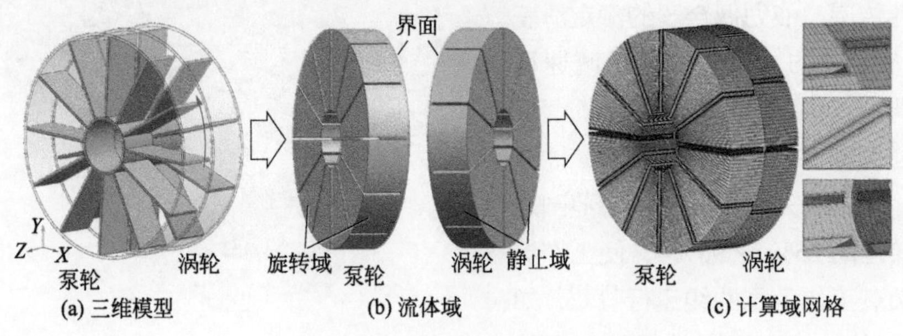

图 3-10　液力偶合器结构及网格生成过程

表3-2　液力偶合器CFD数值计算设置

数值方法	求解设置
计算类型	瞬态仿真
亚格子模型	SL、DSL、WALE、WMLES、WMLES S-Ω、KET
压力 - 速度耦合方式	SIMPLEC
空间离散格式	二阶迎风
动量项	有限中心差分
交界面	滑移网格
泵轮状态	600 r/min
涡轮状态	定子
黏度和密度	0.0258 Pa · s, 860 kg/m^3

数值模拟采用 mixture 混合模型 [18,19]。混合模型用于两相流或多相流，各相被处理为互相贯通的连续体，混合模型求解的是混合物的动量方程，并通过相对速度来描述离散相。混合模型的应用包括低负载的粒子负载流、气泡流、沉降以及旋风分离器等，可用于没有离散相相对速度的均匀多相流。滑动网格法 [20-22] 属于瞬态计算方法，在计算子域间设置网格交界面，计算中相邻子域将按照各自运动定义，沿网格交界面进行滑移。不同子域间的流动参数传递通过网格交界面完成，计算中滑移交界面的网格也随时间变化。为实时求解新的时间步长交界面流动，需确定子域间新的网格。

3.2.2　不同湍流模型流动特性分析

性能准确预测对于设计具有重要的指导意义，同样也是 CFD 计算的主要难点。液力偶合器 YH380 具有简单的平环面和叶片，仿真分析过程中可以生成较少的网格数量，便于网格质量快速检查。本节采用 RANS 方法和 SRS 方法（包括 LES、混合 RAN/LES）等计算方法分析非稳态流动，以评价结构流动性和性能预测能力。

液力偶合器 YH380 仿真计算与实验数据的绝对误差对比如图 3-11 所示。利用 SRS 方法对四组方法进行了对比研究。低转速时，由于流场其他因素影响，离心力不足，液力偶合器内传动液流量不足，此时预测误差较大。随着转速增加，离心力逐渐变大，传动液流量增加，此时预测更接近于理想水平。当转速在 600r/min 时，几种计算方法表现出不同的预测能力: RANS 绝对误差为 7.5%；在 LES 方法中，除 SL 方法，其余亚格子模型的预测误差均接近于 5.5%，其中 DSL 方法精确度最高；各 SBES 模型预测误差均小于 4%，其中 SST SBES DSL 的预测精确度最高。可见，SRS 方法增加了性能预测的准确度。尽管 RANS 方法具有一定的优势，如鲁棒性强、计算网格要求低等，但由于它本身设计上的缺陷，导致很多非稳态信息无法准确获得，预测精度也难以进一步提高，并且还隐含当涉及流动参数较多、流动结构较为复杂而带来的湍流模型难以选择的问题，后来的研究者往往只能跟随以往结果进行模拟 [23,24]。

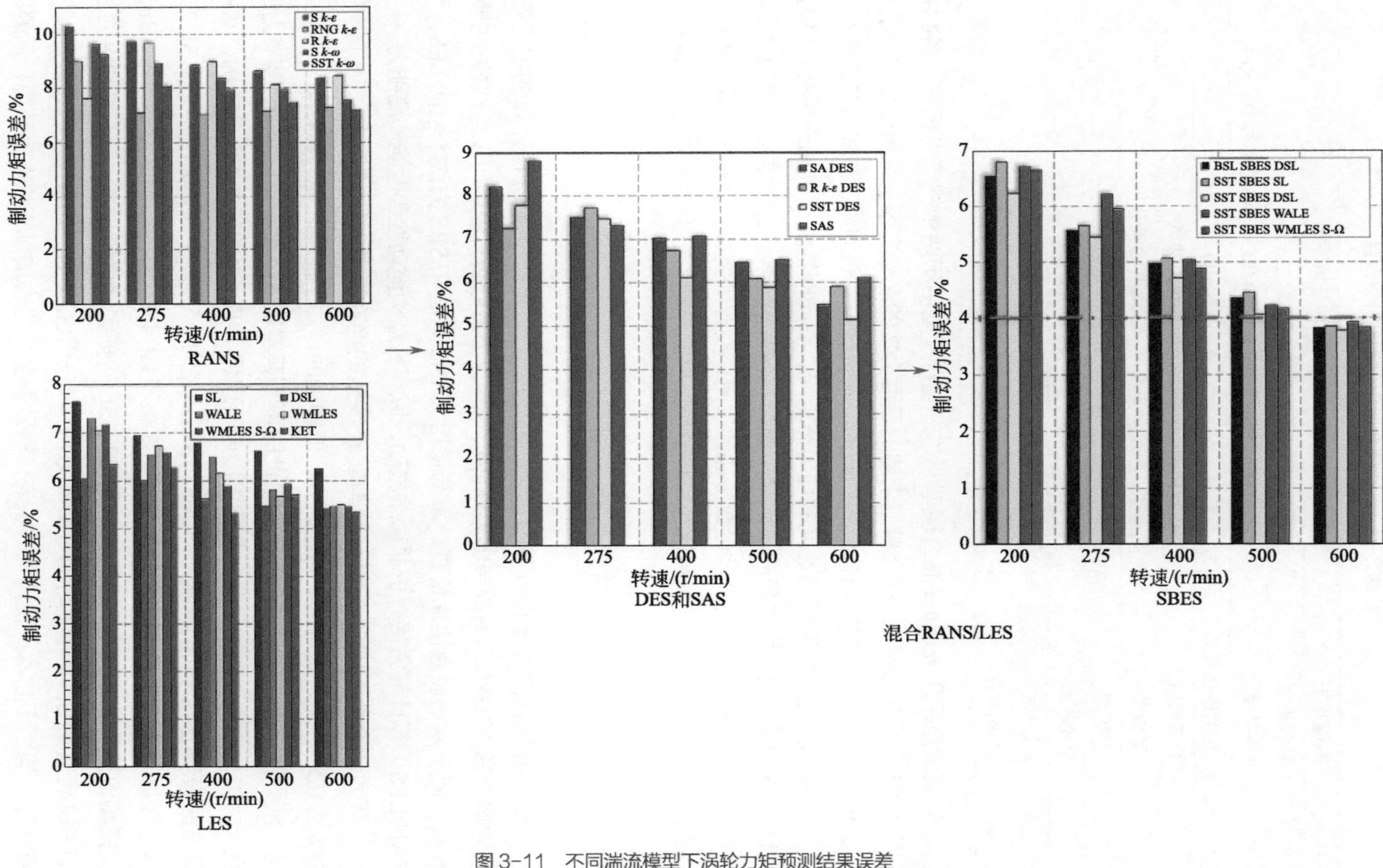

图 3-11 不同湍流模型下涡轮力矩预测结果误差

通过湍流层及网格近壁处理方法对预测精度进行改进。近壁处理包括应用壁面函数与分解黏性亚层[25]。在边界层内，主要区域为次黏性层。通常壁面网格因尺寸小且精度高，便于求解黏性压层，通常位于第一个近壁节点。若采用粗糙网格，则应使用墙函数。如图 3-11 所示，在性能预测方面，采用 SST k-ω 的混合 RANS/LES 稳定性强，精度较高，在仿真计算中首选该方法进行性能预测。这是因为 ω 方程采用了一种将两层模型与增强壁函数相结合的近壁建模方法。图 3-12（a）所示为 120 万网格节点时泵轮和涡轮的 y^+ 侧压力分布图。模型采用精细网格与两种近壁处理方法，提高了仿真结果准确度[26]。在 LES 方法中采用了同样的近壁处理方法。当网格精度高且能够分辨层流时，由层流应力 - 应变关系得到壁面剪应力。若网格过于粗糙且无法分解层流时，则假定近壁层圆心落在附面层的对数区域内。结果表明，在高雷诺数条件下，网格分辨率要求较高，计算代价过大。如图 3-11 所示，该计算误差降低至 4% 以内，同时使用混合 RANS/LES 只需更少的网格数就可以达到相同的预测精度。因此，在处理工业流动时，混合 RANS/LES 较 LES 更有效。图 3-12（b）所示为 500 万网格下的 y^+ 侧压力分布图，y^+ 值小于上述值，主要集中于 1~12。

大多数仿真使用单通道循环条件，在非定常计算过程中出现了转矩波动。在一个时间步长内多次迭代导致不同的制动转矩，这使得步长设置较为困难。在计算中未设置步长，将使得计算成本增加。压力系数是表征静压相对于动压变化的物理量，可定义为

$$C_p = \frac{2\left(p - p_0\right)}{\rho u^2} \tag{3.2}$$

式中　p—— 表压；

p_0—— 参考压力；

u—— 流速。

表面摩擦系数可以确定边界层摩擦、壁面流动的分离起点和再附着点，以及诱导分离的转折点，其计算方法为

$$C_f = \frac{2\tau_w}{\rho u^2} \tag{3.3}$$

通过对压力系数和表面摩擦系数进行分析，发现涡轮内压力损失和摩擦损失比泵轮内的压力损失和摩擦损失更严重且变化更大。图 3-13（a）所示为负压系数表明负压差 $\Delta p(\Delta p=p-p_0)$，表示出现了非定常流动现象。在 0.3 点附近，表面压力系数仍然为正，说明叶片壁面没有发生流动分离。图 3-13（b）描述了详细的表面摩擦系数，虽未进行实验，但利用 SRS 方法可定量分析流场特性，并准确进行性能预测。

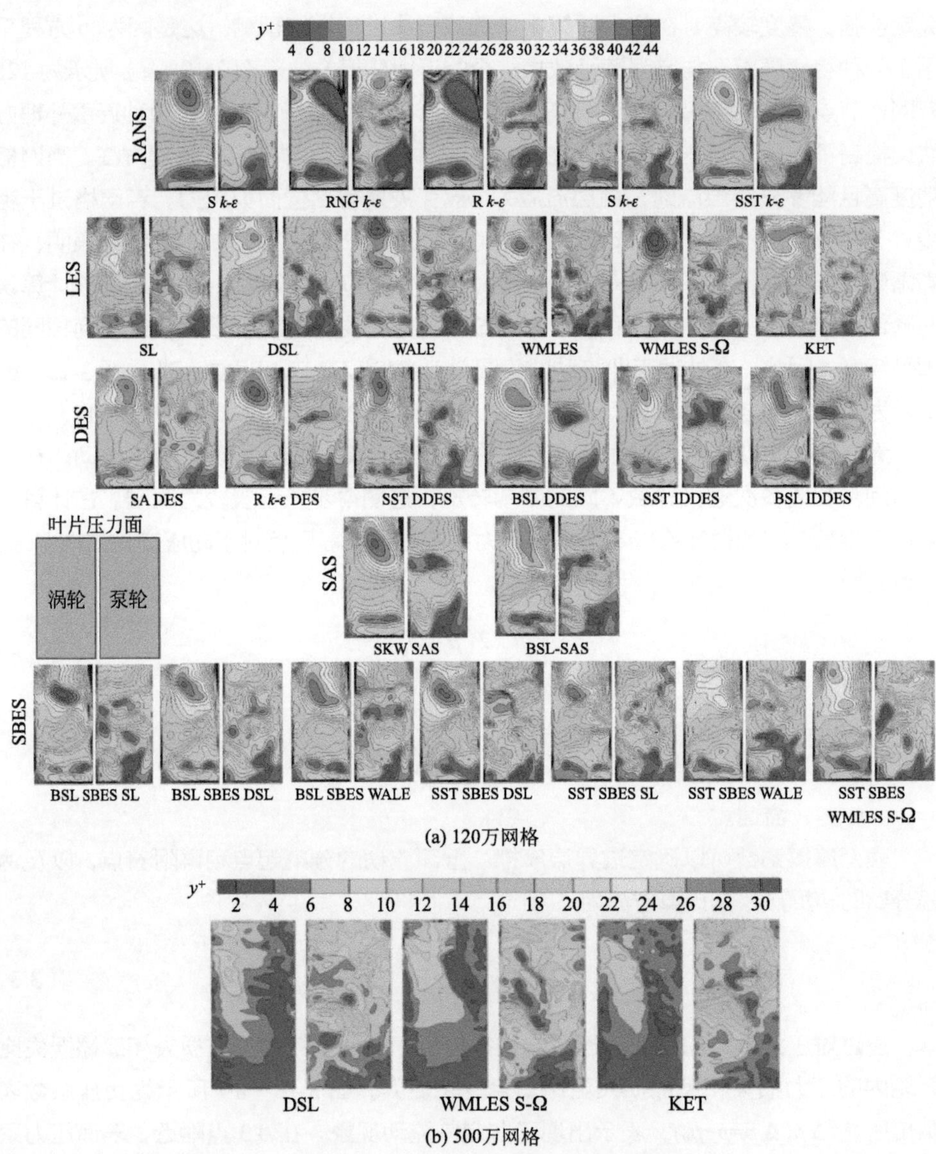

图 3-12 叶片压力面 y^+ 侧压力分布

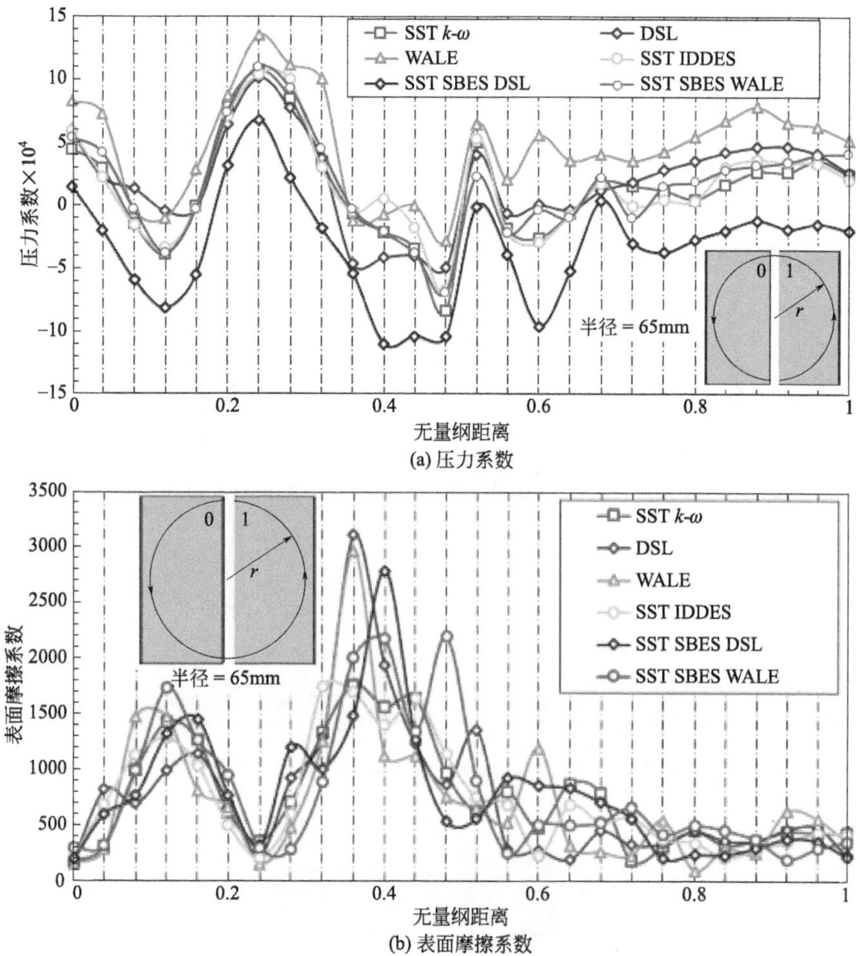

(a) 压力系数

(b) 表面摩擦系数

图 3-13　压力系数和表面摩擦系数分布

3.2.3　循环流动机理

为了进一步评估各种湍流模型捕捉流场信息的能力，本小节分析了 600 r/min 转速下的流动结构，并分析了流体由泵轮到涡轮的循环过程中的动能传递机理。泵轮与涡轮之间设置交界面，泵轮出口连接涡轮进口，而涡轮出口又连接泵轮进口，以此循环往复。工作介质在泵轮内加速，但由于涡轮壁面阻力作用而明显减慢。此外，由于冲击和黏性作用，涡轮上壁面、下壁面和轮毂连接处附近都存在着涡流。选取泵轮与涡轮通道间的径向平面来刻画瞬时压力流线图，如图 3-14 所示，湍流模型分为 RANS、LES、混合 LES/RANS（与 DES 相关、与 SAS 相关、与 SBES

相关）等。模拟结果表明，在 RANS 方法中的 SST k-ω 模型结果具有代表性，可清晰观察流体的循环运动，这种近壁面流动较为理想且与理论相符。但是多数 RANS 模型计算流场是平均且稳定的，横截面上流场的变化不明显，只捕捉到一个粗糙的涡旋。在相同网格数量与设置下，SRS 方法涡旋复杂且精细，从泵轮到涡轮有明显

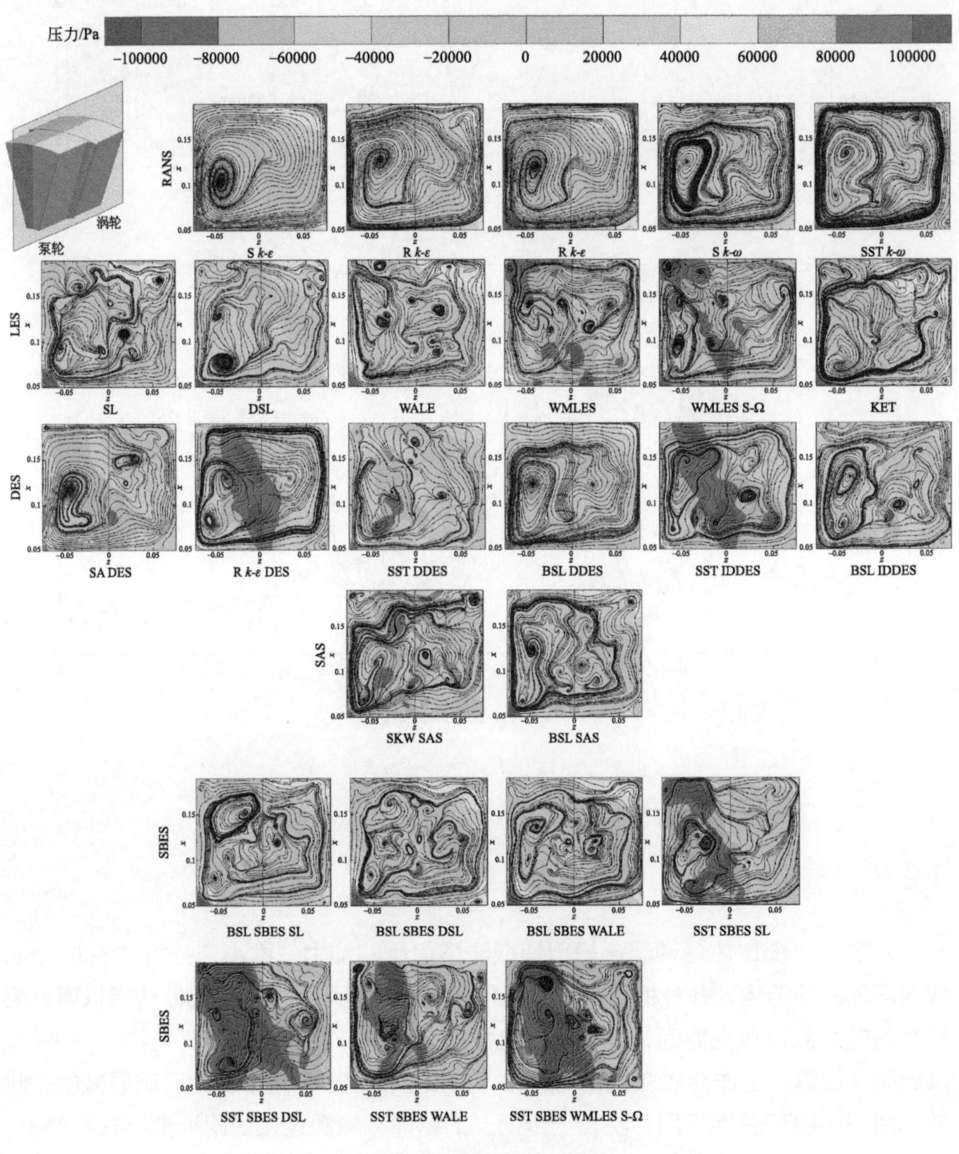

图 3-14　径向平面的压力流线

的流动趋势，且涡轮流场较泵轮更为复杂多变。这代表RANS方法具有忽略非定常流动的缺陷，如对黏度的过度预测抑制了湍流的形成，压力波动不能反映在时间平均N-S方程中等，所以SRS结果更接近于自然湍流。当前定性分析表明，BSL SBES DSL和BSL SBES WALE是较好的计算方法。与RANS方法相比，循环运动不太靠近壁面，并且存在许多小涡旋，这些小涡旋沿流动方向不规则分布。流动结构看起来像一只蝴蝶，涡旋是翅膀上的图案。此外，还有一个非常有趣的流动现象，即在一些方法中出现局部低压，如SST SBES DSL、SST SBES WMLES S-Ω等，应该认识到这是一个三维流动。实际上局部低压区是三维涡结构的核心，其涡度自然较低，这对于了解泵轮和涡轮之间能量传输过程中涡旋的演变和结构特征具有重要意义。

内流场中，湍流的基本特征是涡旋的形成、扩散与耗散。因此，湍流模型的正确选择是准确描述涡旋结构的关键。采用 Q 准则（Q=8.7×10^{5}1/s^2）对 600r/min 时液力偶合器的内流场进行分析。图 3-15 展示了前视图的整体涡旋结构，其中模型网格数目为 500 万。涡旋集中于中心与 1/3 叶片区域之间，其在 600r/min 时产生了动能传递。可以看出，RANS 方法只捕获了有限的涡旋。除 SAS 方法外，所有模型均具有大量涡旋，且通过定性分析不易判断其差异。

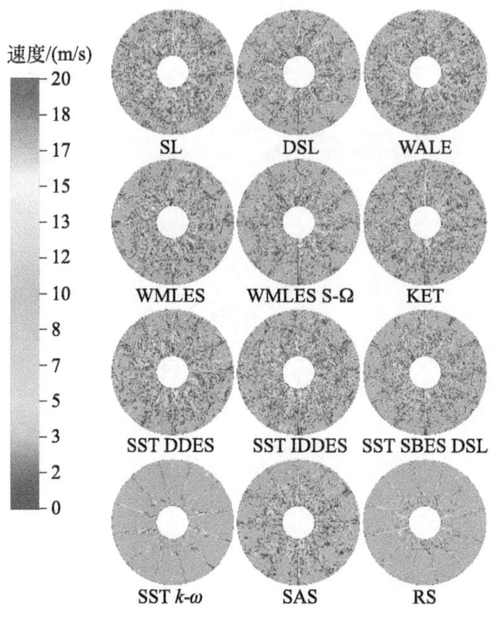

图 3-15　泵轮涡旋结构

图 3-16 描述了不同湍流模型下涡旋的流动及形成过程。图中，右上方包括两叶片组成的流道，泵轮叶片在外部，涡轮叶片位于内部。红色箭头表示理论上的泵轮流动方向，右侧表示涡轮的流动方向。蓝色箭头表示泵轮与涡轮间的流动方向。绕 Z 轴旋转的蓝色箭头表示旋转方向。从图中可以看出，每个模型均配有主图及四张方法图。其中左上为沿涡轮叶片的涡旋，左下为涡轮到泵轮的流动图，右下为泵轮到涡轮的主涡图，右上为工作介质瞬时冲击涡轮叶片进口形成的涡旋。研究发现，几乎每个模型都可详细捕捉并演示流动机理。经分析研究，推荐 WMLES S-Ω、SST IDDES 和 SST SBES DSL 的计算结果。

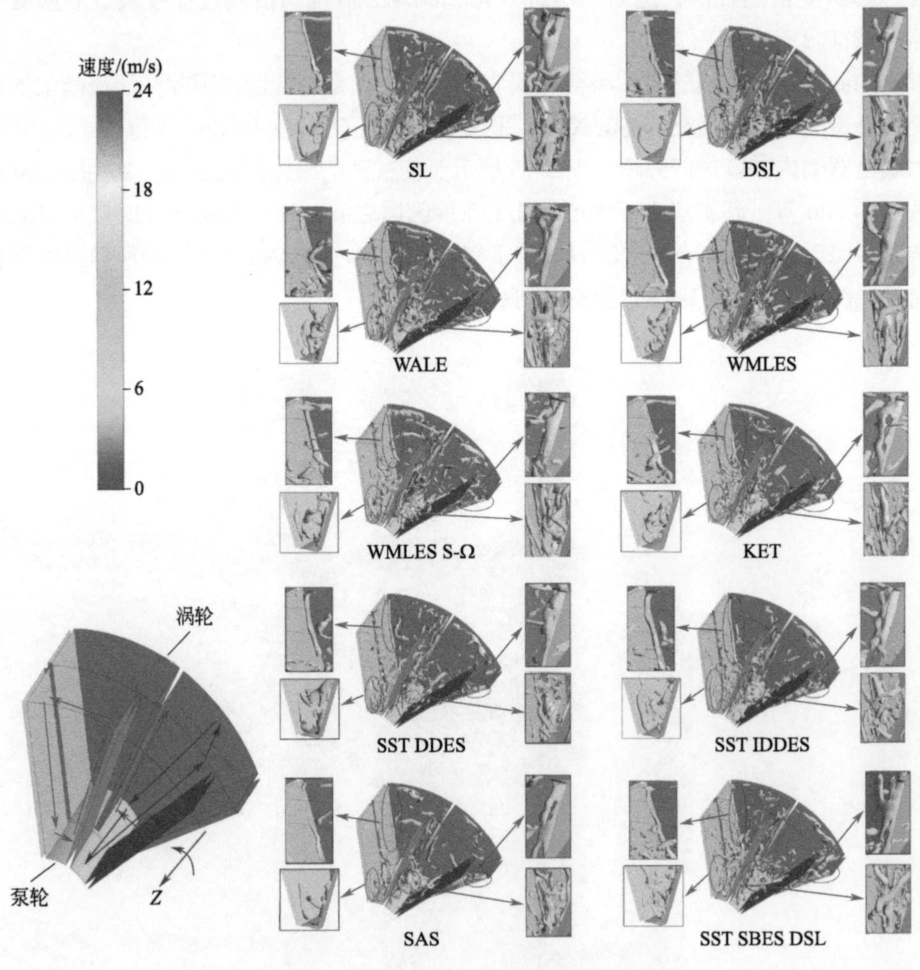

图 3-16　不同湍流模型下涡旋的流动及形成过程

图 3-17 由两部分组成，上部分显示了速度及位置，下部分由六组流场云图组

成。图中，下面三张图对应上面三张图黑色框标记位置，上方中间图为泵轮与涡轮间的主循环图。左上图与左下图显示了涡轮流量，右上图和右下图显示了泵轮的流量。上半部分显示了泵轮与涡轮之间的主循环，这是液力偶合器工作的主要形式。影响压力分布的主要因素包括离心力、相对速度和黏度，其中离心力起重要作用。在流动中，任何结构都受离心力的影响。离心力与质量、旋转轴的距离和角速度的平方成正比。这意味着由于泵轮转速的变化，流动结构表现出不同的特性，如泵轮界面位置随转速变化而变化。从图中可知，流体在场中的运动方向与位置，位于三分之一到三分之二叶片高度之间。这是工作介质在泵轮内的离心运动。而泵轮内的离心运动从外圈流出、从内圈流入。流体沿图中泵轮右上方出口表面的切向方向流出。由于泵轮高速旋转，带动内部流体高速运动，流体聚集在界面中心区域，并形成充分发展的湍流。涡轮外圈涡旋结构明显比泵轮内环涡旋结构复杂，这是由于流体以一定速度冲击涡轮叶片，进入涡轮进而形成紊流。而在能量耗散的作用下，流体由涡轮内环进入泵轮内并带动流体运动，随着能量耗散而速度变化，进而产生湍流。所以这不仅仅是涡轮与涡轮间的循环流动，而是封闭的螺旋运动。SRS 模拟显示了丰富的流动结构，其有助于理解液力偶合器的流动机理。

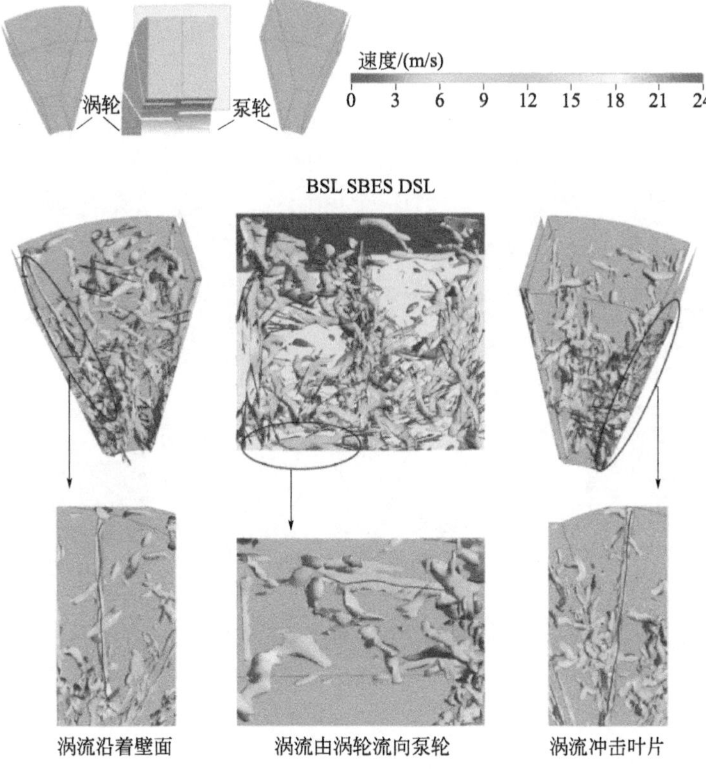

图 3-17　液力偶合器交互面涡结构分布

以上研究取证了 RANS 和混合 LES/RANS 的流动结构，进行定量和定性分析来评估这些模型的能力，该模型能力包括湍流统计、流线、涡流等。可见，混合 LES/RANS 模型可以捕捉非定常流动现象，如横向的二次涡流，更清楚地描述泵轮和涡轮之间的循环运动。泵轮和涡轮之间的流体传输和每个轮中流动细节关乎整体性能表现 [27]。上述分析表明，BSL SBES DSL 具有良好的预测流动和涡流模式的能力。因此，BSL SBES DSL 更适合用于描述详细的 3D 涡核，如图 3-18 所示，以解释泵轮和涡轮之间的流体传输过程。涡轮（蓝色叶片）和泵轮（红色叶片）中的整个涡核区域完全显示在图 3-18（a）中，它围绕 Z 轴旋转。该图描述了丰富的流场结构。为了更好地理解流动机制，在图 3-18（b）中放大了流动通道。从图中可以看出，叶片之间的粉红色箭头描述了一个粗略的流动循环过程。画圆部分的主要解释如下：首先，在 600 r/min 下，流体从泵轮流入涡轮的大概界面的中间，如图 3-18（c）所示；当流体流入涡轮时，流体由三部分组成，一小部分撞击叶片并形成涡流，如图 3-18（d）所示；大部分流体沿叶片爬升，其速度方向发生了 180° 的剧烈变化，如图 3-18（b）和图 3-18（e）中的箭头所示；当能量转换器在涡轮中完成时，流体流回泵轮，如图 3-18（f）所示。然后，由于泵轮叶片的驱动，使流体的动能增加。因此，与前人的工作相比，流体输送过程得到了更好的描述，这启发并鼓励我们在其他流体机械中进行类似的工作。

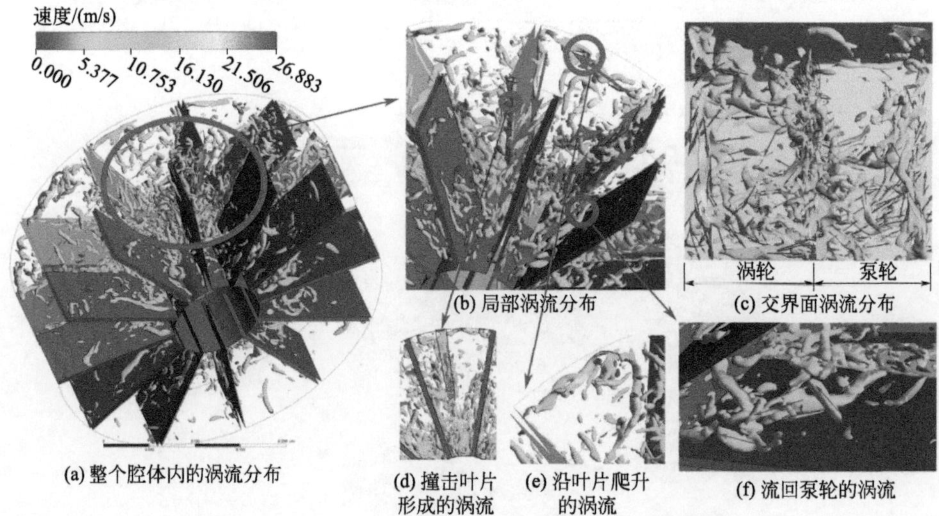

(a) 整个腔体内的涡流分布
(b) 局部涡流分布
(c) 交界面涡流分布
(d) 撞击叶片形成的涡流
(e) 沿叶片爬升的涡流
(f) 流回泵轮的涡流

图 3-18　液力偶合器内的 3D 涡流现象

参考文献

[1] Hariharan P, Giarra M, Reddy V, et al. Multilaboratory particle image velocimetry analysis of the FDA benchmark nozzle model to support validation of computational fuid dynamics Simulations[J]. Journal of Biomechanical Engineering, 2011, 133(4): 041002.

[2] Stewart S, Paterson E G, Burgreen G W, et al. Assessment of CFD performance in simulations of an idealized medical device: Results of FDA's first computational interlaboratory study[J]. Cardiovascular Engineering and Technology, 2012, 3(2): 139-160.

[3] Uzun A, Hussaini M Y. Investigation of high hrequency noise generation in the near-nozzle region of a jet using large eddy simulation[J]. Theoretical and Computational Fluid Dynamics, 2007, 21(4): 291-321.

[4] 王福军．计算流体动力学分析——CFD 软件原理与应用 [M]．北京：清华大学出版社，2004.

[5] 吴望一 . 流体力学 [M]. 北京：北京大学出版社，1982.

[6] Dubief Y, Delcayre F. On coherent-vortex identification in turbulence[J]. Journal of Turbulence, 2000, 1(1), N11.

[7] McKinnon C N, Brennen D, Brennen C E. Hydraulic analysis of a reversible fluid coupling[J]. Journal of Fluids Engineering, 2001, 123(2): 646-650.

[8] Hampel U, Hoppe D, Diele K H, et al. Application of gamma tomography to the measurement of fluid distributions in a hydrodynamic coupling[J]. Flow Measurement and Instrumentation, 2005, 16(2): 85-90.

[9] Bai L, Fiebig M, Mitra N K. Numerical analysis of turbulent flow in fluid couplings[J]. Journal of Fluids Engineering, 1997, 119(3): 569-576.

[10] 杨乃乔．液力偶合器 [M]．北京：机械工业出版社，1989.

[11] 童祖楹．液力偶合器 [M]．上海：上海交通大学出版社，2000.

[12] 刘应诚，杨乃乔．液力偶合器应用与节能技术 [M]．北京：化学工业出版社，2006.

[13] 陈叶，杨达文，方耀清．调速型液力偶合器的研究及应用 [J]．煤矿机械，2002,（ 7 ）: 14-15.

[14] 程根生．调速型液力偶合器的性能及应用 [J]．淮南职业技术学院学报，2005,（ 1 ）: 47-48.

[15] 王福军 . 流体机械旋转湍流计算模型研究进展 [J]. 农业机械学报，2016, 47（ 2 ）: 1-14.

[16] 马文星，何延东，刘春宝 . 液力传动研究现状分析与展望 [J]. 农业机械学报 . 2008, 39（ 7 ）: 51-55.

[17] Cai W, Li Y, Li X Z, et al. Numerical investigation of fluid flow and performance prediction in a fluid coupling using large eddy simulation[J]. International Journal of Rotating Machinery, 2017 : 1-11

[18] 何延东 , 马文星 , 刘春宝 . 液力偶合器部分充液流场数值模拟与特性计算 [J]. 农业机械学报，2009, 40(5): 24-28.

[19] 何延东 . 基于 CFD 的大功率调速型液力偶合器设计 [D]. 长春：吉林大学 , 2009.

[20] 褚亚旭 , 刘春宝 , 马文星 . 液力耦合器三维瞬态流场大涡模拟与特性预测 [J]. 农业机械学报，2008, 39(10): 169-173.

[21] 范丽丹 , 马文星 , 柴博森 , 等 . 液力偶合器气液两相流动的数值模拟与粒子图像测速 [J]. 农业工程学报，2011, 27（ 11 ）: 66-70.

[22] 柴博森 , 项玥 , 刘勇 , 等 . 基于 PIV 试验的水介质液力偶合器涡轮流场仿真评价 [J]. 华南理工大学学报（ 自然科学版 ）, 2018 , 46（ 5 ）: 125-134.

[23] 柴博森 , 项玥 , 马文星 , 等 . 制动工况下液力偶合器流场湍流模型分析与验证 [J]. 农业工程学报，2016, 32（ 3 ）: 34-40.

[24] 刘春宝 , 李静 , 卜卫羊 , 等 . 尺度解析湍流模拟方法在液力传动流动数值模拟中的应用 [J]. 液压与气动 , 2019（ 6 ）: 58-62.

[25] 江帆，黄鹏．Fluent 高级应用与实例分析 [M]．北京：清华大学出版社，2008.

[26] Liu C B, Li J, Bu W Y, et al. Application of scale-resolving simulation to a hydraulic coupling, a hydraulic retarder, and a hydraulic torque converter[J]. Journal of Zhejiang University-Science A (Applied Physics and Engineering), 2018, 19(12): 904-925.

[27] Liu C B, Bu W Y, Xu D, et al. Application of hybrid RANS/LES turbulence models in rotor-stator fluid machinery: A comparative study[J]. International Journal of Numerical Methods for Heat and Fluid Flow, 2017, 12(27): 2717-2734.

Chapter 4

第4章

油介质下动静耦合干涉典型流场分析

能量传递与动力耦合过程中涉及的动静耦合干涉现象十分广泛。在传动系统中齿轮副和离合器是关键部件，齿轮箱内部油液对传动件的润滑、散热和防锈蚀至关重要[1-5]。因此，本章以齿轮箱和湿式离合器为例，进行油介质下动静耦合干涉典型流场分析。

4.1 齿轮箱油液瞬态流场解析

齿轮箱作为传动总成的重要部件，其运行情况直接关系到整个系统的工作性能[6,7]。齿轮在转动过程中实际都是非直接接触，中间靠润滑油形成油膜，使其形成非接触式的滚动和滑动，此时油液起到了润滑的作用[8]。但由于加工精度等原因，使其转动过程中存在相对的滚动摩擦和滑动摩擦，这会产生一定的热量[9,10]，此时油液起到了散热的作用。通过实验很难对所有位置的油液进行精确的分析，CFD 方法为我们提供了十分精确的工具。齿轮箱内部的油液分布如图 4-1 所示。本节将进行齿轮箱油液瞬态流场解析，主要包括解析模型的构建与典型计算结果的分析两部分。

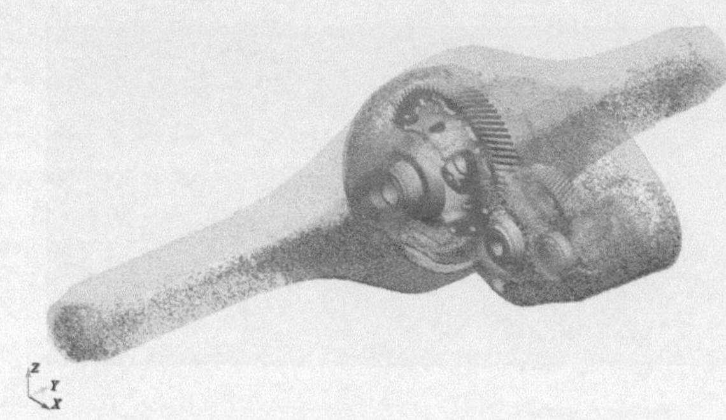

图 4-1　应用 CFD 方法得到的齿轮箱内部油液分布

4.1.1　解析模型的构建

根据运动边界的不同控制策略发展出了动网格法、滑移网格法和实体浸没法等多种模拟方法，不同模拟方法在齿轮箱动静干涉瞬态流场解析时存在明显的差异性。因此，本小节将采用动网格法、滑移网格法和实体浸没法分别对同一齿轮箱进行建模求解。

（1）实体浸没法

在齿轮箱瞬态流场解析中，将与齿轮重叠部分的流体域赋予相应动量源项，强迫其发生规律性运动，实现齿轮箱内部瞬态流场的解析。使用浸没实体法模拟实体的运动，要求在建立浸没实体域时选择的实体需要部分或者全部浸没流体内，同时不可穿过任何的流场边界或与其他的固体间存在碰撞交叉。

在遇到鲁棒性问题（Robustness Problems）时，可以先以低的缩放因子来计算建立一个初场，计算稳定后再将缩放因子调回 10[11]。

（2）动网格法

使用动网格法仿真齿轮在箱体当中的润滑过程，主要需要定义与旋转运动相关的 profile 文件、动网格模型等，相比于上面的实体浸没法，动网格法拥有实际意义上的壁面。对于齿轮箱而言，通常采用标准壁面。可以通过耦合面的节点实现流体域和固体域的信息交互，并实现流 - 固的耦合分析 [12]。

在求解瞬态模型时，需要相当长一段时间来建立初场，如本节中涉及的齿轮在箱体内部的润滑涉及重力作用、VOF 模型、k-ε 湍流模型等，而一次性地将所有边界进行定义就可能会导致发散 [13,14]。

（3）滑移网格法

在使用滑移网格法进行齿轮箱瞬态流场解析时，为保证网格滑移的顺利进行，需进行流体域的重新划分，采用增大中心距或切齿法来解除齿轮之间的啮合关系，划分出两个圆柱形流体域，并使内部流体域伴随齿轮转动，外部流体域静止。滑移网格法的设置，除计算域模型与网格运动方式外，其他设置均与动网格法相似。

根据 Liu 等 [15] 的减速器模型得到三种耦合方法的计算域模型如图 4-2 所示。

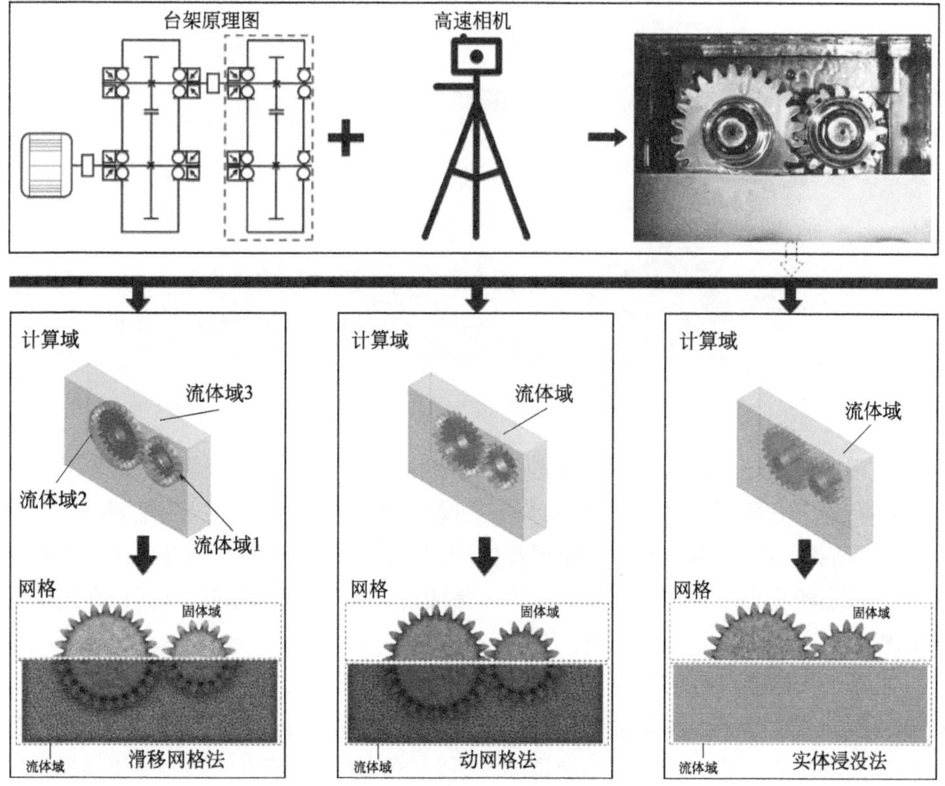

图 4-2　计算域模型与网格模型

4.1.2 典型计算结果

由于模拟中采用的 FVA4 型润滑油的剪切应力的抵抗能力更强。因此，当周向速度 v_t=0.9m/s 时，被齿轮拖动的油“粘”在一起并在两个齿轮周围形成了油带。当圆周速度增加到 v_t=1.4m/s 时，齿顶处离心力较大，大到足以形成油液轨迹而不是油带。当圆周速度 v_t=2.1m/s 时，离心力增大且形成较大的油液轨迹。此外，小齿轮留下的油轨被抛到更远的距离，其中一些到达了齿轮箱的顶盖。我们还可以清楚地观察到，在齿轮前表面的油量明显增加。这也是由于 FVA4 具有较高的抗剪能力，如图 4-3 所示。

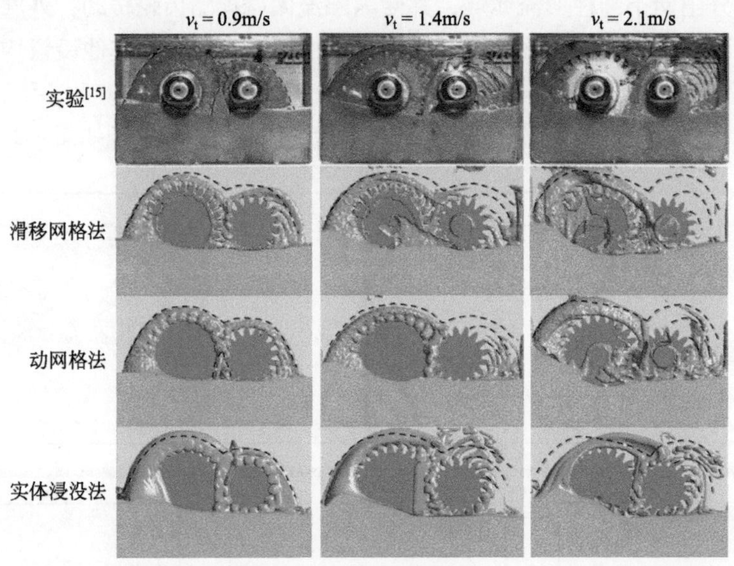

图 4-3 流场分布对比

采用三种耦合方法得到的速度场分布云图如图 4-4 所示。三种方法得到的速度场分布有着十分接近的结果，这说明了三种耦合方法在进行齿轮箱内部瞬态流场解析时的可靠性。三种耦合方法的结果都体现出箱体内部的速度场高速区出现在箱体顶部，大齿轮和小齿轮的齿顶处均出现了高速区，且左右两侧的速度场分布为非对称结构。

根据滑移网格法得到的油液分布可发现轮齿侧面出现了油液包裹不完整的现象，如图 4-5 所示。由流线图可发现，相比于其他两种方法得到的流线紧贴壁面而言，滑移网格法得到的流线出现了距离齿面一段距离就停止的现象，结合计算模型可以确定是交界面的存在一定程度地阻止了流体靠近壁面，这使得轮齿附近的油液体积分数偏低，因此产生了图 4-3 中轮齿油液覆盖不完全的现象。

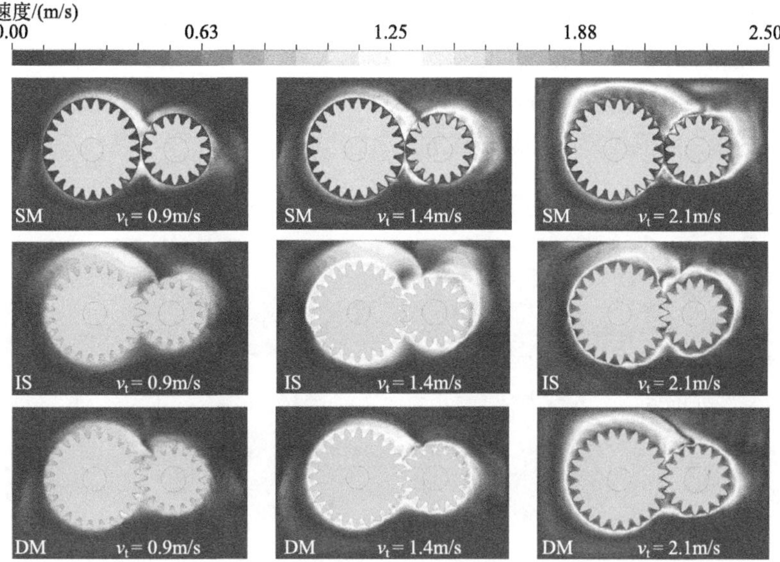

图 4-4　速度场分布云图

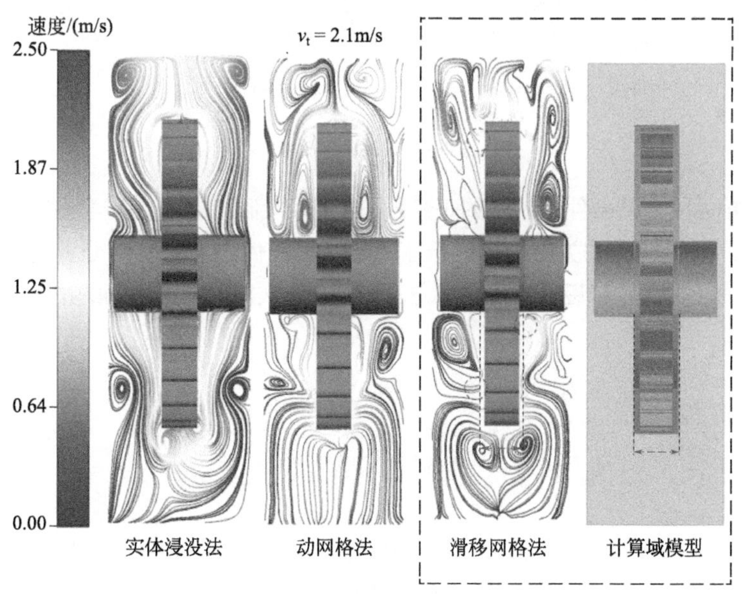

图 4-5　齿轮箱瞬态场流线分布

通过图 4-6 可明显发现，齿轮箱在工作过程中内部流场会形成涡结构，并且涡结构会随着圆周速度的增大而变得更加复杂。由三种耦合方法得到的涡量图都可以发现，啮合区附近的涡量相比于其他区域更加复杂。动网格法和实体浸没法得到的涡结构图在轮齿附近具有很好的相似性。相比之下，滑移网格法由于交界面的存在，齿面附近的涡结构都受到了不同程度的破坏，而实体浸没法得到的涡结构看起来更加平滑，这是由不同的网格结构造成的。

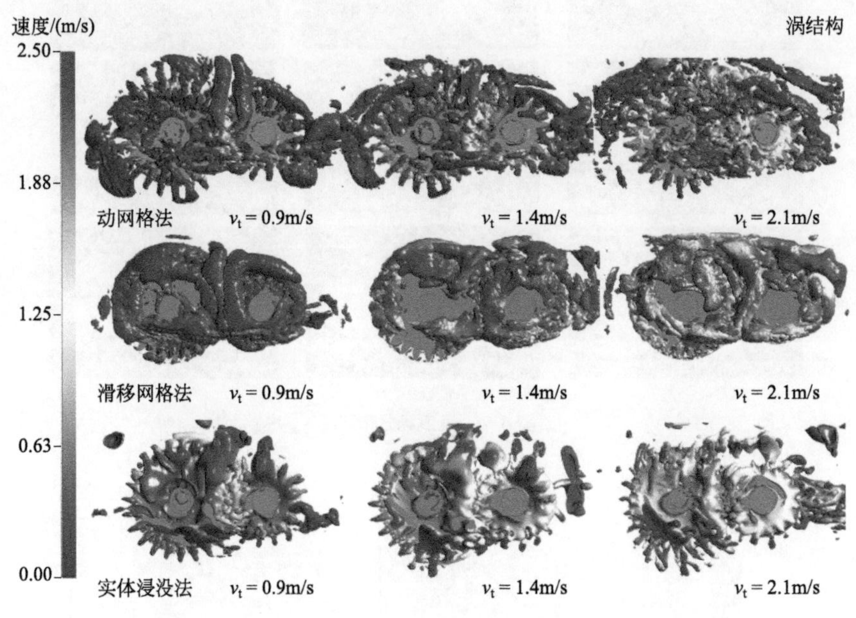

图 4-6　速度涡分布对比

针对箱体内不同部件，使用的研究方法也不尽相同[16-22]。很多学者对箱体内部喷油润滑行为及其涉及的关键结构进行了基于计算流体力学方法的分析与验证，这为CFD 计算方法在齿轮箱设计工程应用方面的更深层次推广给出了新的技术路线[23-25]。

4.2 湿式离合器油液瞬态流场解析

离合器有着传递和切断发动机与工作机之间动力传输的作用，从而控制执行机构的启停和换挡，在发动机和变速箱之间动力传递的可控性和平稳性方面起到至关重要的作用[26]。随着技术的不断提升，离合器的形式也变得多种多样，其中湿式离合器逐渐应用在越来越多的机械系统中[27]。而湿式离合器中带排转矩的存在会引起传动系统的功率损失[28-39]。在实际使用过程中，对偶钢片间流场不但影响带排转矩，还影响对偶片间轴向力，进而影响对偶片轴向运动状态，在高速状态下更加明显[40]。本节进行了湿式离合器瞬态流场解析，主要包含解析模型的构建与动静干涉流场典型计算结果的分析。

4.2.1　解析模型的构建

解析模型的构建包括摩擦片三维模型建立与简化、计算域三维模型建立与网格划分、模拟条件基本假设与边界条件。

（1）摩擦片三维模型建立与简化

为了更好地进行有限元分析，本小节对摩擦片与钢片的三维模型进行了简化，将倒角处简化为钝角或锐角，这有利于提高网格质量。摩擦片的建模结果如图 4-7（a）所示，钢片的建模结果如图 4-7（b）所示。

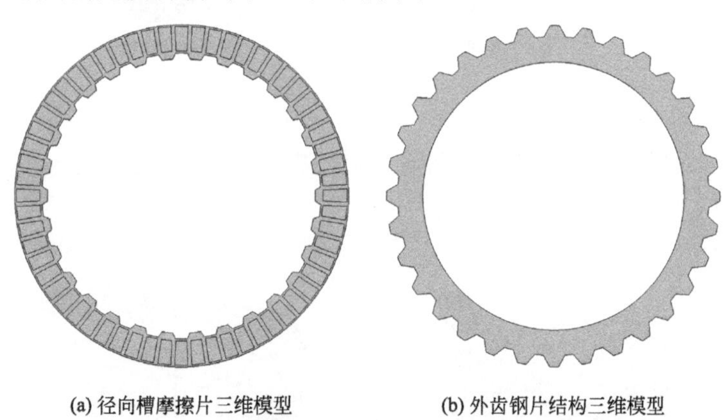

(a) 径向槽摩擦片三维模型　　(b) 外齿钢片结构三维模型

图 4-7　摩擦片与钢片结构图

（2）计算域三维模型建立与网格划分

将钢片与摩擦片进行装配，摩擦片与钢片之间的间隙为 0.3mm。图 4-8 为装配后效果，其中，间隙则为将要提取的流域部分。

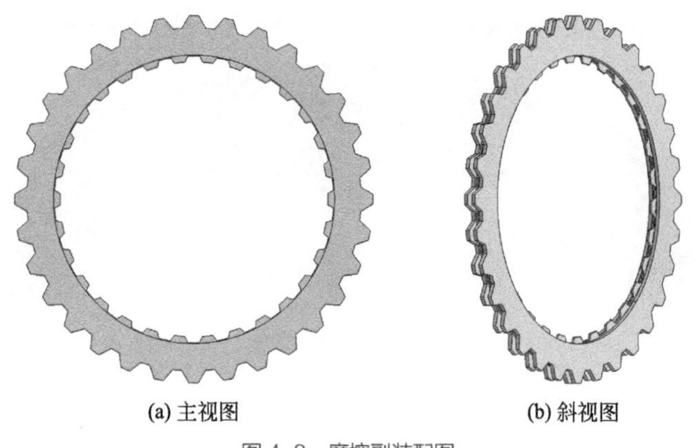

(a) 主视图　　(b) 斜视图

图 4-8　摩擦副装配图

图 4-9 为提取的流道模型。图 4-9（b）中将内流道进行透明化处理，以便观察内流道中空部分结构，而外流道为实体结构。

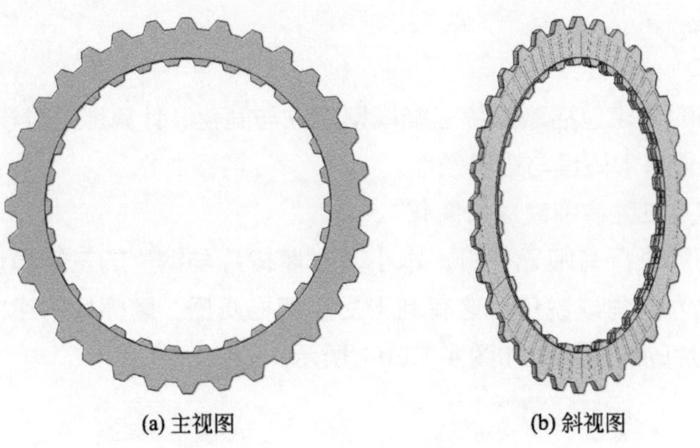

(a) 主视图　　(b) 斜视图

图 4-9　摩擦副的内流道图

将内流道进行网格划分，采用计算精度更高、计算速度更快的六面体网格，网格模型如图 4-10 所示。

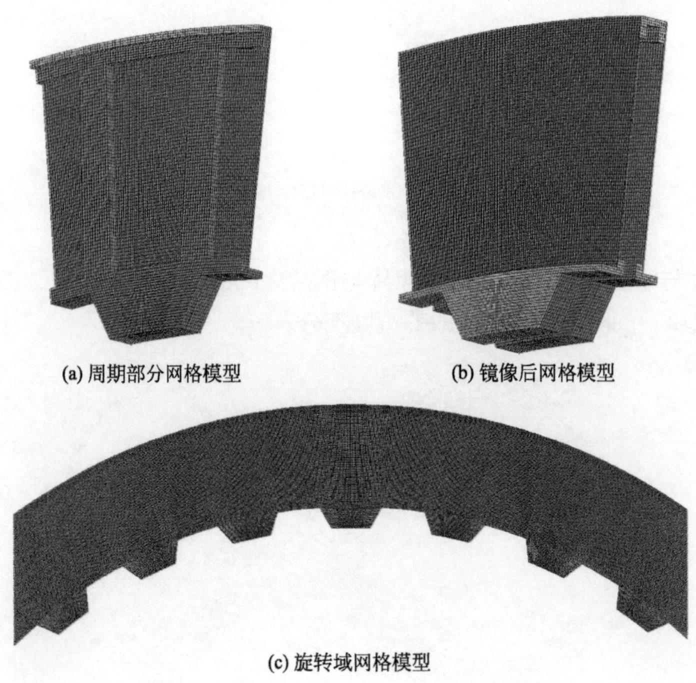

(a) 周期部分网格模型　　(b) 镜像后网格模型

(c) 旋转域网格模型

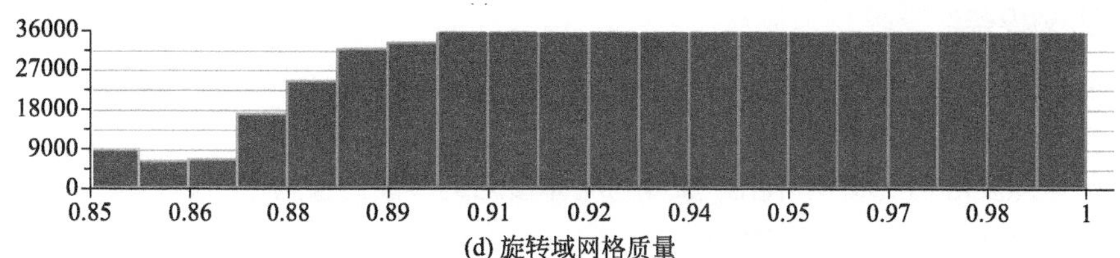

(d) 旋转域网格质量

图 4-10　旋转域有限元建模

对外流道进行六面体网格划分，结果如图 4-11 所示。

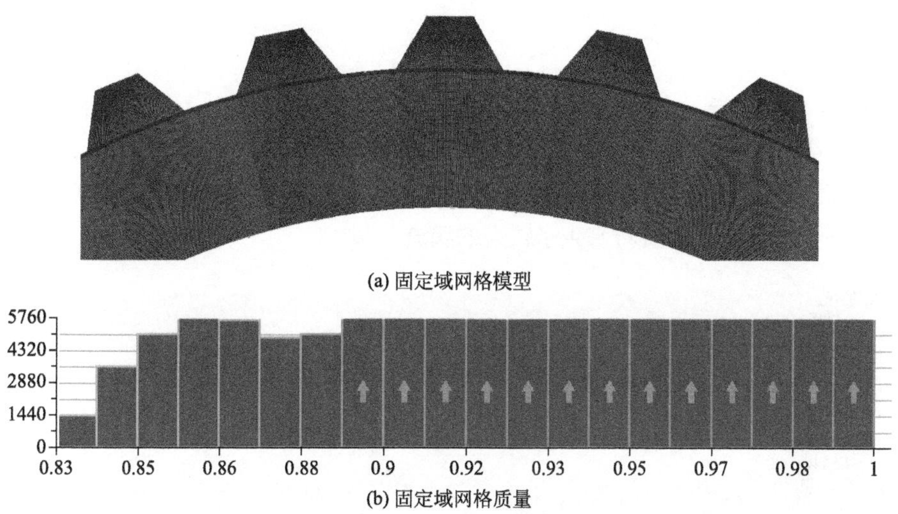

(a) 固定域网格模型

(b) 固定域网格质量

图 4-11　固定域有限元建模

（3）模拟条件基本假设与边界条件

① 模拟条件基本假设

a. 假设在摩擦片分离时每组摩擦片整齐分布，即每组摩擦片与钢片之间的间距相同，且摩擦片与钢片完全平行。

b. 将出油口温度假设为 300K 来模拟其散热情况。假设油液黏度是 0.025Pa・s，实现对带排转矩的仿真。

c. 在实际工况中，摩擦片或者钢片与各自相接触的转毂之间会存在一定的缝隙，这会产生一定量的油液的泄漏。直接设置进油口速度，假设没有发生油液的泄漏。

d. 假设摩擦片与钢片表面为刚体，且对外界不存在辐射散热。

e. 在实际工况中，油液在进油时会有一个初始压力，假设进油和初始油膜的压力为 0Pa。

② 边界条件设置

a. 将出口边界条件设置为压力出口，设置压力出口边界的回流体积分数，使回流全部为气体，其他参数保持默认。

b. 按照实际情况将钢片和摩擦片与流体接触的表面设置为壁面边界条件。

c. 每组流道交界面处设置为对称边界。

d. 选择可用于瞬态计算的滑移网格模型来分析摩擦片间油膜在不同时间下的动态变化。

e. 将旋转域设置成不同的转速，固定域保持原始设置。

4.2.2 典型计算结果

如图 4-12 所示，流体在流体边界处产生了明显的涡流结构，出口边界位置存在着明显的高速流动，并且由图中流体的轨迹可以明显地看出，在出油口处发生了回流的现象。在设置了出油口的花键转毂的拐角处，可以看出有封闭的圆周形流线，这是由于流体绕其中心旋转产生了较大的涡流。

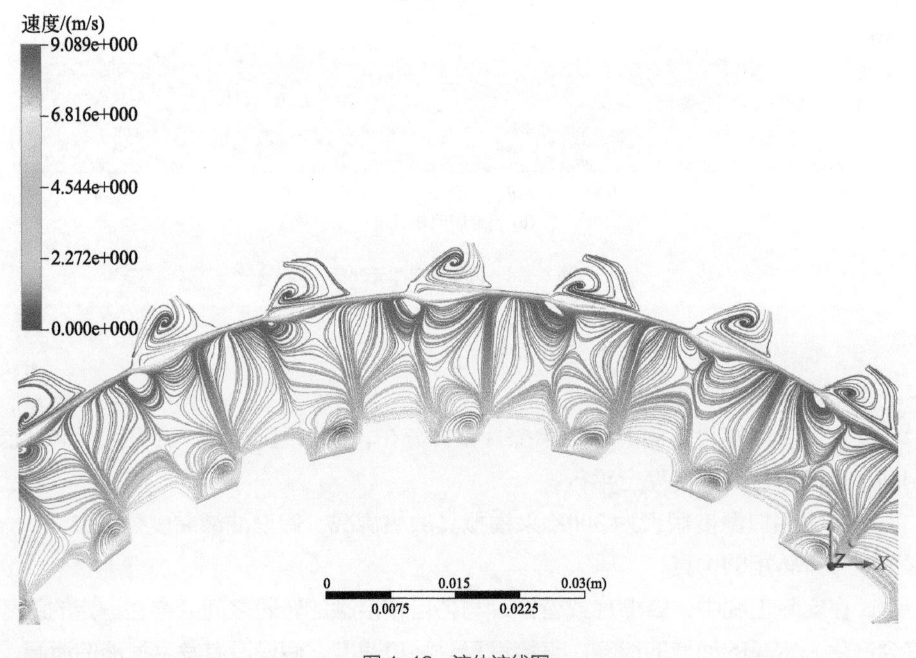

图 4-12　流体迹线图

图 4-13 是非沟槽区在进油速度为 0.00285m/s 时的速度分布。可以看出，在设有出油口位置的油液速度会比没有设置出油口位置的油液速度更大一些。图 4-14 为

沟槽区的速度分布，与非沟槽区速度对比可以发现，油液在沟槽内的流动速度很快，在不断接近外齿钢片表面过程中，流体速度变得越来越慢，这也可以认为油液主要通过沟槽向出油口流出。

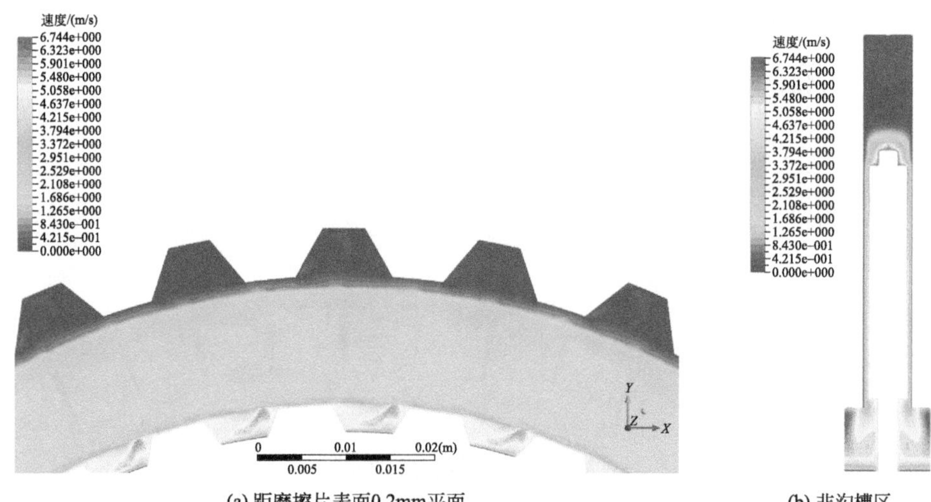

(a) 距摩擦片表面0.2mm平面　　　　(b) 非沟槽区

图 4-13　非沟槽区速度云图

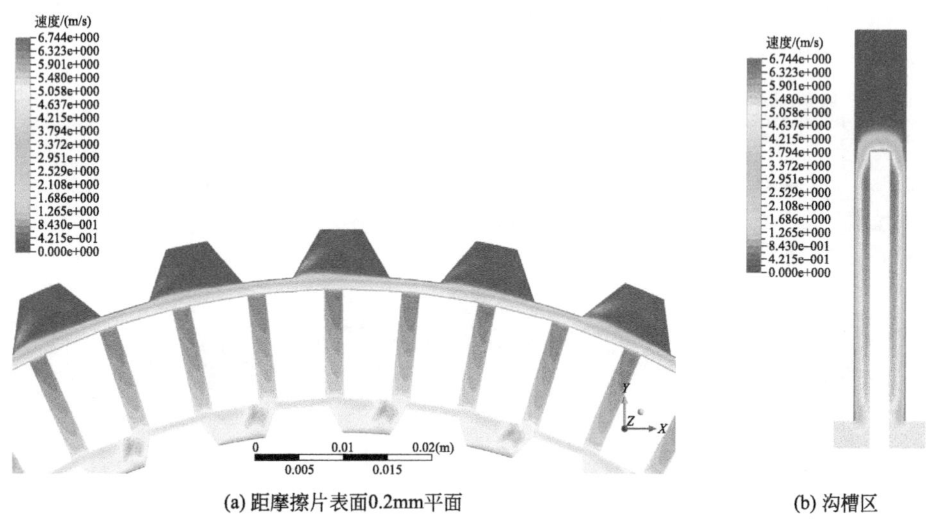

(a) 距摩擦片表面0.2mm平面　　　　(b) 沟槽区

图 4-14　沟槽区速度云图

图 4-15 为压力云图。从云图可以看出，压力由内径到外径呈现出均匀的梯度分布，由于进出口以及初始压力设置为 0Pa，所以在进油口呈现出负压状态，在外出口处的压力要略小于其他未设置出口的位置。设置出油口的转鼓内径拐角处的流场

压力，相比于未设置出油口的位置压力要更大一些。

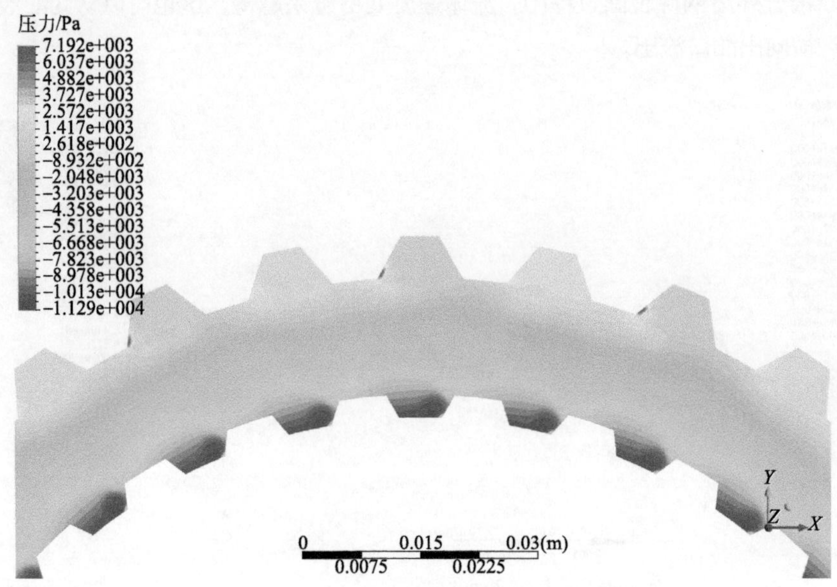

图 4-15　距摩擦片表面 0.2mm 平面压力云图

从图 4-16 中可以看出，在进油口的位置存在着十分明显的涡结构。从涡流表面的相对速度分布上可以看出，在进油口以及出油口处存在涡结构的地方，涡流的相对速度高于周围流体，这是因为形成涡流时，流体绕其中心旋转导致的。

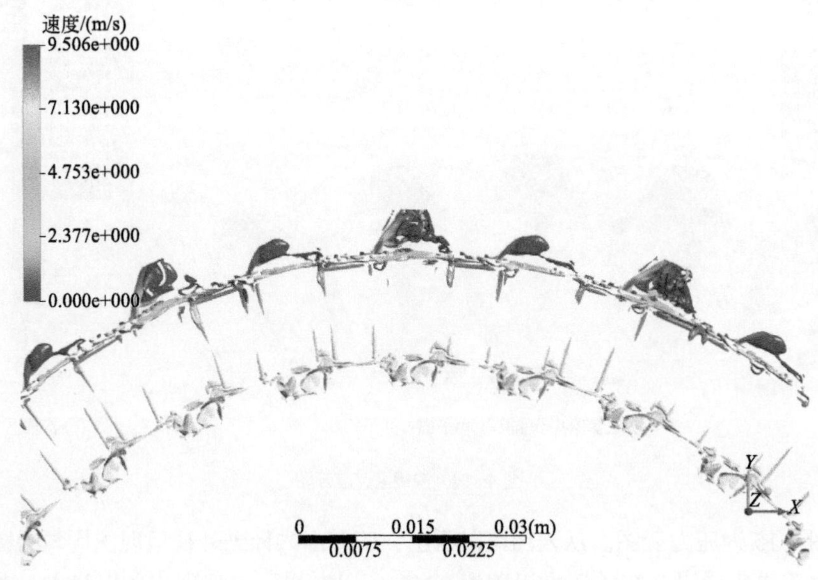

图 4-16　涡结构表面速度分布

图 4-17 为涡结构表面的温度分布图。可以明显发现，除了油液交换迅速的出油口温度较低之外，在其他存在明显涡流的地方温度普遍较高。

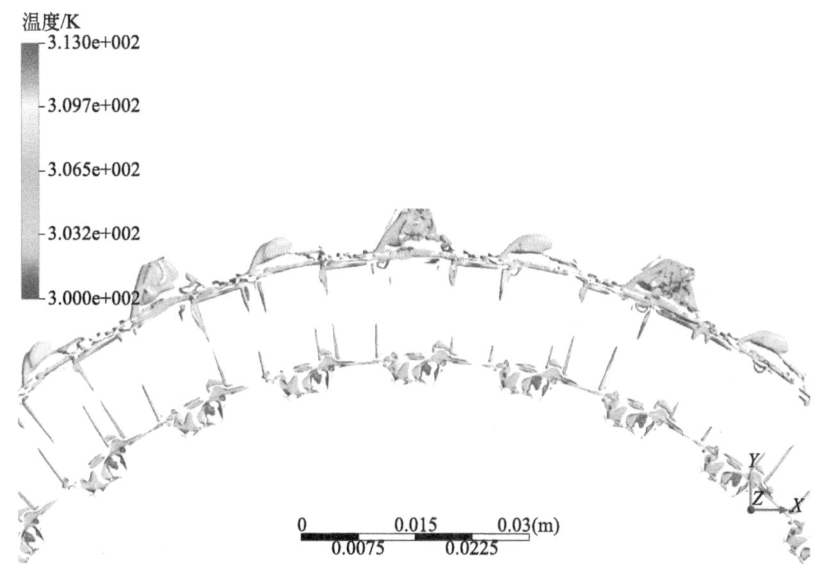

图 4-17　涡结构表面温度分布

由图 4-18 可见，红色部分全为空气，并且形成了明显的气涡，这是由于进油量不足而对空气产生了倒吸的现象，在这一过程中也产生了明显的涡流结构。

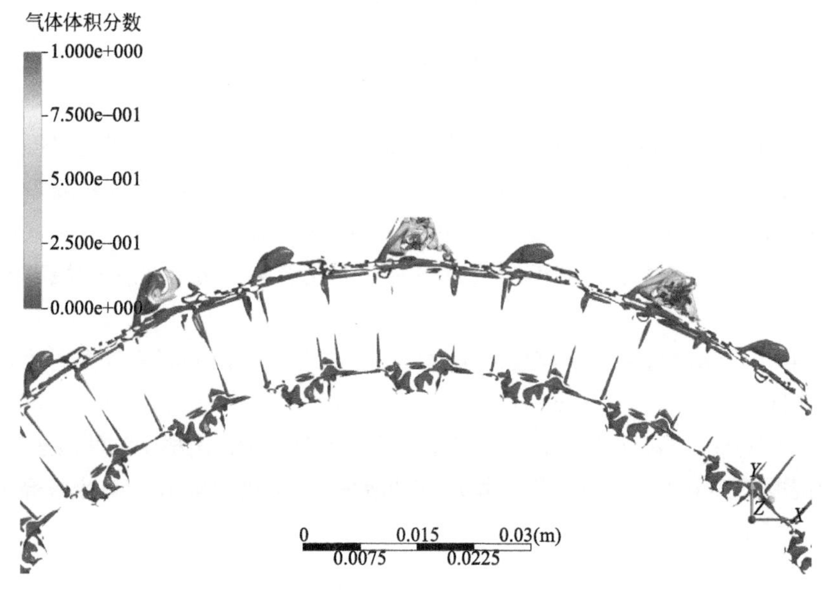

图 4-18　涡结构表面两相分布

由之前的压力场分析可知，在设置出油口的花键转毂拐角处存在相比其他对应位置更大的压力，压力差异的现象在图 4-19 中更为明显。结合涡流结构的速度分布可以看出，在未设置出油口的花键转毂处，流体的流动更为稳定，而出油口处的流动更加复杂，且速度较大，并在壁面上产生了较大压力。

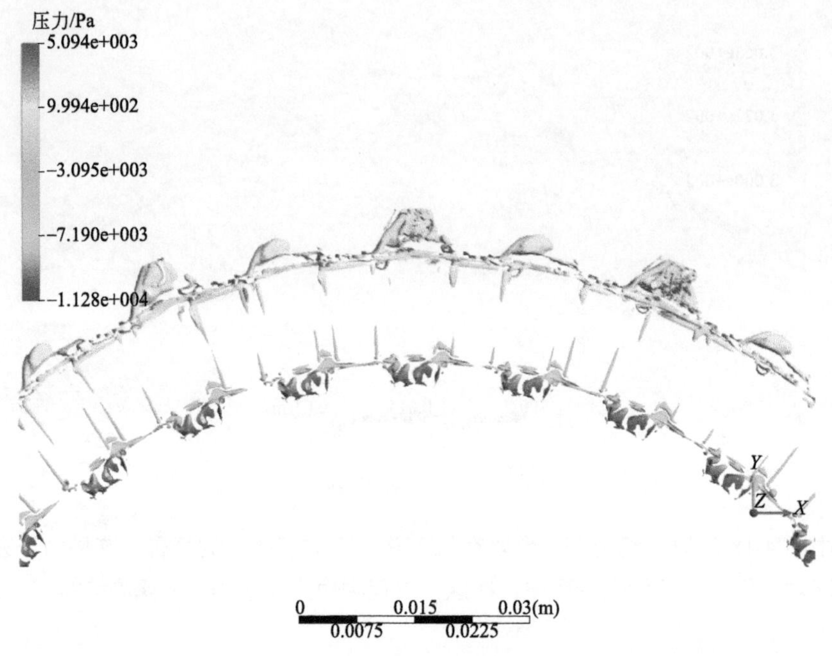

图 4-19　涡结构表面压力分布

图 4-20 是摩擦片非沟槽区的温度云图。由于在建立流体模型的时候考虑了沟槽以及进出油口花键转毂的详细形状，所以图中也呈现出了较为复杂的温度分布状态。在进油口温度设置为 300K 时，油液的温度随着半径增大呈现出越来越高的趋势，在油膜中部和未设置出油口的花键转毂处呈现出的最高温度为 313K。

图 4-21 是摩擦片沟槽区流场的温度云图。与非沟槽区的温度云图对比可以发现，在相同半径处，沟槽区的温度明显低于非沟槽区温度。结合沟槽区和非沟槽区的速度云图对比分析，可以发现在之前的速度云图分布中，沟槽中的油液速度较大，而非沟槽区速度较小，说明在转速增加时油液主要从沟槽中流出，这也解释了沟槽区温度较低的原因。

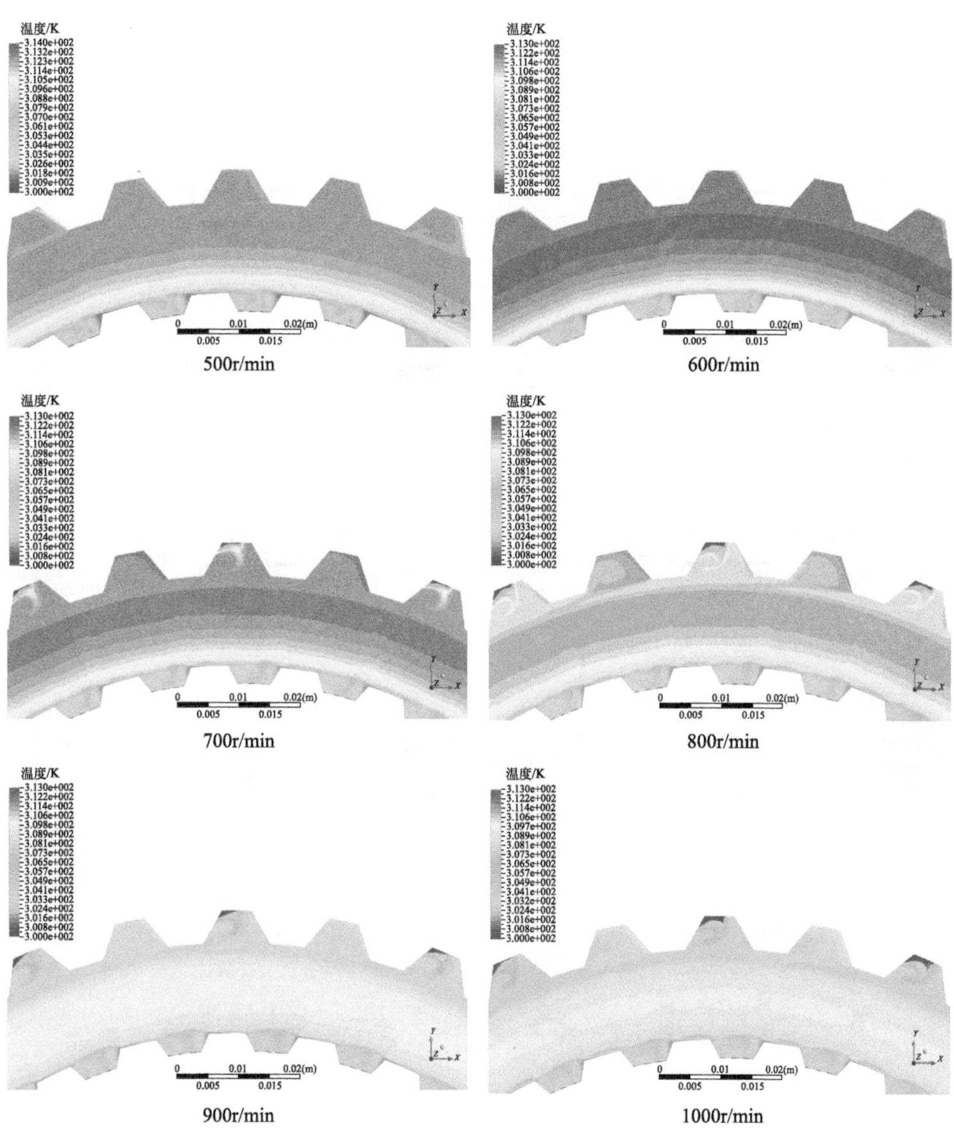

图 4-20　距摩擦片表面 0.2mm 截面的温度云图

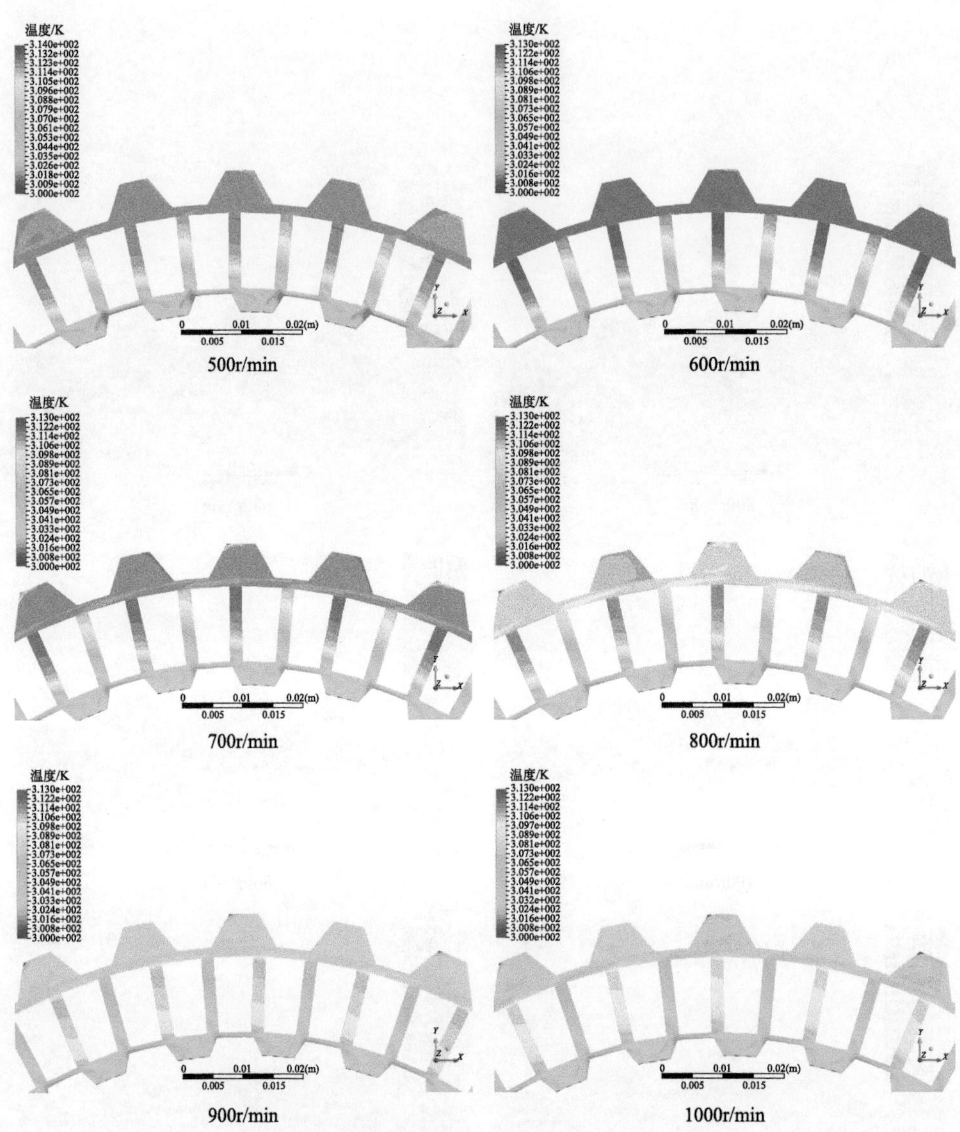

图 4-21　距摩擦片表面 0.2mm 截面沟槽区流场的温度云图

参考文献

[1] 黄丰云，刘伟腾，邹琳，等．汽车后桥准双曲面齿轮搅油损失数值模拟及其减阻研究 [J]. 机械设计与制造，2021, 08：265-269.

[2] 刘桓龙，谢迟新，李大法，等．齿轮箱飞溅润滑流场分布和搅油力矩损失 [J]. 浙江大学学报（工学版），2021, 55（05）: 875-886.

[3] 王斌，宁斌，陈辛波，等．齿轮传动搅油功率损失的研究进展 [J]. 机械工程学报，2020, 56（23）: 1-20.

[4] 苏永红，张庆慧．变速箱中搅油功率损失的 CFD 分析 [J]. 机械工程与自动化，2020（04）: 31-35.

[5] 刘骄．齿轮副搅油损失仿真分析及试验研究 [D]. 重庆：重庆理工大学，2019.

[6] 李枫，刘志远，金思勤，等．高速动车组齿轮箱发热量研究 [J]. 机车车辆工艺，2018（05）: 6-8.

[7] 周雅杰．基于 CFD 的齿轮箱搅油损失仿真优化及实验研究 [D]. 镇江：江苏大学，2018.

[8] 马贵叶，张祖智，吴超，等．车轴齿轮箱搅油润滑热平衡技术 [J]. 工业技术创新，2017, 04（05）: 62-64.

[9] 张佩，王斌，周雅杰．多功能齿轮搅油功率损耗实验装置及实验方法研究 [J]. 润滑与密封，2017, 42（06）: 102-112.

[10] 张佩．电动汽车减速器搅油损失的理论、仿真及实验研究 [D]. 镇江：江苏大学，2017.

[11] 苏红．基于 CFD 的单级齿轮甩油模拟研究 [D]. 重庆：重庆大学，2014.

[12] 陈晓玲，刘松丽，黄智勇，等．高速列车传动齿轮箱浸油深度对平衡温度的影响 [J]. 铁道学报，2008（01）: 89-92.

[13] 黄智勇．高速列车传动齿轮箱的热平衡计算分析 [D]. 上海：上海交通大学，2007.

[14] 胡如夫，张东速．中等功率条件下提高齿轮减速器的热效率研究 [J]. 中国工程科学，2004, 6（4）: 72-81.

[15] Liu H, Jurkschat T, Lohner T, et al. Detailed investigations on the oil flow in dip-lubricated gearboxes by the finite volume CFD method[J]. Lubricants, 2018, 6(2): 47.

[16] 巩彬彬，张俊国，王建文，等．油气进口位置和进气量对油气润滑滚动轴承性能影响的研究 [J]. 润滑与密封，2006（11）: 165-167.

[17] 张俊国，巩彬彬，王建文，等．油气润滑滚动轴承最佳供油量试验研究 [J]. 润滑与密封，2006（10）: 168-170.

[18] 王建文，巩彬彬，刘俊，等．滚动轴承油气润滑性能的试验研究 [J]. 华东理工大学学报（自然科学版），2007（03）: 436-440.

[19] 蒋天合，张保．油气润滑应用在高速轴承中的实验研究 [J]. 机械制造与自动化，2008（04）: 29-32.

[20] 李松生，周鹏，黄晓，等．基于油气润滑的超高转速电主轴轴承润滑性能的试验研究 [J]. 润滑与密封，2011（10）: 25-44.

[21] 谢军，蒋书运，王兴松，等．高速滚动轴承油气润滑试验研究 [J]. 润滑与密封，2006（09）: 114-119.

[22] 焦一航．YQR170 电主轴油气润滑系统的开发 [D]. 青岛：青岛理工大学，2009.

[23] 王建文，安琦．油气润滑输送中两相流的形成 [J]. 华东理工大学学报（自然科学版），2009（02）: 324-327.

[24] 卢林高，李锻能．油气润滑输送管内环状流的特性分析 [J]. 机电工程技术，2010（01）: 88-106.

[25] 张永锋．油气润滑系统应用理论与实验研究 [D]. 秦皇岛：燕山大学，2011.

[26] 吴光强，杨伟斌，秦大同．双离合器式自动变速器控制系统的关键技术 [J]. 机械工程学报，2007（02）: 13-21.

[27] 李耀刚，刘畅，龙海洋，等．汽车自动变速器研究现状及发展趋势 [J]. 现代制造工程，2020（01）: 155-161.

[28] Yu L, Ma B, Chen M, et al. Variation mechanism of the friction torque in a Cu-based wet clutch affected by operating parameters[J]. Tribology International, 2020, 147: 106169.

[29] Wu W, Xiao B Q, Hu J B, et al. Experimental Investigation on the air-liquid two-phase flow inside a grooved

rotating-disk system: Flow pattern maps[J]. Applied Thermal Engineering, 2018, 133: 33-38.

[30] Hou S Y, Hu J B, Peng Z X. Experimental investigation on unstable vibration characteristics of plates and drag torque in open multiplate wet clutch at high circumferential speed[J]. Journal of Fluids Engineering, 2017, 139(11): 111103.

[31] Shahjada P, Faria M S, Masamitsu K, et al. Multiphase drag modeling for prediction of the drag torque characteristics in disengaged wet clutches[J]. SAE International Journal of Commercial Vehicles, 2014, 7(2): 441-447.

[32] Iqbal S, AL-BENDER F, Pluymers B, et al. Model for predicting drag torque in open multi-disks wet clutches[J]. Journal of Fluids Engineering, 2013, 136(2): 021103.

[33] Hu J B, Peng Z X, Wei C. Experimental research on drag torque for single-plate wet clutch[J]. Journal of Tribology, 2012, 134(1): 014502.

[34] 周晓军，吴鹏辉，杨辰龙，等 . 高速工况下湿式离合器 带排转矩特性的仿真与试验研究 [J]. 汽车工程，2019，41（09）: 1056-1064.

[35] Morris N J, Patel R, Rahnejat H. Hydrodynamic lubricant film separation during codirectional and counter-directional rotations of disengaged wet clutch packs[J]. Journal of Fluid Engineering-Transactions of the ASME, 2020, 142(1): 011104.

[36] 熊钊，苑士华，吴维，等 . 湿式离合器对偶片间油气两相流动的数值模拟 [J]. 机械工程学报，2016，16（52）: 117-123.

[37] Wu W, Xiong Z, Hu J B, et al. Application of CFD to model oil-air flow in a grooved two-disc system[J]. International Journal of Heat and Mass Transfer, 2015, 91: 293-301.

[38] Wang P C, Katopodes N, Fujii Y. Two-Phase MRF model for wet clutch drag simulation[J]. SAE International Journal of Engines, 2017, 10(3): 1327-1337.

[39] Takagi Y, Okano Y, Miyayaga M, et al. Numerical and physical experiments on drag torque in a wet clutch[J]. Tribology Online, 2012, 7(4): 242-248.

[40] 彭增雄，孙钦鹏，胡纪滨 . 高速湿式离合器摩擦片角向摆动自振模型 [J]. 中国科技论文，2018，13（4）: 399-407.

Chapter 5

第5章

水介质下典型流体机械动静干涉作用机理及流场分析

水作为自然界中最常见的流动介质，在生活中充当着重要的角色。流体机械动静干涉在生活中的典型应用很多，其中船用螺旋桨作为目前使用极广的一种推进装置，在整个船舶工业中具有至关重要的作用。本章针对螺旋桨的淌水特性预测问题，依据螺旋桨的工作原理和特点，提出了基于宽度较大的全流道计算域模型，引入多流动域耦合算法，建立了螺旋桨的稳态和瞬态模型，对螺旋桨动静干涉作用机理及流场进行了详细分析，探究了关于螺旋桨的 CFD 数值计算方法的准确性；通过不同尺度解析方法对螺旋桨外部流场进行水动力性能预报，进一步揭示了典型流体机械动静干涉作用下的机理。

5.1 水介质螺旋桨搅动工作过程

螺旋桨是一种典型的自由曲面类零件，是船舶和航行器等动力系统的核心，其设计和加工质量直接影响螺旋桨的工作性能。如图 5-1 所示为常见的典型螺旋桨，船舶航行时的性能主要取决于船型、主发动机和螺旋桨三大因素，其中螺旋桨的推进效率又主要取决于螺旋桨的设计与制造质量[1]。

图 5-1　典型常见螺旋桨

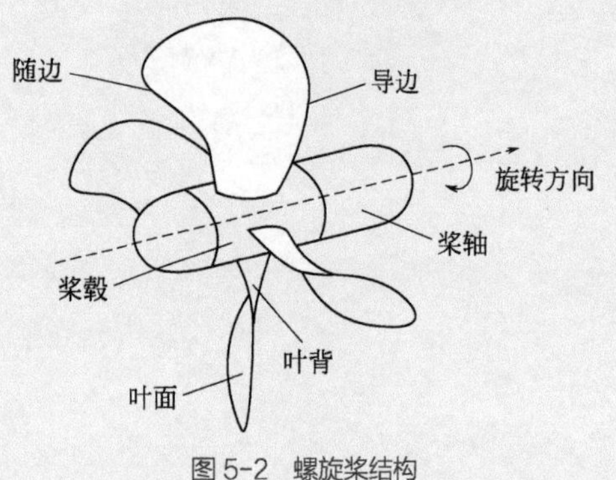

图 5-2　螺旋桨结构

螺旋桨外形结构如图 5-2 所示，分为桨叶和桨毂两个部分。桨叶曲面类似于螺旋面，工作时通过与水的接触来产生推力。桨毂用于固定桨叶和连接桨轴，不产生推力。桨毂后端通常加有毂帽，与桨毂形成一光顺流线形体以减少水流的阻力。从船尾向船首看为螺旋桨正面，对应桨叶的压力面；反面称为背面，对应桨叶的吸力面。螺旋桨正车旋转时，顺时针旋转为右旋，反之为左旋。桨叶边缘先与水流接触的一侧为导边，另一侧为随边。

螺旋桨结构十分复杂，种类也相对较多。螺旋桨根据桨叶的数量，可以分为双叶桨、三叶桨、四叶桨等；根据螺旋桨设计图谱的类别，可以分为 AU 型、B 型、K 型、SSPA 型等；根据沿桨叶径向的螺距变化，分为变距螺旋桨和定距螺旋桨；根据桨叶和桨毂关系，可以分为整体式螺旋桨和组合式螺旋桨。除此之外，还有一些特殊类别的螺旋桨，如对转螺旋桨、串列螺旋桨和导管螺旋桨等。传统螺旋桨的设计多采用手工绘图法，桨叶曲面由一系列离散的点表示，设计周期较长，设计精度难以保证。螺旋桨传统加工方式多为手工操作，需要工人不断打磨以达到所需的螺旋桨形状。这种设计和制造方法的生产周期较长，且加工的螺旋桨存在加工精度低、表面质量差等问题，制约着螺旋桨的推进效率及船舶的航行速度。随着科学技术的发展，对船用螺旋桨的工作环境和工作性能都提出了更高的要求，因此需要对螺旋桨的流场进行深入研究，以指导设计与加工 [2]。

5.2
稳态条件下螺旋桨性能预报和流场分析

5.2.1　计算方案及设置

如图 5-3（a）所示，在大卫 · 泰勒水槽中设计的 DTMB P5168 型螺旋桨是一个可控螺距叶片高度偏斜的五叶片螺旋桨，它的直径为 D=0.4027m。根据投影原理，在计算螺旋桨类型参数后，将叶片的局部二维坐标转换为全局三维坐标，然后在 UG 软件中实现了螺旋桨的三维模型，并建立了计算域，如图 5-3（b）所示。Chesnakas 和 Jessup（1998）在大卫·泰勒 36 英寸 ❶ 可变压水力水槽中对该型号螺旋桨进行了详细的试验研究，试验内容包括测量叶尖涡旋空化初始速度，以及均匀流入时的近端速度分布等，这些试验测量结果将被用来验证下面的数值模拟。

为了减少计算空间不足对计算值的影响，确保计算的流场精度，螺旋桨计算域上游进流面取 3D，下游出流面取 5D，径向边界取 5D。因此，计算域外观上可看成是直径为 5D 和长度为 8D 的胖圆柱体。选择参考坐标系使得螺旋桨的叶片位于原点处，流动方向为 x 轴正方向。如图 5-3（b）所示，该领域被细分为一个旋转的部分（称为旋转域）和一个固定的部分（称为固定域）。包含五个叶片的旋转部分也

❶ 1 英寸 =2.54cm。

是一个圆柱体，其直径为 1.2D，长度为 0.72D。由于刀片的特殊形状，旋转和固定部分是独立计算的。为了确保内外两个区域的流动信息得以传递，运用多重参考系（MFR）方法来传递数值预测中螺旋桨周围的流动信息。

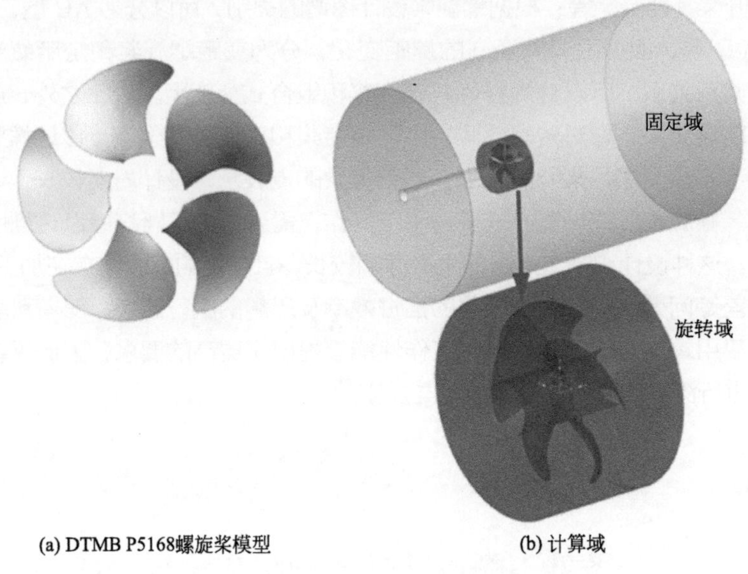

图 5-3　螺旋桨模型及其计算域

图 5-4（a）显示了螺旋桨 P5168 的叶片表面网格。为了捕捉叶片附近区域的流动信息，特别是黏性底层，在叶片附近进行网格加密，第一层网格厚度取 1mm，层与层网格厚度比率为 1.1~1.2。所有的网格都是使用 ANSYS-ICEM CFD 生成的，整体网格如图 5-4（b）所示。网格总数为 360 万个，其中旋转部分为 140 万个，固定部分为 220 万个。

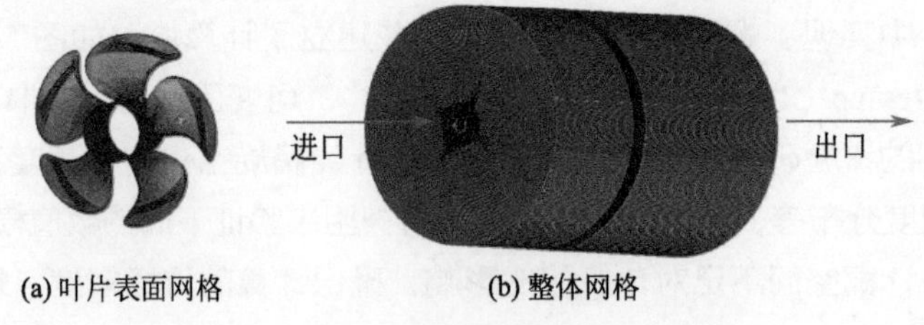

图 5-4　网络划分模型

计算域的入口和径向边界上设置为自由流速，其湍流强度设置为 1%。在出口边界使用压力出口，并施加 0 Pa 的静压。在所有固体表面上应用无滑移壁面边界条件。计算采用标准 k-ε 湍流模型，求解方案采用 SIMPLEC 方案，具体细节为：动量项选择二阶反向离散化，压力项采用体积力加权法。

在使用这种计算域的情况下，螺旋桨沿着其轴向旋转，并且水在相反的方向上流动。因此，施加流向螺旋桨的流体速度来代替螺旋桨正向推进速度。计算模拟时使用了 6 个均匀流速的进速系数 J（J= 0.9,0.98,1.1,1.2,1.27, 1.51），进速系数定义为

$$J = \frac{v}{nD} \tag{5.1}$$

式中　n—— 螺旋桨的旋转速度，r/s；

v—— 来流速度，m/s；

D—— 螺旋桨的直径，m。

因为在进速系数 J 的定义中使用的螺旋桨转速（或来流速度）没有具体的规定，所以螺旋桨的转速 n 直接设定为 20r/s，并通过改变来流速度的大小改变进速系数 J。

5.2.2　性能预测与验证

首先，有三个描述螺旋桨的水动力性能的参数：无量纲推力系数 K_t，扭矩系数 K_q 和螺旋桨效率 η：

$$K_t = \frac{T}{\rho n^2 D^4}$$

$$K_q = \frac{Q}{\rho n^2 D^5} \tag{5.2}$$

$$\eta = \frac{J}{2\pi} \times \frac{K_t}{K_q}$$

式中　n—— 螺旋桨的转速，r/s；

D—— 螺旋桨的直径，m；

ρ—— 流体的密度，kg/m^3；

T—— 螺旋桨受力的轴向分量，N；

Q—— 螺旋桨所受力矩的轴向分量，N · m。

采用三个相对误差ΔK_t、ΔK_q 和ΔK_η 来描述水动力性能的参数模拟值与试验的偏差：

$$\Delta K_t(\%) = \frac{K_{t\text{CFD}} - K_{t\text{EXP}}}{K_{t\text{EXP}}} \times 100\% \tag{5.3}$$

$$\Delta K_q(\%) = \frac{K_{q\text{CFD}} - K_{q\text{EXP}}}{K_{q\text{EXP}}} \times 100\% \tag{5.4}$$

$$\Delta K_{\eta}(\%)=\frac{K_{\eta \mathrm{CFD}}-K_{\eta \mathrm{EXP}}}{K_{\eta \mathrm{EXP}}}\times 100\% \tag{5.5}$$

P5168螺旋桨的计算结果如图5-5(a)所示，可见模拟结果与试验数据吻合较好。如图5-5（b）所示，除J=1.51外，K_t和K_q的最大误差分别小于5.0%和3%。在所有的进速系数下，η的最大误差小于2.62%。Eric G.Paterson等发现在进速系数J=1.1时，K_t和K_q的误差分别在1.0%～2.9%和1.3%～2.8%的范围内，比本书计算值高出了一倍[3]。因此，与以往学者（如Zhao[4]，Sun[5]，Morgut等[6,7]，仝博[8]等）的研究结果相比，新模型获得了更准确的性能预测。即使在误差较小的杨琼方等[9]的文章中，K_t和K_q略小于本书中的误差，但是他们的螺旋桨效率η也比本书大得多。

为了对比模拟结果和试验数据，提取出螺旋桨下游x/R=0.2386处平面内的平均速度分量，其中x是轴向距离，R是螺旋桨的半径[10-13]。图5-6描绘了各种J的轴向（V_x）、切向（V_t）和径向（V_r）方向圆周平均速度分量在无量纲径向坐标（r/R）的分布，其中r是到中心线的径向距离。值得注意的是，轴向和切向速度分量与试验数据曲线是十分吻合的。具体来说，当r/R不小于0.34时，轴向和切向速度分量的误差小于3%。相反的是，在r/R小于0.6时，径向分量与试验数据并不太接近，其中模拟的径向分量接近零。原因是简化模型中的轴比实际中要长，轴表面的径向速度是为零的，所以可以很自然地理解在轴表面附近的径向分量接近于零。就r/R=0.6～1.0范围内的数据而言，即使径向速度分量的计算值预测误差较大，但仍与试验数据具有相同的趋势。

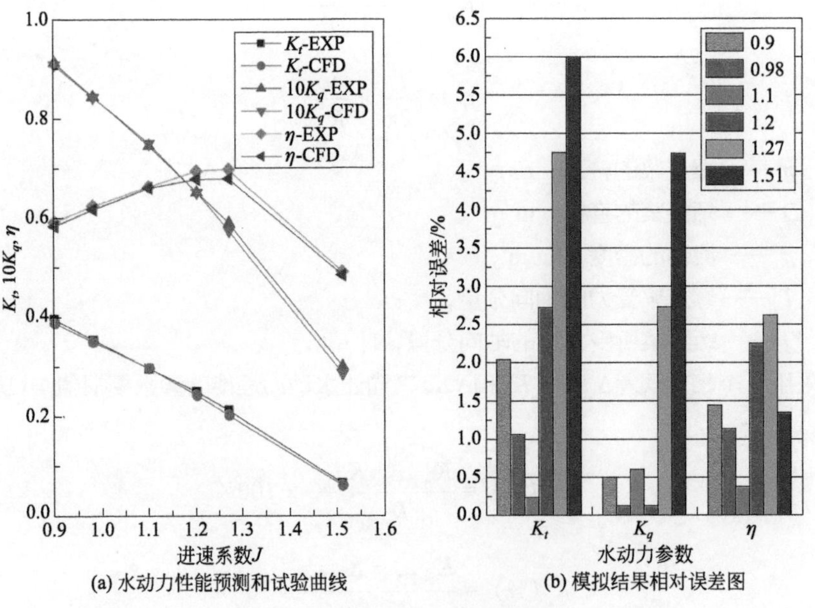

(a) 水动力性能预测和试验曲线 (b) 模拟结果相对误差图

图5-5 稳态标准SST k-ε的计算结果

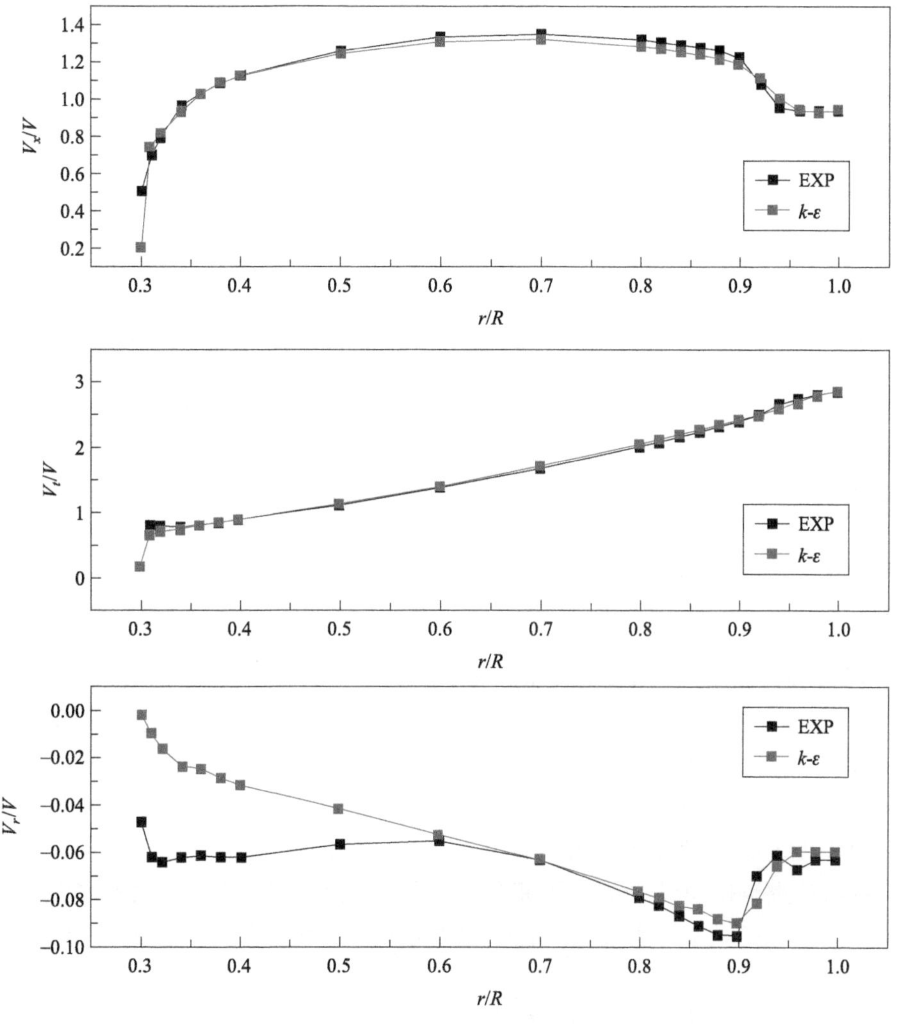

图 5-6　x/R=0.2386 平面上圆周平均速度分量

5.2.3　流场分析

准确预测螺旋桨叶片上的压力分布对于分析螺旋桨的流动特性极其重要，因此，在这里单独列出来叶片表面压力进行分析。图 5-7 是叶片压力面压力云图，从图中可以看出，当叶片表面出现湍流过渡时，预测的压力梯度在不同的进速系数 J 是几乎相似的。叶片前缘存在一条沿着叶片切向方向很大的压力梯度，这是由于叶片前缘直接冲击液体，引起流场产生剧烈变化，导致压力变化较大。前缘的压力随着 J 的减小而急剧减少，然而压力在其他区域没有出现明显的变化。

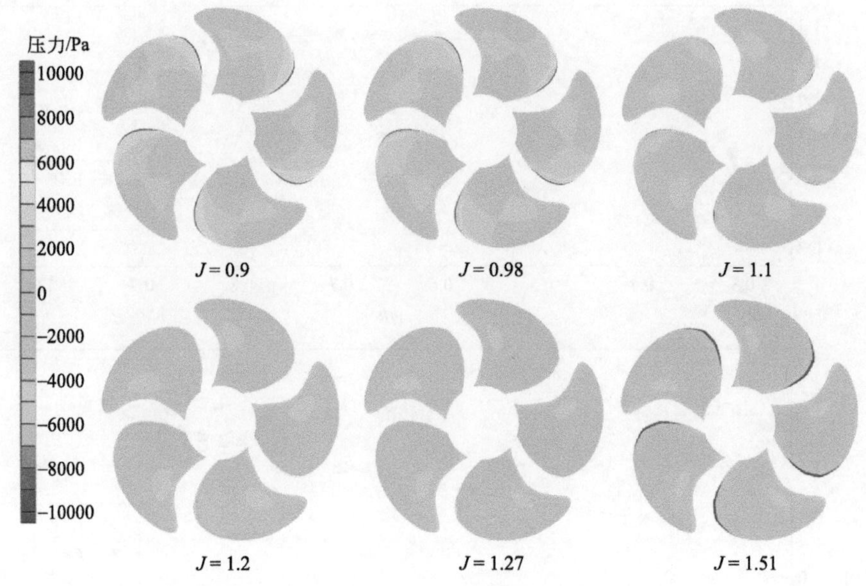

图 5-7 叶片压力面压力云图

叶片吸力面压力云图如图 5-8 所示，随着均匀来流的速度增大，压力梯度变得异常复杂。在较低负荷（$J = 0.9,0.98$）处有两个压力值较低、压力梯度较强的区域，分别为前缘附近的叶尖区域和叶根部。然而，由于压力随着进速系数的增加而增大，叶根部低压区域消失。当进速系数较大（$J = 1.2,1.27,1.51$）时，靠近前缘的区域出现了高压区。由于来流速度的影响随着系数的增加超过了叶片旋转的对水流的影响，所以压力随进速系数的变化很大。随着进速系数的增加，前缘区域的压力在压力面一侧迅速降低，在吸力面一侧逐渐增加，导致推力和扭矩急剧减小。

图 5-9 给出了模拟结果在 $x = 0$ 处的速度场，图中显示在叶片尖端区域存在较大的速度梯度，这说明螺旋桨在该区域受力较大，在设计工作中可以作为参考，确保螺旋桨叶尖区域结实耐用。在叶片顶端附近区域出现了叶尖涡旋，并且速度梯度较大。尖端的涡附近速度低于极低值，而最大速度发生在叶片中间的附近。值得注意的是，开始于压力侧到终止于吸力侧的流线整体上大多数接近螺旋桨轮毂。此外，随着进速系数的增加，尖端的涡旋逐渐减弱。这些现象可以被解释为叶片的旋转相对于来流速度的作用的减弱。

图 5-10 显示了 $z = 0$ 平面上的速度场。叶片后缘尾流支配着靠近叶片后面的速度场，流线几乎与 x 轴平行。随着距离叶片的距离变大，速度流线变得不稳定，最终扭曲起来，形成了涡旋或者是向两侧扭转。同时，螺旋桨轴毂后方区域始终充满弯曲曲折的流线，对叶片后方的流场产生了重要影响，使流线更不稳定。值得注意

的是，靠近出口边界的中间区域提供了较低的速度，其流线明显扭曲，但没有出现回流，这表明该计算域模型符合螺旋桨流场的物理规律。

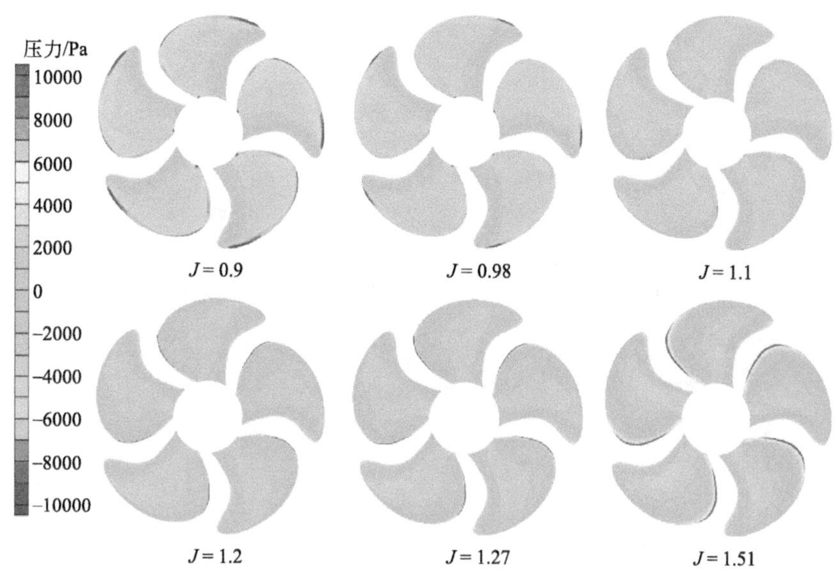

图 5-8　叶片吸力面压力云图

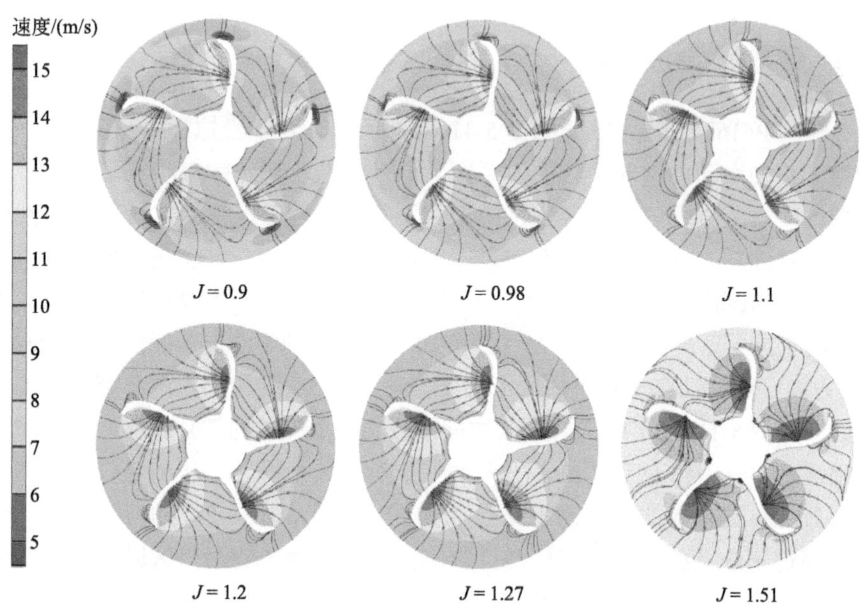

图 5-9　x=0 平面上速度流线图

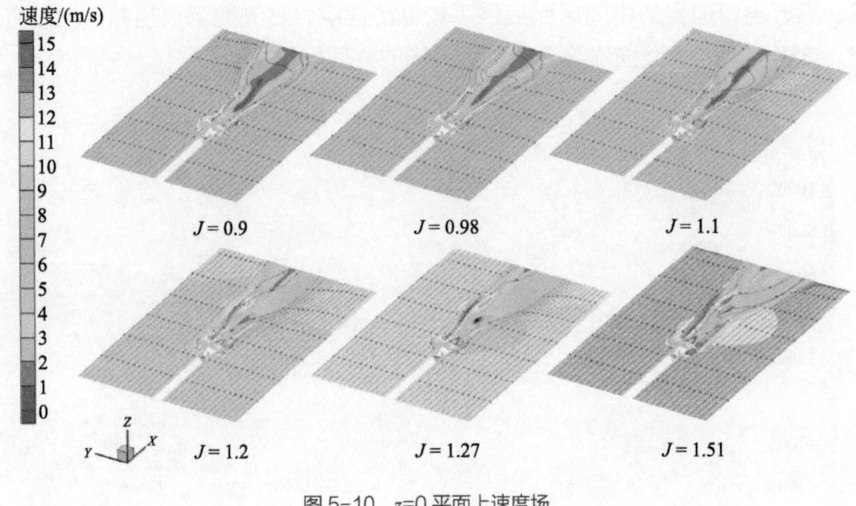

图 5-10　z=0 平面上速度场

5.3 瞬态条件下螺旋桨性能预报和流场分析

5.3.1 计算设置和方案

螺旋桨 P5168 的叶片模型如图 5-11（a）所示。为了模拟螺旋桨的外部流场，探索螺旋桨的水动力性能，如推力系数、力矩系数、淌水效率和流场速度等，必须将螺旋桨放入流场的计算区域。由于螺旋桨的叶片是以螺旋桨转轴周期性分布的，所以其外部流场可以近似看作是周期性流场。因此，可以在模拟中使用只包含一个叶片的计算域。计算域处在一个直径为 $5D$、长度为 $20D$ 的圆柱体内，占据圆柱体的 1/5。选择合适的参考坐标系使得螺旋桨转轴中心位于原点，流动方向为 x 轴正方向。使此计算域的进口位于螺旋桨的上游 $5D$ 处和出口位于螺旋桨的下游 $15D$ 处。如图 5-11（b）所示，该领域被细分为一个旋转的部分（称为旋转域）和一个固定的部分（称为固定域）。旋转域只包含了一个叶片，也就是仅为小圆柱体的一部分，小圆柱体的直径为 $1.2D$，长度为 $1.72D$。由于叶片的特殊形状，旋转部分和固定部分是独立划分网格并计算的。同时，为了使两个区域的流动变量信息能够相互交换，采用多重参考系（MFR）方法和滑移网格法来传递数值预测中螺旋桨周围的流动信息 [14-20]。

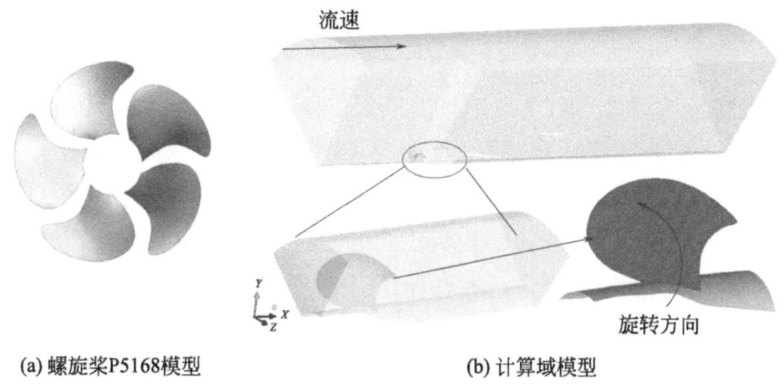

图 5-11　模拟螺旋桨及其外部流场模型

对于所有的计算域，均采用 ANSYS-ICEM 软件划分六面体的网格。整个网格如图 5-12 所示，为了更好地捕捉流场信息，特别是黏性底层，必须对靠近叶片的区域进行加密处理，首层网格高度为 0.4mm，即叶片尺寸的千分之一，层与层延伸比为 1.1~1.2，最终网格总数为 520 万个，其中旋转域占有 220 万个，固定域占有 300 万个。

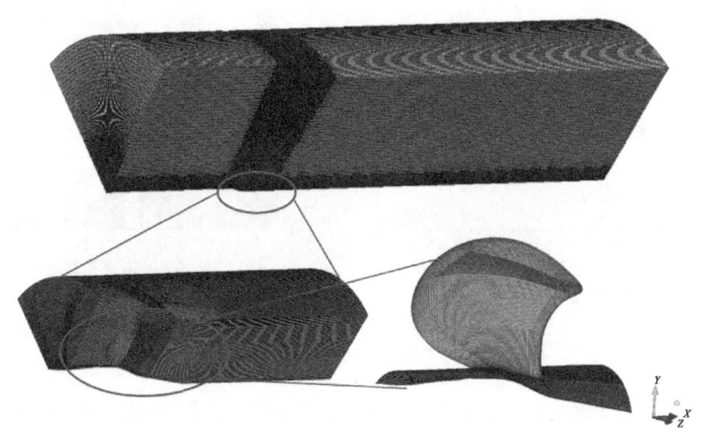

图 5-12　叶面和全局网格

计算域的入口和径向边界上设置为自由流速，其湍流强度设置为 1%。在出口边界使用压力出口，并施加 0 Pa 的静压。在所有固体表面上应用无滑移壁面边界条件。计算采用 SST k-ω 湍流模型，求解方案采用 SIMPLEC 方案，具体细节为：动量项选择二阶反向离散化，压力项采用体积力加权法。

在使用这种计算域情况下，螺旋桨沿着其轴向旋转，并且水在相反的方向上流动。因此，用施加流向螺旋桨的流体速度来代替给螺旋桨的正向推进速度。计算模拟时使用了五个均匀流速的进速系数 J（J= 0.9,0.98,1.1,1.2,1.27）[21-25]。

5.3.2 性能预测与验证

P5168 型螺旋桨稳态 SST k-ω 的计算结果如图 5-13（a）所示，从图中可以看出模拟计算结果与试验数据吻合较好。如图 5-13（b）所示，对于不同的进速系数 J，K_t 和 K_q 的最大误差分别小于 8.0％和 5.0％，η 的最大误差小于 4.10％。因此，结果满足工程要求（误差小于 10%），表明我们的简化周期性模型符合螺旋桨的工作条件，可以作为合适的模型继续进行瞬态计算研究 [26-30]。

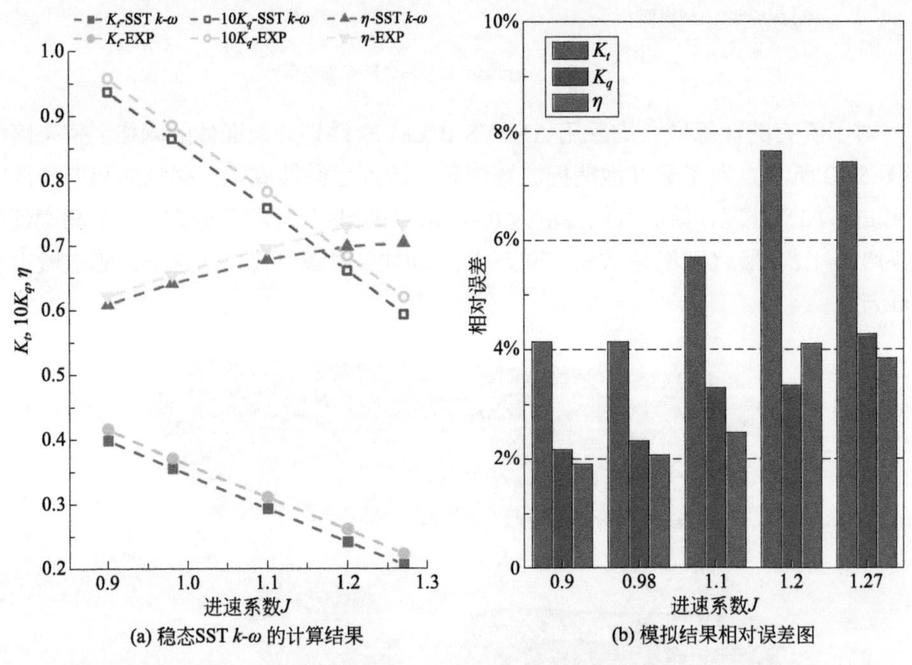

图 5-13　稳态 SST k-ω 计算结果的相对误差

在验证了此周期性计算模型的基础上，分别运用 DDES、SBES 和 DLES 算法进行计算。迭代步长和总迭代次数分别为 0.0001s 和 500 次，以确保叶片旋转一个周期。图 5-14（a）显示了 P5168 螺旋桨在进速系数 J=1.1 情况下，稳态的 SST k-ω 以及瞬态的 DDES、SBES 和 DLES 中的相对误差。值得注意的是，K_t 和 K_q 的瞬态（DDES、SBES 和 DLES）误差比稳态 SST k-ω 稍高，但分别低于 8％和 6.1％。相反，除 DDES 外，效率误差 η 的瞬态误差略小于稳态 SST k-ω。计算消耗时间如图 5-14（b）所示。DLES、DDES 和 SBES 的成本分别为 24.1h、20.2h 和 22.8h。在这种情况下 DDES、SBES 和 DLES 花费的时间量相差少，但随着计算任务的增加，消耗时间的差距将加大，同时将节省更多的计算资源。

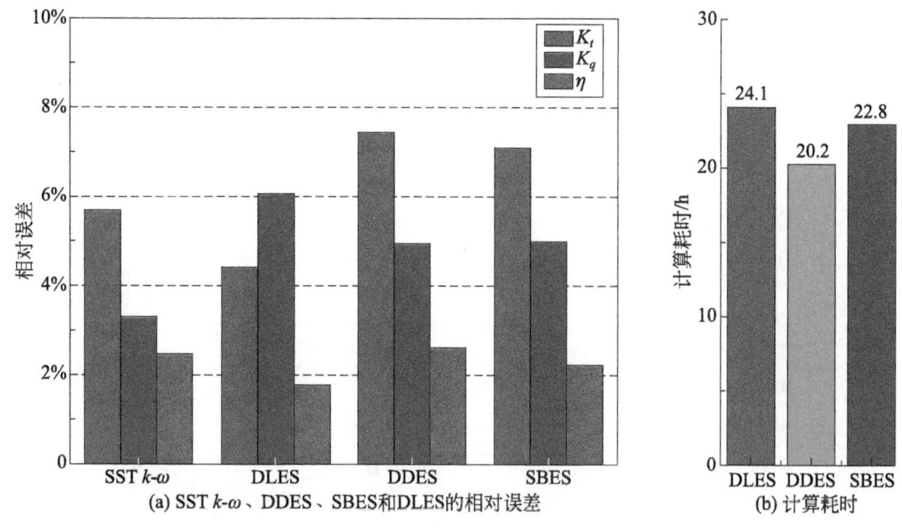

图 5-14　尺度解析计算结果分析

为了对比模拟结果和试验数据，提取出螺旋桨下游 x/R=0.2386 处平面内的平均速度分量，其中 x 是轴向距离，R 是螺旋桨的半径。图 5-15 描绘了不同模拟结果和试验结果的轴向（V_x）、切向（V_t）和径向（V_r）方向圆周平均速度分量在无量纲径向坐标（r/R）的分布，其中 r 是距离中心线的径向距离。值得注意的是，轴向和切向速度分量与试验数据曲线是十分吻合的。具体来说，当 r/R 不小于 0.34 时，轴向和切向速度分量的误差小于 3%。相反的是，在 r/R 小于 0.6 时，径向分量与试验数据并不太接近，其中模拟的径向分量接近零。原因是简化模型中的轴比实际中要长，轴表面的径向速度是为零的，所以可以很自然地理解在轴区附近的径向分量接近于零。因此，这表明我们的模型也能够准确地获得瞬态计算中的螺旋桨流场。模拟数据与试验数据的误差曲线非常接近，即这些湍流模型与速度场的描述基本相同。

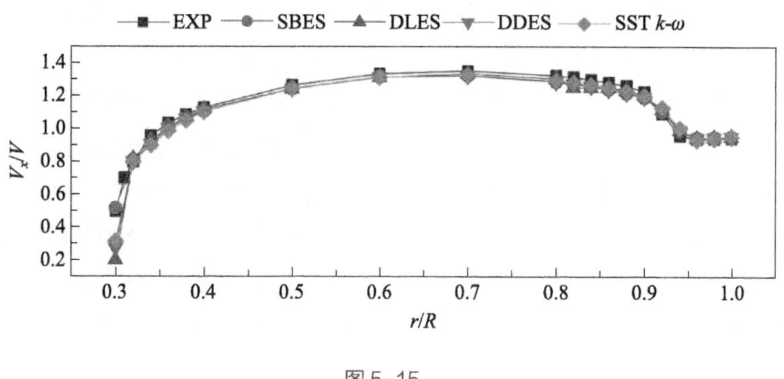

图 5-15

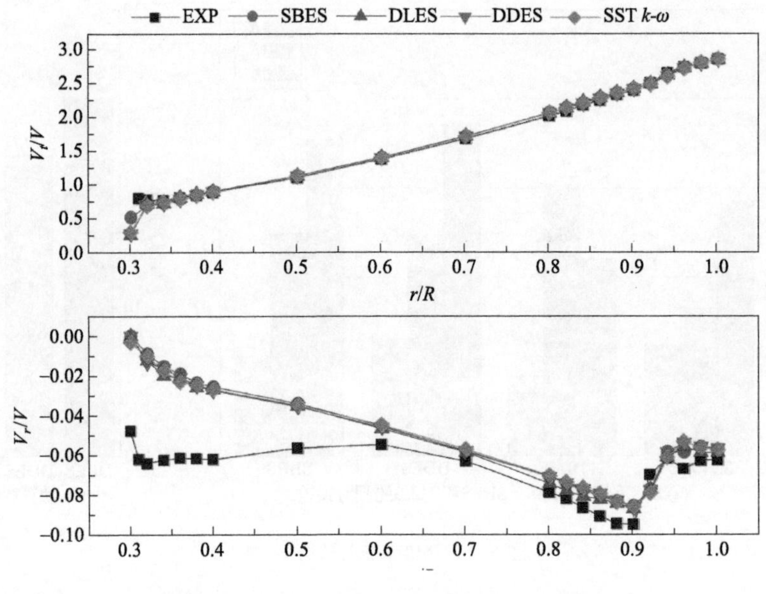

图 5-15　x/R= 0.2386 平面上圆周平均速度分量

5.3.3　流场分析

为了研究这四种算法对螺旋桨流场压力的影响，对四种不同 x 坐标值的压力剖面进行了截取，然后对这四种算法进行分析。当通过螺旋桨区域时，流体受到螺旋桨叶片的影响，叶片两侧速度发生变化，两侧流场出现差异，导致叶片出现压差。为了研究压力分布，首先比较了三种尺度解析方法。图 5-16 显示了四种算法在 x= −40.27mm 时的压力分布。三种尺度解析方法的压力分布比较相似，说明流体受螺旋桨冲击前的流动状态是相似的。x = 0mm 时的压力分布情况如图 5-17 所示，DLES 和 SBES 的计算流场几乎是一致的，并且其压力值略大于 DDES 的结果。图 5-18 显示了 x = 40.27mm 时的压力分布，三种尺度解析方法的压力分布产生了一些显著的差异：DDES 相对较小，DLES 最大。同样地，通过比较图 5-16、图 5-17 和图 5-18，得出规律：稳态的 SST k-ω 提供了一个大的高压面积和一个较高的压力最小值；采用 DLES 计算的压力值域范围最大，DDES 的值域范围最小。结果表明，受螺旋桨冲击后，DLES 计算得到的流场最为剧烈，DDES 计算得到的流场最为平静。换句话说，在三个尺度解析方法中，DLES 能够模拟最为剧烈的流场，其次是 SBES，而 DDES 则拥有较少的计算剧烈流场的能力。此外，SST k-ω 能够模拟整个压力分布，但不能捕捉较低压力区域附近的细节，如叶尖后面的区域。

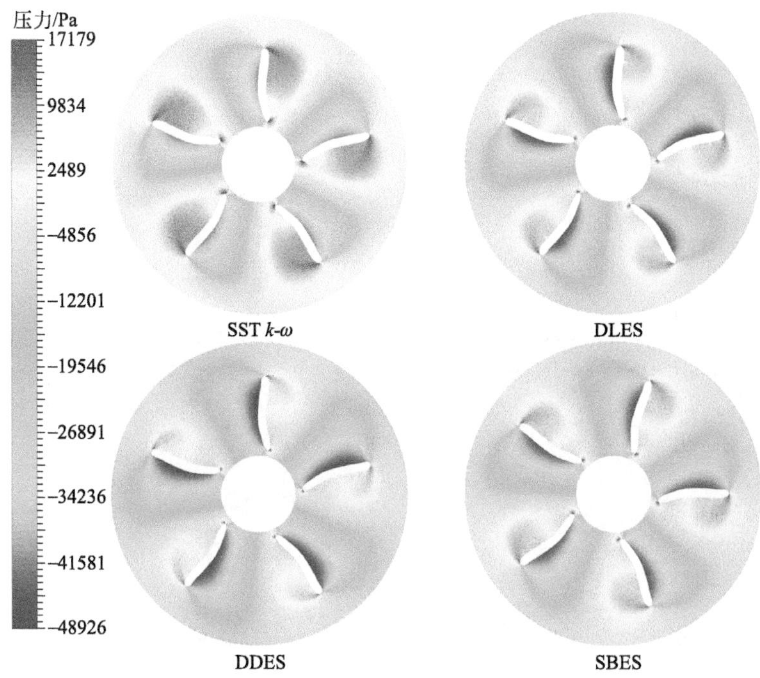

图 5-16　x=-40.27mm 平面上的压力云图

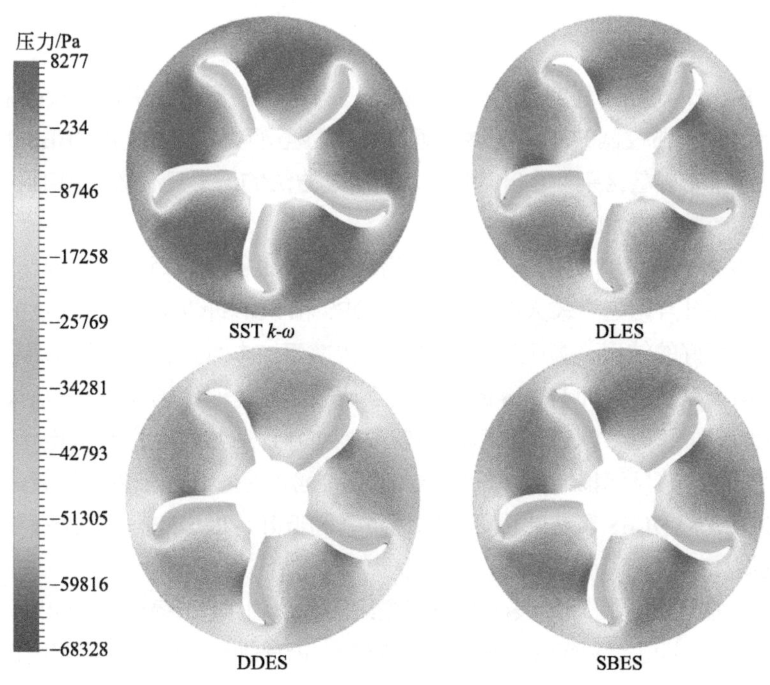

图 5-17　x=0mm 平面上的压力云图

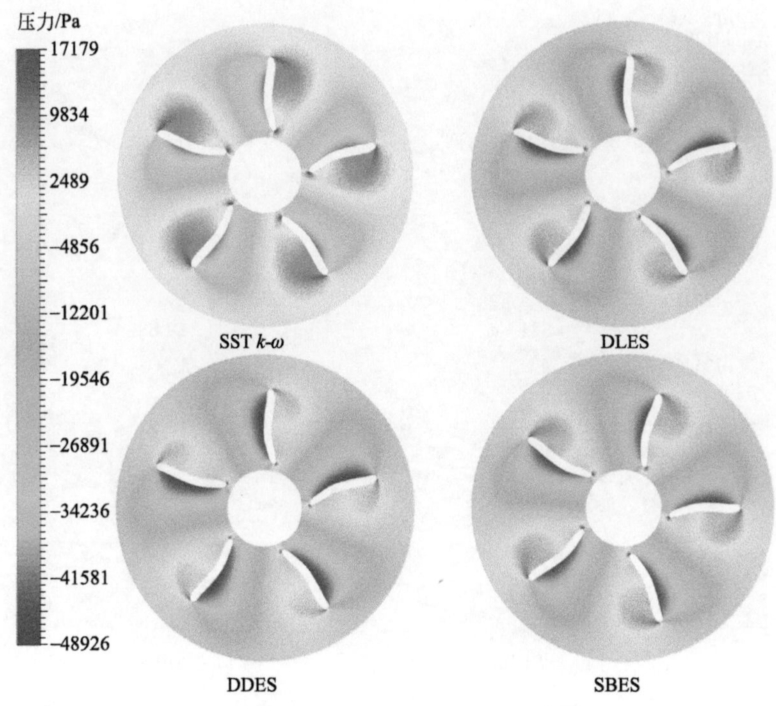

图 5-18　x=40.27mm 平面上的压力云图

图 5-19 为 $r = 0.9R$ 处的压力云图，稳态 SST k-ω 在整体上提供了较高的压力分布值，使得涡流即较低的压力区域在远场减弱甚至消失。DDES 和 SBES 的结果在这个位置上没有显著区别。在叶片附近，DLES 方法的结果具有较大范围的高压区，这可以清楚地描述旋涡的细节。

图 5-20 为 $r = 0.38R$ 处的压力云图，稳态 SST k-ω 的结果对涡核结构几乎没有任何影响，只在叶片附近有较大的高压区。DDES 和 SBES 的结果有很大差别。DLES 提供了一个更好的结果，高压区广泛的压力转换更加丰富，高压区和低压区对比明显，涡结构丰富多变。而 DDES 的压力转换比较单一，对流场描述不清晰。压力梯度大的区域只位于叶片附近，高压区也仅限制在叶片后方附近，远离叶片的压力梯度是不明显的，并且涡核结构并不复杂。值得注意的是，作为一种新的算法，SBES 结合了 DDES 和 DLES 算法的优点：它提供了靠近叶片区域的高压区域，并具有远离叶片的涡核结构。

图 5-21 描述的是在叶片表面的速度流线图。从图中可以看出，在叶片的前端，由于来流水流的冲击，叶面上的流速相当复杂。远离轴线，由于叶片圆周速度和离

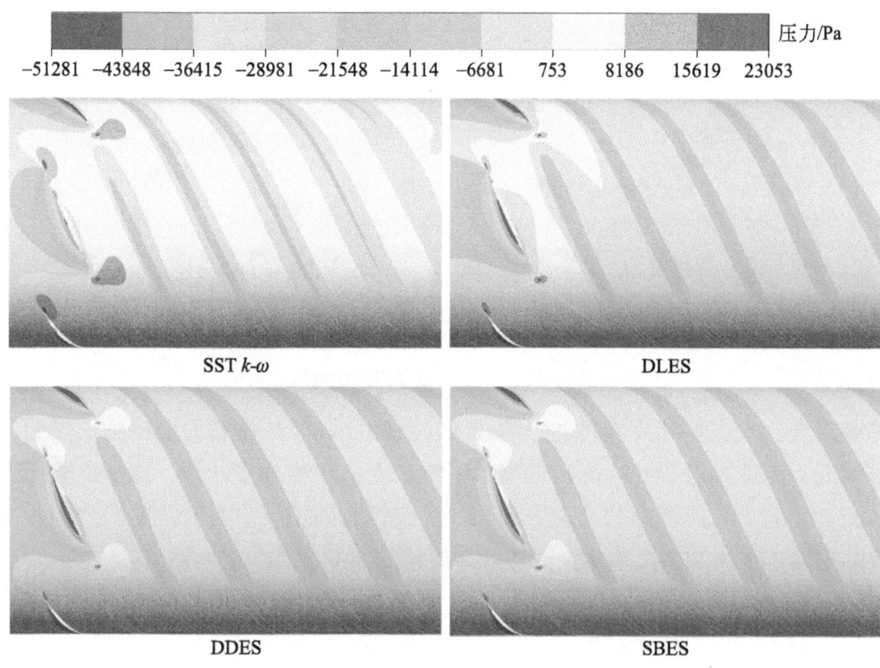

图 5-19　圆柱面上（r=0.9R）的压力云图

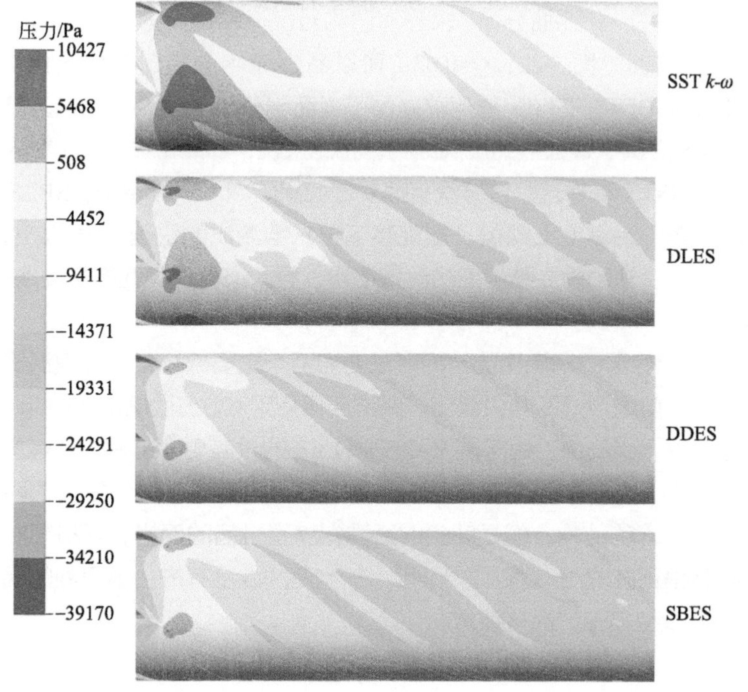

图 5-20　圆柱面上（r=0.38R）的压力云图

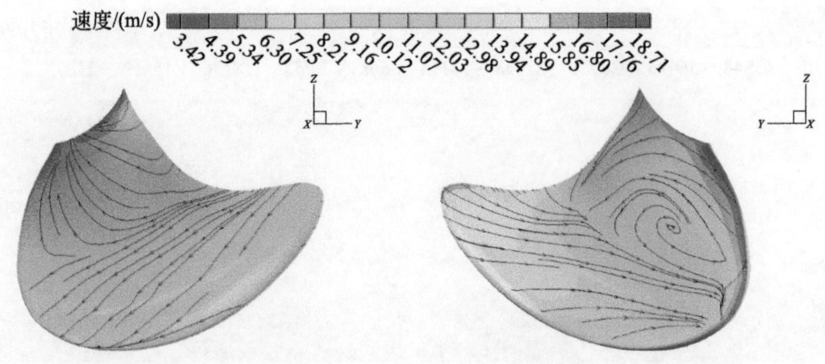

图 5-21 叶片表面上的速度流线图

心速度较大，水流受叶片旋转的影响较大，其流向与叶片旋转方向一致。然而，在轴线附近，流速相对于叶片旋转速度的影响较大，水流冲击叶片，在螺旋桨后面产生涡流。同时，叶片表面的流速方向与叶片旋转方向相反。在叶片的吸力面，由于叶片的碰撞，水流的方向基本上沿着叶片旋转的方向。

5.3.4 螺旋桨涡结构分布

采用四种湍流方法（SST k-ω、DLES、SBES、DDES）计算了在进速系数 J=1.1 情况下的流场，并以此评估分离 / 未分离湍流对尾流和旋涡形成过程的影响。从使用 Q 准则的等值面（图 5-22，Q=0.02）可以看出流场的瞬时涡核结构，SST k-ω、DLES、SBES 和 DDES 在叶尖的下游提供了表面十分相似的湍流结构。但对于叶根的尾涡，DLES 提供了最强烈的旋涡结构。相比来说，DDES 观察到相对较少和简单的结构。但是 SST k-ω 在这个区域没有捕获任何涡结构。一般来说，SBES 和 DLES/DDES 相比，在一定程度上提供了螺旋桨下游三维湍流的快速发展，然而 SST k-ω 在整个域中产生了几乎为二维平面的涡核结构，看起来仅仅像几条螺旋线一样简单，如图 5-22 所示。

图 5-23 中螺旋桨的涡旋尾迹结构可以分为两个主要部分：在叶根涡旋处产生的涡核以及由叶尖前缘形成的叶尖涡旋。涡流层保持附着在压力侧，并在叶尖处分离。叶片根部也形成了涡旋层，由于从 RANS 到 LES 的过渡更为迅速，从螺旋桨逐渐发展到更加丰富的涡核结构。由于 SBES 模型能够根据在该区域中提供的网格在混合层中产生瞬态计算的结构，但是叶尖的区域充满了过粗的网格，网格限制器将不会开启，模型将停留在 RANS 模式，因此，在叶尖区域没有产生出强烈的涡旋，仅有一些由 RANS 模型模拟的涡核结构。

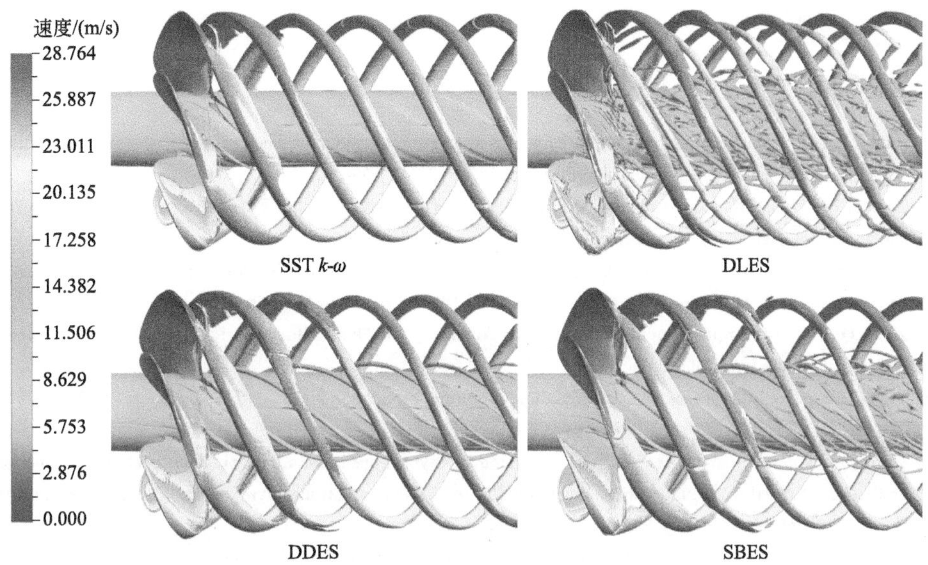

图 5-22　螺旋桨下游的涡核结构

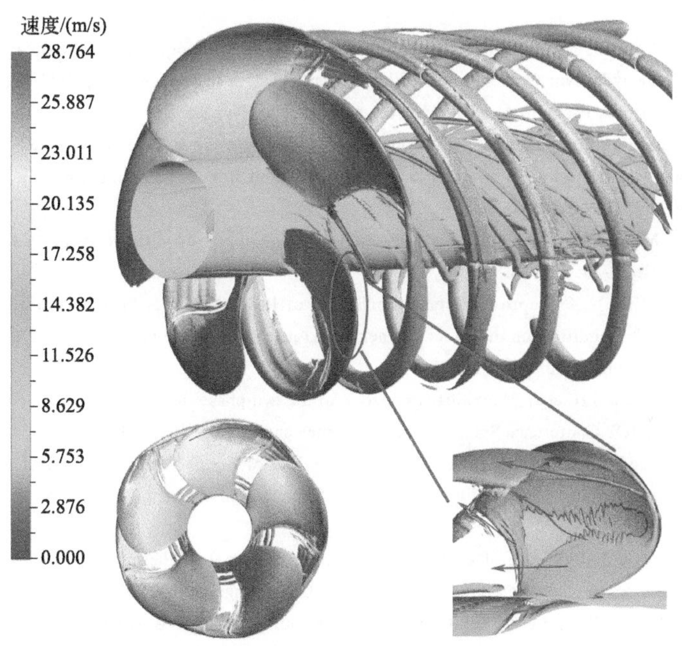

图 5-23　螺旋桨涡核结构机理分析

参考文献

[1] Huuva T, Törnros S. Computational fluid dynamics simulation of cavitating open propeller and azimuth thruster with nozzle in open water[J]. Ocean Engineering, 2016, 120(4): 160-164.

[2] Chen F, Liu L, Lan X, et al. The study on the morphing composite propeller for marine vehicle. Part I: Design and numerical analysis[J]. Composite Structures, 2017, 168: 746-757.

[3] Paterson E G, Wilson R V, Stern F. General-purpose parallel unsteady RANS ship hydrodynamics code: CFDShip-Iowa[R]. IIHR Technical Report No. 432 ,IIHR-Hydroscience & Engineering, 2003.

[4] Zhao Q. Towards Improvement of Numerical Accuracy for Unstructured Grid Flow Solver[D].Toledo: University of Toledo, 2012.

[5] Sun J. Two-phase Eulerian averaged formulation of entropy production for cavitation flow[J]. IEEE, 2014, 2014: 680-683

[6] Morgut M, Nobile E. Comparison of hexa-structured and hybrid-unstructured meshing approaches for numerical prediction of the flow around marine propellers[C] // First International Symposium on Marine Propulsors smp’09, Trondheim, Norway, 2009.

[7] Morgut M, Nobile E. Influence of grid type and turbulence model on the numerical prediction of the flow around marine propellers working in uniform inflow[J]. Ocean Engineering, 2012, 42(3):26-34.

[8] 仝博，王永生，杨琼方，等. 渡船螺旋桨水动力性能的数值预报 [J]. 中国舰船研究，2014，9（1）: 52-58.

[9] 杨琼方，王永生，张志宏. 调距桨梢涡精细流场的数值模拟 [J]. 水动力学研究与进展：A 辑，2012，27（2）: 131-140.

[10] Hampel U, Hoppe D, Diele K H, et al. Application of gamma tomography to the measurement of fluid distributions in a hydrodynamic coupling[J]. Flow Measurement & Instrumentation, 2005, 16(2): 85-90.

[11] Hampel U, Hoppe D, Bieberle A, et al. Measurement of fluid distributions in a rotating fluid coupling using high resolution gamma ray tomography[J]. Journal of Fluids Engineering, 2008, 130(9): 253-257.

[12] Bai L, Fiebig M, Mitra N K. Numerical analysis of turbulent flow in fluid couplings[J]. Journal of Fluids Engineering, 1997, 119(3): 569-576.

[13] Hur N, Kwak M, Lee W J, et al. Unsteady flow analysis of a two-phase hydraulic coupling[J]. AIP Conference Proceeding, 2016, 1738: 030034.

[14] Huitenga H, Mitra N K. Improving startup behavior of fluid couplings through modification of runner geometry: Part II—modification of runner geometry and its effects on the operation characteristics[J]. Journal of Fluids Engineering, 2000, 122(4): 689.

[15] Luo Y, Zuo Z G, Liu S H, et al. Numerical simulation of the two-phase flows in a hydraulic coupling by solving V3OF model[J]. IOP Conference Series:Materials Science and Engineering, 2013, 52(7): 668-672.

[16] Jahoda M, Moštěk M, Kukuková A, et al. CFD modelling of liquid homogenization in stirred tanks with one and two impellers using large eddy simulation[J]. Chemical Engineering Research & Design, 2007, 85(5): 616-625.

[17] Morgut M, Nobile E. Influence of grid type and turbulence model on the numerical prediction of the flow around marine propellers working in uniform inflow[J]. Ocean Engineering, 2012, 42(3): 26-34.

[18] Castro A M, Carrica P M, Stern F. Full scale self-propulsion computations using discretized propeller for the KRISO container ship KCS[J]. Computers & Fluids, 2011, 51(1): 35-47.

[19] Li Y, Paik K J, Xing T, et al. Dynamic overset CFD simulations of wind turbine aerodynamics[J]. Renewable Energy, 2014, 37(1): 285-298.

[20] Gandhi N, Mishra V P. Reliability Improvement in FCC Hot Gas Expander using CFD Modeling[C]//

Proceedings of International Symposium on Transport Phenomena and Dynamics of Rotating Machinery (ISROMAC 2016), 2016: 10-15.

[21] Bazilevs Y, Hsu M C, Kiendl J, et al. 3D simulation of wind turbine rotors at full scale. Part II: Fluid–structure interaction modeling with composite blades[J]. International Journal for Numerical Methods in Fluids, 2011, 65(1-3): 207-235.

[22] Liu C, Xu D, Ma W, et al. Analysis of unsteady rotor-stator flow with variable viscosity based on experiments and CFD simulations[J]. Numerical Heat Transfer, 2015, 68(12): 1351-1368.

[23] Chen S, Fan Y, Yan Z, et al. CFD simulation of gas–solid two-phase flow and mixing in a FCC riser with feedstock injection[J]. Powder Technology, 2016, 287: 29-42.

[24] Bazilevs Y, Takizawa K, Tezduyar T E, et al. Aerodynamic and FSI analysis of wind turbines with the ALE-VMS and ST-VMS methods[J]. Archives of Computational Methods in Engineering, 2014, 21(4): 359-398.

[25] Mc Kinnon C N, Brennen D, Brennen C E. Hydraulic analysis of a reversible fluid coupling[J]. Bjog An International Journal of Obstetrics & Gynaecology, 2001, 123(2): 646-650.

[26] 杨琼方，王永生，张志宏 . 非均匀进流对螺旋桨空化水动力性能的影响 [J]. 水动力学研究与进展，2011，26（5）: 538-550.

[27] 杨琼方 , 王永生 , 张志宏 . 调距桨梢涡精细流场的数值模拟 [J]. 水动力学研究与进展，2012，27（2）: 131-140.

[28] 史宝雍 , 叶金铭 , 原田宁 . 螺旋桨受损变形对激振力影响的数值计算分析 [J]. 舰船科学技术，2021，43（17）: 48-53.

[29] 张梦 , 朱汉华 , 李昭辉 , 等 . 可调螺距螺旋桨螺距变化对轴系振动的影响 [J]. 舰船科学技术，2021，43(17): 54-59.

[30] 王恋舟 , 吴铁成 , 郭春雨 . 螺旋桨梢涡不稳定性机理与演化模型研究 [J]. 力学学报，2021，53（08）: 2267-2278.

Chapter 6

第6章

空气介质下典型流动数值模拟与流场分析

空气动力学是流体力学的一个分支，研究飞行器或其他物体在同空气或其他气体做相对运动情况下的受力特性、气体的流动规律和伴随发生的物理化学变化。它是在流体力学的基础上，随着航空工业和喷气推进技术的发展而成长起来的一个学科。以空气为介质的流体力学典型算例有很多，如在航空航天领域，研究导弹等飞行器在飞行条件下流场的各参数变化，以及对飞机飞行过程中机翼的升阻力系数进行研究。在日常生活中，空气与人类同在，与结构物同在，同时存在相互作用。因此，研究空气介质下的流体力学算例计算方法有重大意义。本章针对流体介质为空气的圆柱绕流及抛丝机瞬态流动数值模拟两个算例展开研究，从经典案例和典型应用两个方向深入探讨空气介质下的流动数值模拟与流场分析。

6.1 经典圆柱绕流的数值模拟

圆柱绕流作为经典算例，凭借其结构简单及试验方便等特点，已被许多研究人员分别应用雷诺时均法（Reynolds Averaged Navier-Stokes，RANS）、大涡模拟（Large Eddy Simulation，LES）及混合 RANS/LES（HRL）模型并结合相应试验对其展开了深入的研究[1-11]。故此，本节基于经典圆柱绕流算例，甄选动态大涡模拟（Dynamic Smagorinsky-Lilly LES，DLES）与延迟分离涡模拟（Delayed Detached Eddy Simulation，DDES）分别作为大涡模拟与传统混合模拟的代表，对应力混合涡模拟（Stress-Blended Eddy Simulation，SBES）的计算及流场结构捕捉能力进行了验证，可为复杂多流域耦合的涡轮机械内部热流场分析提供可靠依据。

6.1.1 经典圆柱绕流计算域参数设定

经典圆柱绕流计算中，利用文献 [12] 的试验结果对各种湍流模型的表现进行评价。试验过程中，在风洞中布置的三维圆柱结构参数如图 6-1（a）所示，图中圆柱直径 $D = 7.2$mm，坐标系原点定义在圆柱底部圆心处。进口流速采用平均速度 v_∞复合正弦变化的脉动速度来模拟湍流运动，如图 6-2 所示，其中 $v_\infty = 0.36$m/s，$\Delta v = 0.1v_\infty$，f_e 为涡旋自然脱落频率，其值为 21.6。计算域采用六面体结构化网格，在圆柱的附面层区域进行网格加密，如图 6-1（b）及图 6-1（c）所示，最小网格大小为 0.75mm，整体网格单元数为 550336。

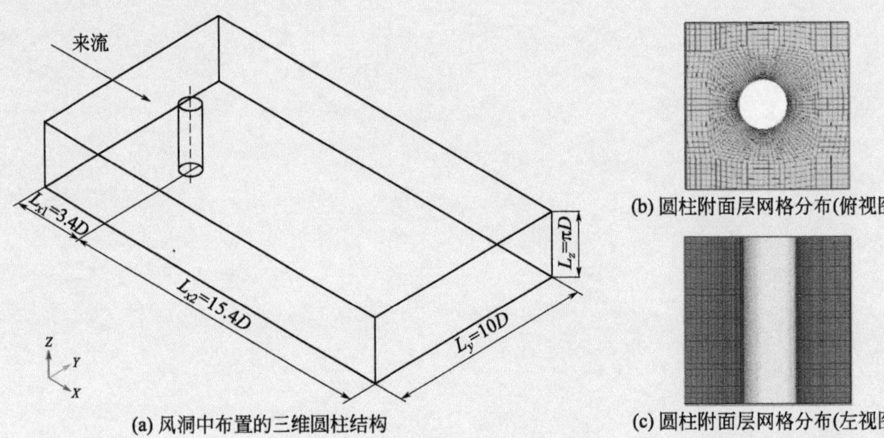

图 6-1　圆柱绕流计算域示意图

计算域进口速度依据图 6-2 中 $v(t)$ 采用 UDF 方法定义，出口为自由流出，采用 PISO 算法 [13-16] 求解，最小二乘梯度离散格式，其余为 2 阶迎风格式。迭代计算步长为 0.00016s。

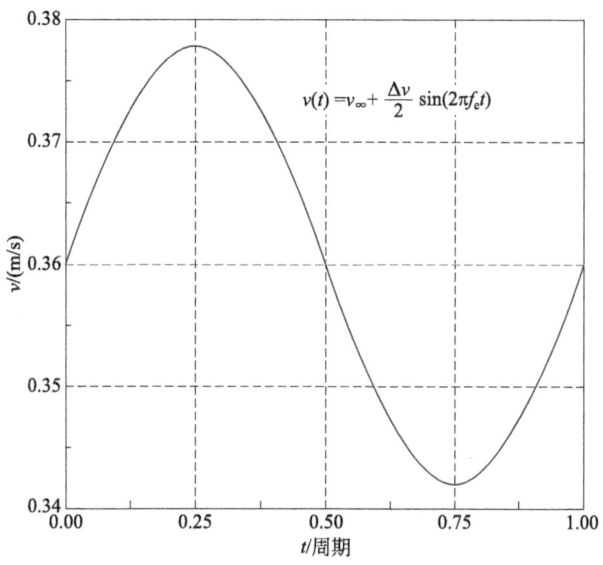

图 6-2　周期内进口流速脉动变化

6.1.2　典型圆柱绕流数值结果对比

（1）计算能力对比

3 种湍流模型经过一定的时间步迭代计算所需时间如图 6-3 所示。从图中可以看出，大涡模拟计算所耗费时间约为其他两种混合类模型的 1.4 倍，这表明混合 RANS/LES 策略的可行性，可明显缩短 CFD 计算耗费时间，提高工作效率。

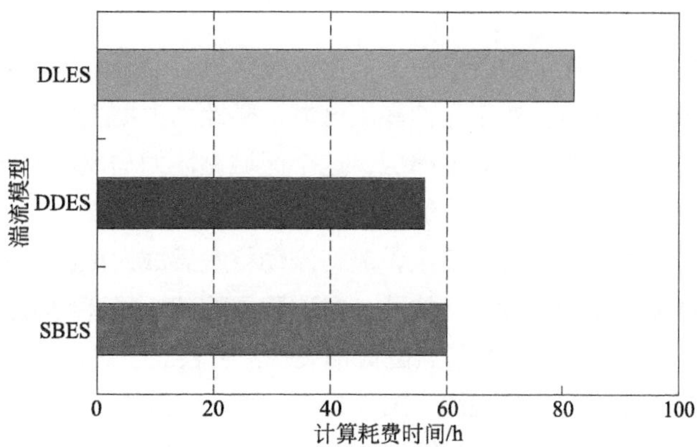

图 6-3　不同湍流模型计算耗费时间对比

图 6-4 为计算迭代过程中圆柱面上升力系数随时间变化的情况，它表征了圆柱上涡脱落的情况。从图中可以看出，在 3 种湍流模型下的升力变化可大致分为 3 种状态，分别为：稳定不变、逐渐加大脉动、恒定脉动，这形象地反映了在圆柱表面涡旋演化脱落的过程。此外，DDES 圆柱面上升力系数出现明显脉动变化的时间约为 0.5s，而 DLES 与 SBES 则均为 0.3s。这表明，DLES 与 SBES 对流场内的信息捕捉更为敏感，但联系图 6-3 可知，SBES 能够在更短的计算时间内捕捉流动信息变化，从而可以看出 SBES 汲取了 DLES 灵敏的捕捉能力，并有效地缩减了 DLES 的计算耗费，这对数值计算是非常有意义的。

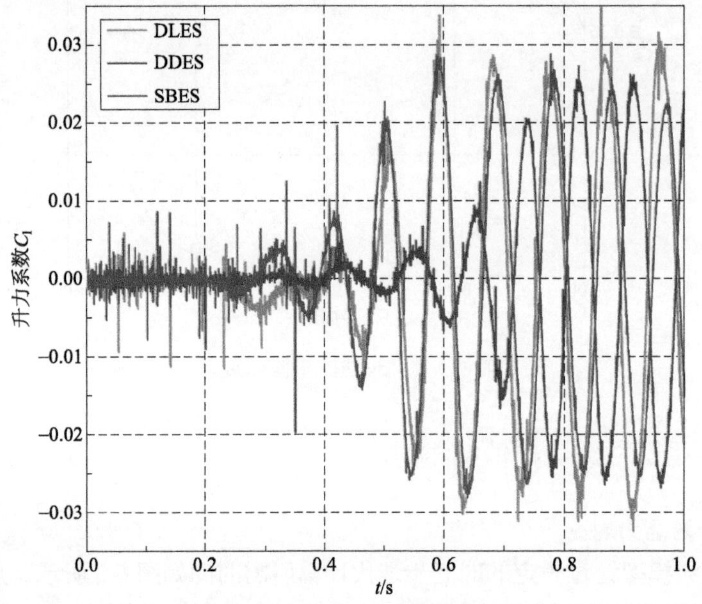

图 6-4　圆柱面上升力系数随时间的变化

（2）边界层求解

边界层（也叫附面层）由近壁面到自由远场区域可以分为内层和外层，内层又分为黏性底层和对数律层。对于黏性底层区域，黏性力占据主导作用，随着近壁面高度的增加，将进入过渡层和对数律层，这个区域黏性力与惯性力作用相当，这个区域的速度梯度增长最快。接着，缓慢进入边界层的外层区域，这个区域惯性力占主导作用，这个位置的流动最为复杂，最终流动将发展成为湍流。由此看来，边界层内流动影响着整体流动的发展，故此，对边界层的解析是评判湍流模型的重要标准。无量纲距离y^+与第一层网格节点位置相关联，它表征了对黏性底层的求解能力，图 6-5 展示了圆柱面 y^+ 的分布规律。图 6-5（b）揭示了圆柱面整体 y^+ 小于 1 的面积统计量，可以看出，SBES 可以求解到圆柱面 y^+ 小于 1 的面积最高，为 34%，DLES

最少，为 22%。图 6-5（c）表述了圆柱 z=0 处 y^+ 的分布规律，可以看出，在求解圆柱前半部分 y^+ 值时，3 种模型表现相一致，而后半部表现则比较散乱，综合从整体上观察，可以发现 DLES 求解值偏大。故此，可以得出结论，3 种模型中，DLES 在求解 y^+ 值上表现相对较弱，而其余两者求解能力大致相似。

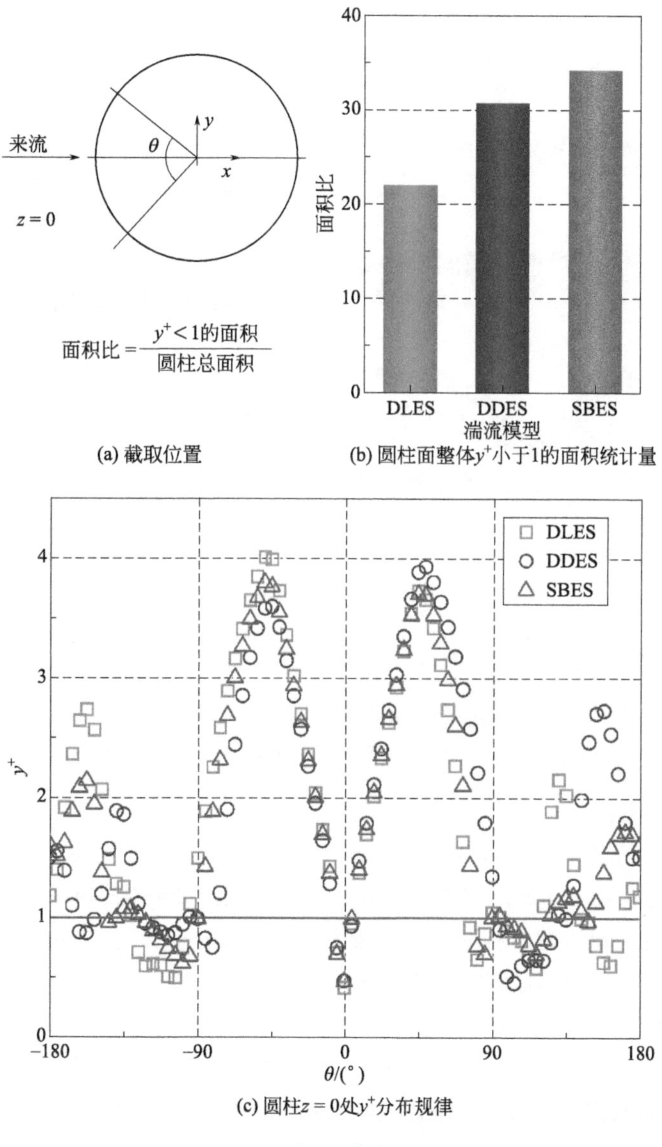

图 6-5　圆柱面 y^+ 分布规律

（3）速度分布

图 6-6 对比了 3 种湍流模型在流道 z=0 处流线方向上不同位置的标准化流速分布。

从图中可以看到，圆柱后同一 x 位置的速度差异沿着流动方向逐渐减小，而 y 方向的速度大小则表现比较相近；此外，越接近圆柱，流动速度就越相似，并且沿着流动方向，3 种湍流模型的差异性越来越明显，进而也可以看到 SBES 与试验值更加吻合。

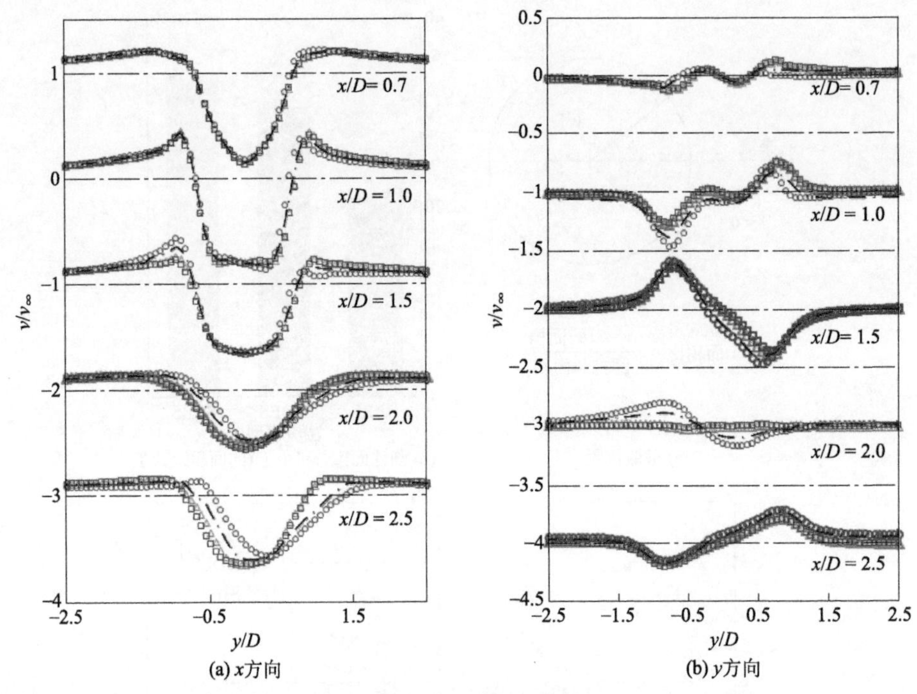

图 6-6　流道 z =0 处标准化流速分布

○表示SBES，△表示DDES，□表示DLES，—·— 表示实验值

（4）湍流动能演化

湍流动能随时间的演化表征了湍流动能的净收支能力，也是评判湍流发展或衰退的重要标准。图 6-7 展示了流道 z=0 处湍动能随时间演化的情况，图中流线揭示了同一时刻的流向状态。从图中可以看出，圆柱后的小涡旋结构的产生是由于下游靠近壁面的流体在逆向压强梯度作用下出现回流所造成，而距离壁面稍远的流体因摩擦阻力较小，可以继续推动流动，且会在某一点形成速度为零的间断面。它两侧流速方向相反，随着流动继续，不断发展成为大涡旋结构。此外，从图中还可以看到，湍动能随着流体流动由圆柱壁面诱导而产生，且会随着流动推进而消散在流动过程中。图中 3 种模型对湍流动能的表述在 0.1s 较相近，之后的相同时刻中，DDES 较其他模型有较大差异，而 DLES 与 SBES 整体流动趋势则表现相一致，但湍流动能值相对偏小。

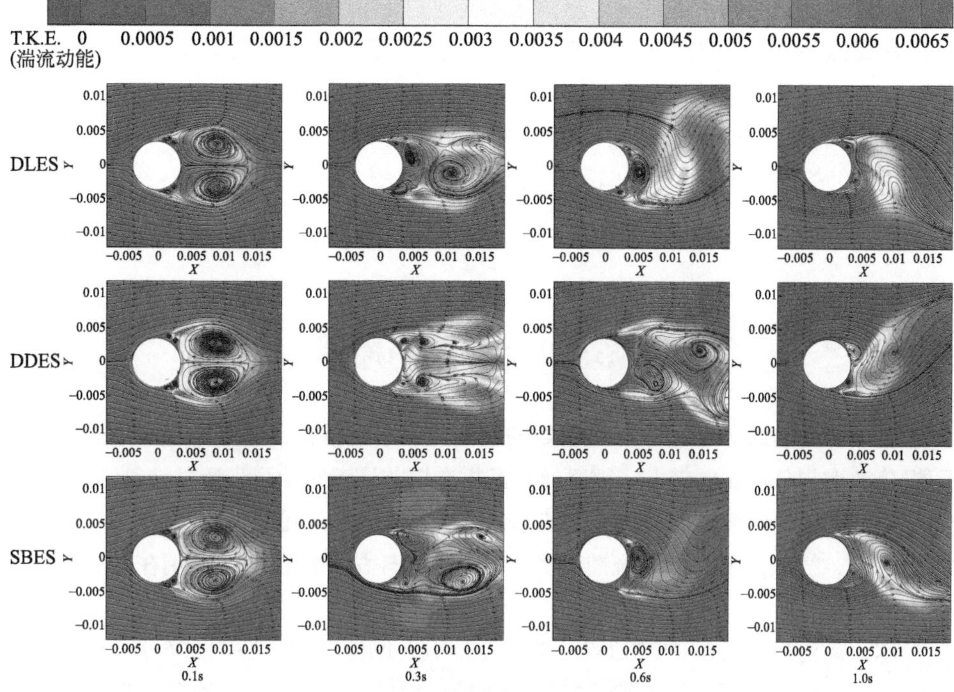

图 6-7　流道 $z=0$ 处湍动能随时间演化

（5）涡结构演化

为了捕捉圆柱周围的流动分离现象，本书采用 Q 判据对圆柱周围的涡结构进行表征 [17-24]。

图 6-8 中展示了 Q=1000 1/s^2 时，圆柱周围涡结构随时间演化的过程。从图中可以

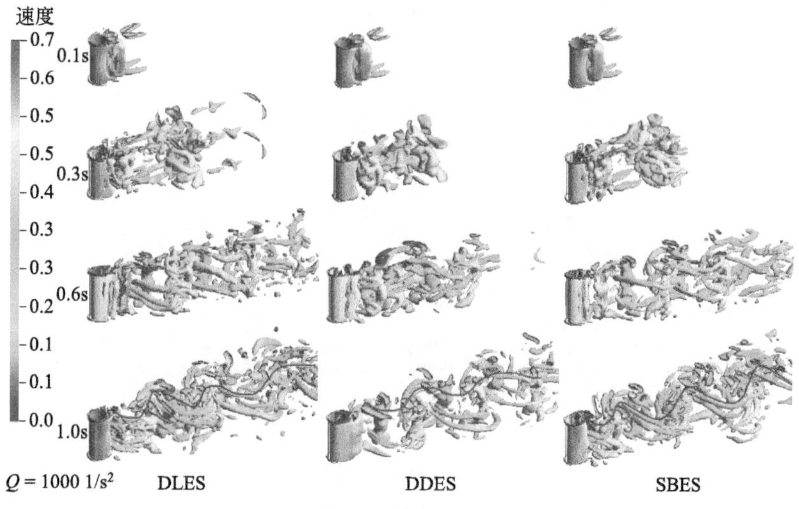

图 6-8　圆柱周围涡结构随时间演化过程

看到，随着计算时间步的推进，流体不断与圆柱面相互作用，在圆柱后诱发出了三维的涡街拟序结构。整体上，DLES与SBES对涡结构的捕捉能力明显优于DDES，涡结构较为丰富，且涡结构形态能够很好地反映流道内流体的大的湍流团；局部上，SBES表现更为细腻，而DLES则较为散乱，涡街形态失真。故此，可以认定，在对流场内涡结构的捕捉上，SBES表现最佳。

6.2 抛丝机瞬态流动模拟

玻璃纤维连续原丝毡是一种重要的玻璃无纺增强基材，它是一定数量玻纤原丝随机分散均匀分布在网带上，靠原丝间互相交搭的连锁作用及少量黏结剂结合成毡。抛丝铺毡工艺是连续毡生成的关键技术，一般可分为抛丝轮法、冲击板法、对轮法、移动炉法、气流铺毡法和液流铺毡法，其中抛丝轮法和冲击板法常用在实际生产过程中[25-29]。

本节针对抛丝轮法中的抛丝设备进行分析，抛丝轮法原理如图 6-9 所示。抛丝轮法的抛丝设备主要由抛丝轮（指轮）和拉轮组成，工作介质为空气。指轮圆周上均布用于顶出玻璃纤维的指片。指轮工作过程包括两个运动：一个是以指轮轴线为中心的自转运动，另一个是在以拉轮中心为圆心、以拉轮中心和指轮中心距离为半径的圆周上一定角度范围内的公转运动。指片在公转角度的两个极限位置将原丝沿拉轮切线方向顶出后，原丝落在匀速前进的输送带上，形成原丝毡。

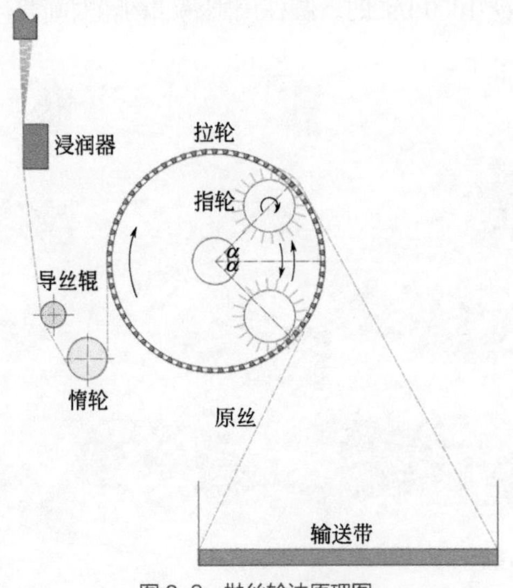

图 6-9 抛丝轮法原理图

6.2.1　数值模拟计算方法及计算域模型

（1）指轮和拉轮的数值模拟

利用动网格技术，通过 UDF 编写指轮或者拉轮边界的运动函数，导入软件中控制指轮和拉轮的边界运动，UDF 函数如下：

```
#include"udf.h"
DEFINE_CG_MOTION(x,dt,vel,omega,time,dtime)
{
   omega[2]=a;
}
```

其中，omega[2] 代表 z 轴转速。控制边界时将指轮和拉轮的转速替换即可。

图 6-10 为指轮旋转和拉轮旋转流体域模型。指轮旋转将流体域分为两部分，分别为指轮区域和周围区域；拉轮旋转将流体域分为三部分，分别为静止区域、拉轮动网格区域和周围区域。无论是指轮旋转还是拉轮旋转，每个流体域之间采用交界面连接。UDF 文件控制指轮区域的指轮边界和拉轮动网格区域中的拉轮边界。

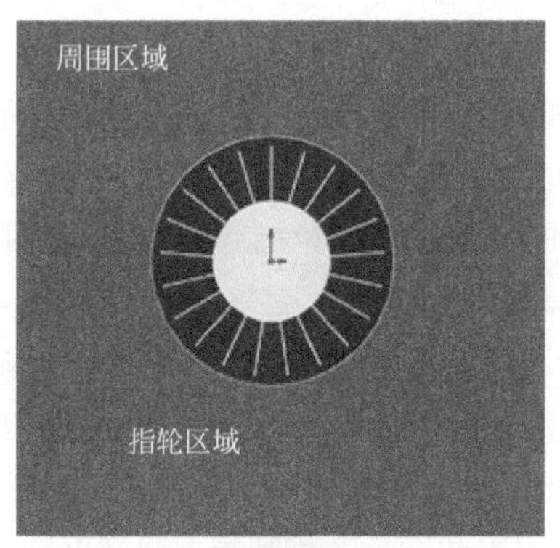

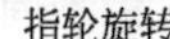
指轮旋转

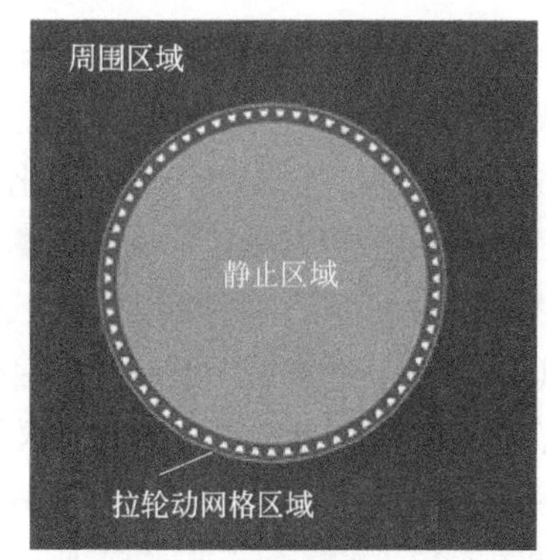

拉轮旋转

图 6-10　指轮旋转和拉轮旋转流体域模型

（2）抛丝机的三维瞬态模拟

对指轮旋转和拉轮旋转的工况进行模拟后，对抛丝机整体简化二者啮合的关系，将流体域分为四部分：指轮区域、振荡区域、拉轮区域和周围区域，模型如图 6-11 所示。采用滑移网格的技术，给定振荡区域、指轮区域和拉轮区域转速使各流体域运动。各区域之间设置交界面进行连接。

湍流模型选取最简单的 Standard k-ε 模型 [30]，压力 - 速度耦合方式选取 SIMPLE，

采用二阶迎风离散格式。计算过程中，流体类型选取为空气，密度和黏度分别为1.225 kg/m^{3}和0.000017894Pa·s。周围区域选取压力入口或压力出口，气压选取标准大气压。

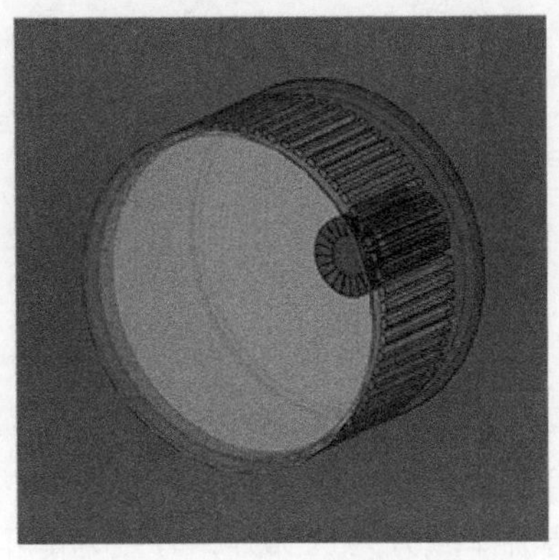

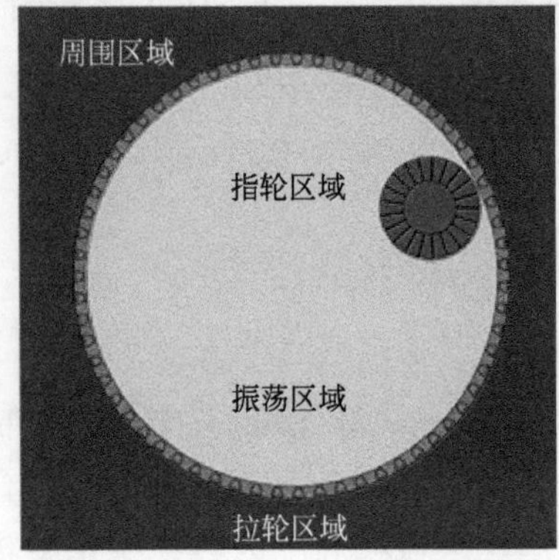

图 6-11　抛丝机流体域模型

6.2.2　典型数值模拟结果

（1）指片个数和指轮转速对速度场的影响分析

首先对指轮旋转进行数值模拟，探究指轮直径和指轮指片个数对速度场的影响。根据图 6-12 所示的速度云图和速度变化曲线可以看出，圆周上速度平均值在指轮径向上，随半径的增加呈现出先增加后减小的趋势，在指轮指片径向末端处取得最大值。虽然圆周均布的指片个数不同，但速度变化趋势基本没有改变。如图 6-12（a）、（b）和（c）所示，设置指片为 7、14 和 21 个，随着指片个数的增加，指轮末端最大速度平均值基本没有改变。指片个数与指轮自转的外围流场基本没有影响。当指片个数为 21 个时，设置指轮转速分别为 353r/min、706 r/min 和 1059 r/min，数值模拟结果如图 6-12（d）、（e）和（f）所示，得出速度云图和圆周上速度平均值变化曲线。圆周上速度平均值仍在指轮径向末端处取得最大值，但随着指轮自转转速的增加，最大值取值增加，并且取值和转速成正比。

（2）拉轮自转的速度场分析

拉轮旋转过程中不同时刻的速度云图如图 6-13 所示。启动时刻，所有高风速区域均在拉轮附近，随着时间的增加，受拉轮壳体梯形截面的侧边影响，高速气流向周围不同方向扩散，拉轮径向方向上内外两侧速度逐渐升高，拉轮内外两侧圆周上出现了不同区域的高风速区域。两个梯形截面之间的高速气流分为三个部分：一部分继续沿壳体旋转方向，一部分向壳体外部扩散，一部分向壳体内部扩散。由于高速和低速区域的碰撞，在拉轮内部和外部分别形成了涡旋。多个旋转过程中，拉轮外部形成的高速气流在沿拉轮周围旋转方向持续累积，一部分在最终位置进入拉轮内部，形成了高速气流的圆环。

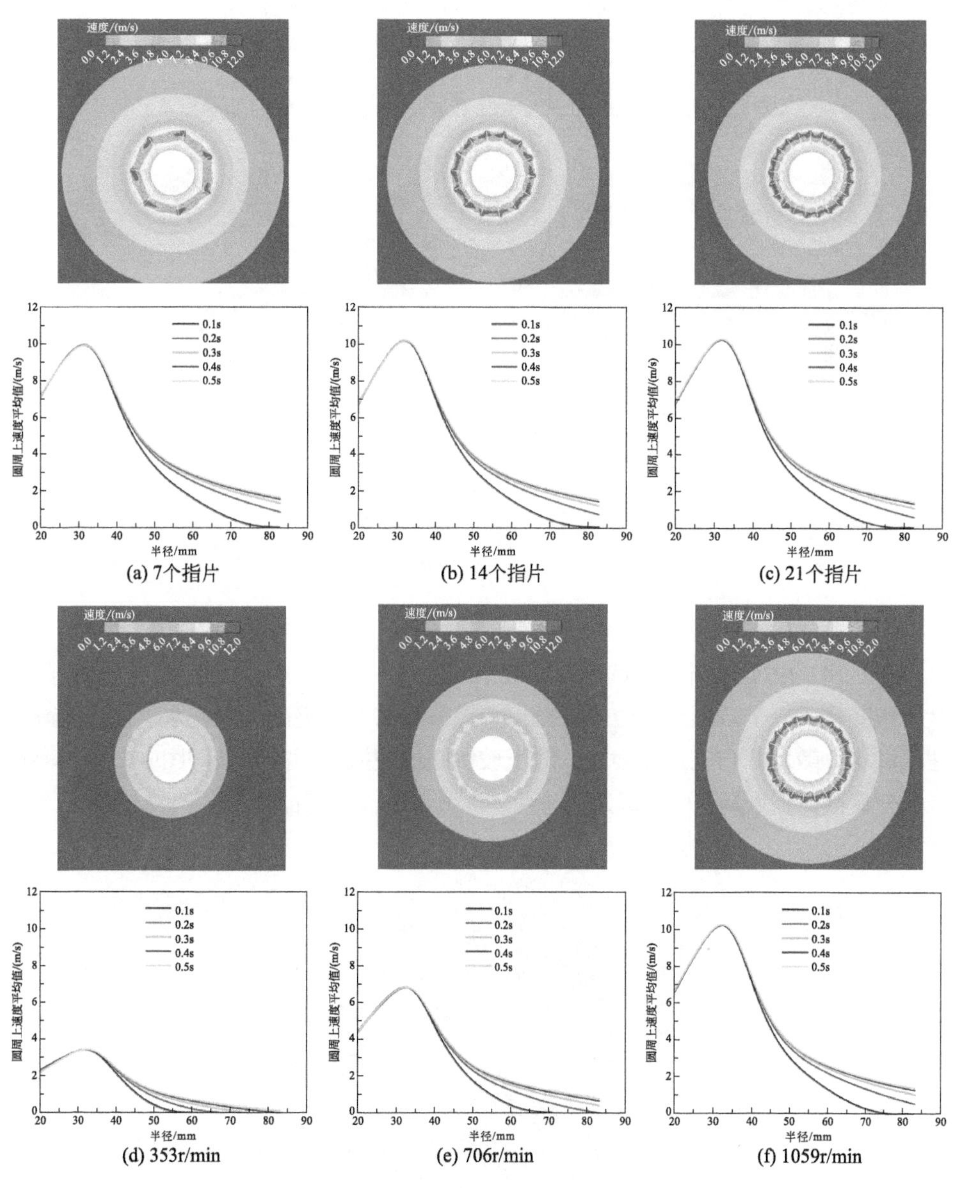

(a) 7个指片　(b) 14个指片　(c) 21个指片

(d) 353r/min　(e) 706r/min　(f) 1059r/min

图 6-12　指轮旋转数值模拟结果

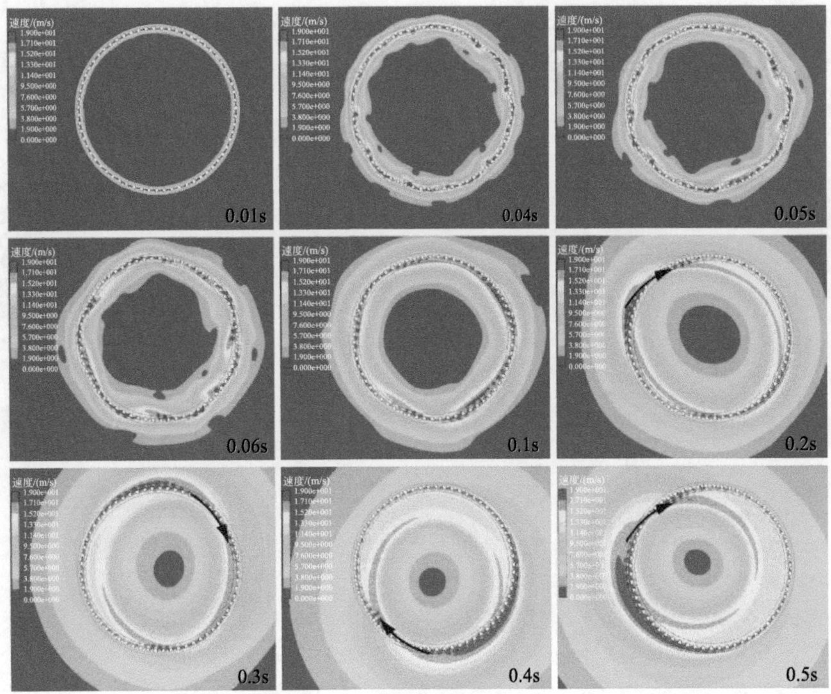

图 6-13　拉轮旋转数值模拟结果

（3）抛丝机三维速度场分析

图 6-14 为抛丝机外围流线图，速度范围为 0 ～ 10m/s 时，经轴线三个截面的速度流线变化，三个截面分别位于抛丝机指轮公转的两个极限位置和水平位置。高风速区域均分散地分布在拉轮附近，对于玻璃纤维被抛出后的区域即图中右侧，高速区域一直存在，且具有中间风速高、两侧风速低的流动特征。

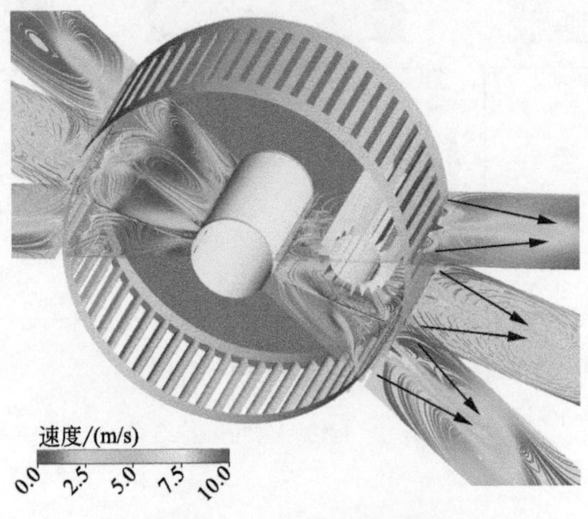

图 6-14　抛丝机外围流线图

参考文献

[1] Ai Y, Feng D, Ye H, et al. Unsteady numerical simulation of flow around 2-D circular cylinder for high Reynolds numbers[J]. Journal of Marine ence and Application, 2013, 12(2): 180-184.

[2] Ong M C, Utnes T, Holmedal L E , et al. Numerical simulation of flow around a circular cylinder close to a flat seabed at high Reynolds numbers using a k- ε model[J]. Coastal Engineering, 2010, 57(10): 931-947.

[3] Squires K D, Krishnan V, Forsythe J R. Prediction of the flow over a circular cylinder at high Reynolds number using detached-eddy simulation[J]. Journal of Wind Engineering & Industrial Aerodynamics, 2008, 96(10-11): 1528-1536.

[4] Breuer M. A challenging test case for large eddy simulation: High Reynolds number circular cylinder flow[J]. International Journal of Heat and Fluid Flow, 2000, 21(5): 648-654.

[5] Catalano P, Wang M, Iaccarino G, et al. Numerical simulation of the flow around a circular cylinder at high Reynolds numbers[J]. International Journal of Heat and Fluid Flow, 2003, 24(4): 463-469.

[6] Lakshmipathy S, Togiti V. Assessment of alternative formulations for the specific-dissipation rate in RANS and variable-resolution turbulence models[C]//20th AIAA Computational Fluid Dynamics Conference, Honolulu, Hawaii, 2011.

[7] Cao S, Ozono S, Tamura Y, et al. Numerical simulation of Reynolds number effects on velocity shear flow around a circular cylinder[J]. Journal of Fluids and structures, 2010, 26(5): 685-702.

[8] Luo D, Yan C, Liu H, et al. Comparative assessment of PANS and DES for simulation of flow past a circular cylinder[J]. Journal of Wind Engineering and Industrial Aerodynamics, 2014, 134(1): 65-77.

[9] Pereira F S, Vaz G, Eça L. An assessment of Scale-Resolving Simulation models for the flow around a circular cylinder[C]//Turbulence, Heat and Mass Transfer 8, Sarajevo, Bosnia, 2015.

[10] Lakshmipathy S, Reyes D A, Girimaji S S. Partially averaged Navier-Stokes method: Modeling and simulation of low Reynolds number effects in flow past a circular cylinder[C]//6th AIAA Theoretical Fluid Mechanics Conference, Honolulu, Hawaii, 2011.

[11] Liang C, Papadakis G. Large eddy simulation of pulsating flow over a circular cylinder at subcritical Reynolds number[J]. Computers & fluids, 2007, 36(2): 299-312.

[12] 徐东 . 液力缓速器热流场 SBES 模拟与其板翅换热器多目标优化研究 [D]. 长春：吉林大学，2016.

[13] Issa R I. Solution of the implicitly discretised fluid flow equations by operator-splitting[J]. Journal of Computational Physics, 1991, 62(1): 40-65.

[14] Issa R I, Gosman A D, Watkins A P. The computation of compressible and incompressible recirculating flows by a non-iterative implicit scheme[J]. Journal of Computational Physics, 1986, 62(1): 66-82.

[15] Wanik A, Schnell U. Some remarks on the PISO and SIMPLE algorithms for steady turbulent flow problems[J]. Computers & Fluids, 1989, 17(4): 555-570.

[16] 王彤，谷传纲，杨波，等 . 非定常流动计算的 PISO 算法 [J]. 水动力学研究与进展：A 辑，2003，18(2): 7.

[17] Hunt J C R, Wary A, Moin P. Eddies, streams, and convergence zones in turbulent flows[J]. Center for Turbulence Research, 1988, 124(5): 193-208.

[18] Yves D, Franck D. On coherent-vortex identification in turbulence[J]. Journal of Turbulence, 2000, 11(1): 1-22.

[19] Klettner C A, Eames I, Hunt J. The effect of an unsteady flow incident on an array of circular cylinders[J]. Journal of Fluid Mechanics, 2019, 872: 560-593.

[20] Sajjadi S G, Drullion F, Hunt J. Computational turbulent shear flows over growing and non-growing wave groups[J]. Procedia IUTAM, 2018, 26: 145-152.

[21] Grimshaw R, Hunt J, Chow K W. Changing forms and sudden smooth transitions of tsunami waves[J]. Journal of Ocean Engineering and Marine Energy, 2015, 1(2): 145-156.

[22] Sajjadi S G, Hunt J, Drullion F. Asymptotic multi-layer analysis of wind over unsteady monochromatic surface waves[J]. Journal of Engineering Mathematics, 2014, 84(1): 73-85.

[23] Hunt J, Stretch D D, Belcher S E. Viscous coupling of shear-free turbulence across nearly flat fluid interfaces[J]. Journal of Fluid Mechanics, 2011, 671(3): 96-120.

[24] Westerweel J, Fukushima C, Pedersen J M, et al. Momentum and scalar transport at the turbulent/non-turbulent interface of a jet[J]. Journal of Fluid Mechanics, 2009, 631: 199-230.

[25] 杨光 . 连续毡多台抛丝机变频调速的控制方法 [J]. 玻璃纤维，2001（01）: 11-14.

[26] 董兆盛 . 连续玻璃纤维原丝毡抛丝设备研究与设计 [D]. 石家庄：河北科技大学，2018.

[27] 张志法，刘颖，王海龙，等 . 一种玻璃纤维连续抛丝机 . CN 2467514Y[P]. 2001-12-26.

[28] 顾清波，姜鹄，胡林，等 . 一步法成型玻璃纤维连续原丝毡生产工艺 . CN 102926133A[P]. 2016-04-13.

[29] 叶鼎铨 . 玻璃纤维与复合材料术语解释（二）[J]. 玻璃纤维，2011，3（02）: 39-43.

[30] Rusdin A. Computation of turbulent flow around a square block with standard and modified k - ε turbulence models[J]. International Journal of Automotive and Mechanical Engineering, 2017, 14(1): 3938-3953.

Chapter 7

第7章

界面多相流流动行为与工程应用

界面多相流问题广泛存在于自然界和工业界，界面超疏水问题的研究对工业生产具有重大意义。如图 7-1 所示，自然界中荷叶表面的超疏水结构具有自清洁的作用，狗尾草表面各向异性微结构可以使得水滴沿固定方向滴落。工业应用中采用合适的超疏水微结构纹理表面可以有效防止冷库蒸发器表面的结霜现象；在喷雾冷却系统中，采用合适的超疏水微结构可以大幅提高换热效率；水下作业机械表面运用超疏水微结构可以减小作业机械在水中遇到的阻力；机翼表面运用超疏水微结构可以有效抑制机翼结冰，提高航行安全性。本章主要对超疏水界面减阻、液滴撞击低温表面的相变问题进行阐述。

(a) 美人蕉　(b) 狗尾草　(c) 荷叶　(d) 三叶草

图 7-1　自然界中的超疏水现象

7.1 超疏水表面制备及润湿性理论

7.1.1 仿生超疏水表面的制备

数亿年的动植物进化进程中，优胜劣汰，适者生存，动植物表面形成了多种多样的超疏水性微观结构。20 世纪 90 年代，德国科学家 W. Barthlott 和 C. Neinhuis 对数百种植物叶片进行了研究，提出“荷叶效应”，由此拉开了超疏水领域研究的序幕，并将表面接触角高于 150° 、滚动角小于 10° 的表面定义为超疏水表面。图 7-2 罗列了多种具有超疏水性的动植物表面及其微观结构 [1-3]。

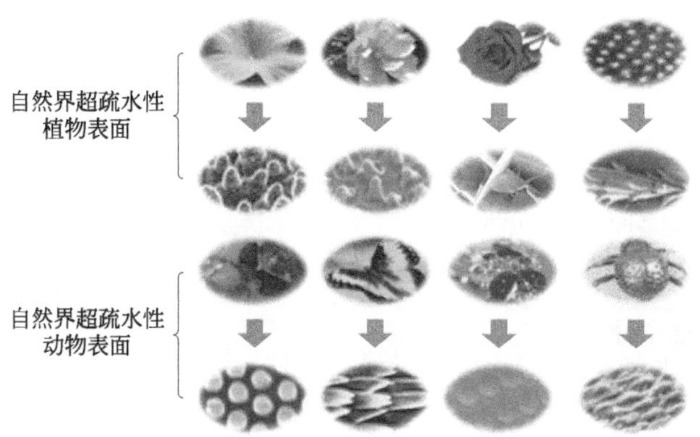

图 7-2　自然界中多种超疏水表面及其微观结构

随着超疏水表面研究技术的日趋成熟，研究人员在多种动植物叶片表面发现超疏水性能，并证实超疏水性能取决于表面的化学组成和微观结构。研究还发现不同的超疏水表面微观结构的形态、尺寸、排布模式等各不相同，但其往往都是由微米级、亚微米级、纳米级结构组成的微纳复合结构。荷叶作为最典型的超疏水表面，其表面的微观结构就是由微米级的乳突结构和纳米级蜡质颗粒组成。具有超疏水性的动物表面，如蝴蝶叶片也是由微米级鳞片结构和纳米级微粒构成。除此之外，蜻蜓眼部、壁虎的角、狗尾草、美人蕉和玫瑰等多种微纳复合结构构成的动植物表面也是自然界中优良的超疏水表面。以上多种自然界的超疏水性表面，为后续超疏水表面的制备以及推广应用提供参考价值 [4,5]。

随着对自然界多种超浸润性表面的微观结构和化学物质组成的深入研究，研究人员旨在基于仿生学思想制备具有多种优良性能的超疏水表面。目前，制备超疏水表面的两种常用方法为：修改表面化学组成或者构建粗糙结构。基于化学性质的制备方法有溶胶 - 凝胶法、化学蚀刻法、浸涂法和化学沉积法，而通过提高表面粗糙度的制备方法包括物理腐蚀法和电沉积法。

溶胶 - 凝胶法通过水解、缩合、聚合等操作便可利用高化学活性组分制备出分子乃至纳米亚结构的材料，加工制备过程如图 7-3 所示。化学蚀刻法主要是受到荷叶表面不规则微观结构分布的启发，通过腐蚀的方法在样件表面上制备出微纳复合结构 [6]。物理腐蚀法常常是通过线切割和激光烧蚀等技术在金属表面构建微纳复合结构，以提高表面粗糙度，进而制备超疏水表面。而电沉积法主要利用电场作用，在电极表面获取电解质溶液析出物，进而提升电极表面粗糙度。加工制备过程如图 7-4 所示。

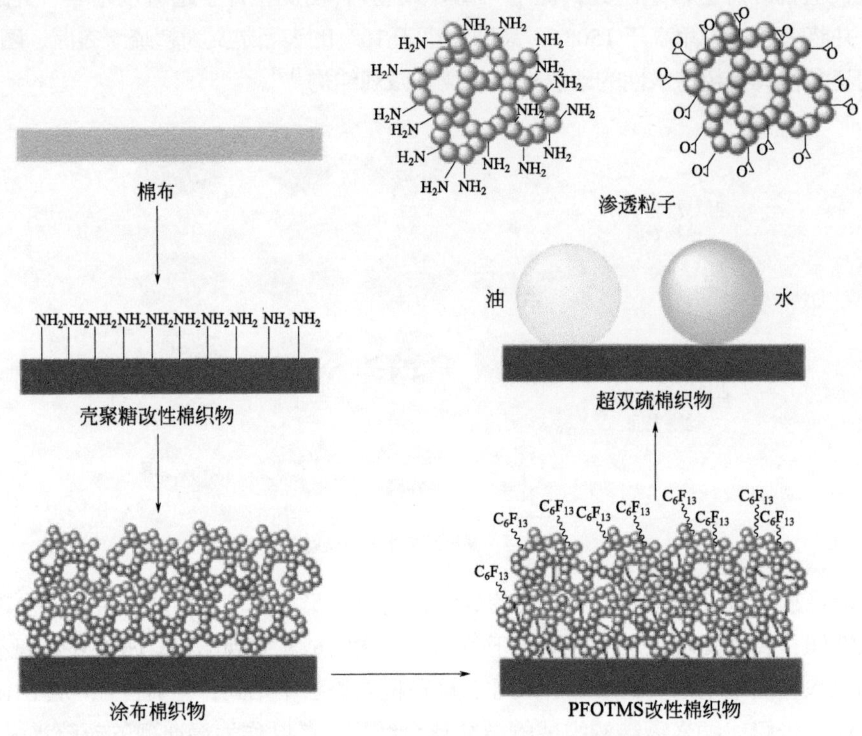

图 7-3　溶胶 - 凝胶法超疏水表面制备工艺过程 [7]

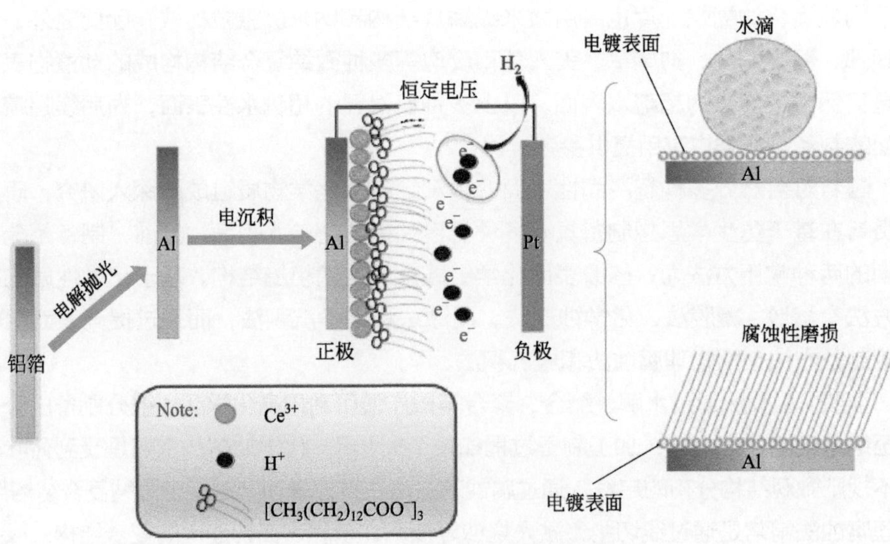

图 7-4　电沉积法超疏水表面制备工艺过程 [8]

7.1.2　润湿性理论

表面润湿性是指液体在固体表面铺展的能力和倾向性，主要由表面的微观几何结构和表面自由能共同影响。1805 年，Thomas Young 首次针对理想的光滑表面，提出表征液滴达到平衡时三相界面处表面张力与接触角关系的 Young 氏方程 [9]，即

$$\cos\theta = \frac{\gamma_{sv} - \gamma_{sl}}{\gamma_{lv}} \tag{7.1}$$

式中　γ_{sv}、γ_{sl}、γ_{lv}—— 固气、固-液和气-液的表面张力；

θ —— 气 - 液固三相平衡时的接触角，也称为本征接触角，是衡量表面润湿性最常规的标准。

当 $\theta < 90°$ 时，表面被称为亲水表面；当 $\theta > 90°$ 时，表面被称为疏水表面。而对于极端的润湿情况，当 $\theta < 15°$ 时，表面呈超亲水性；当 $\theta > 150°$ 时，表面呈超疏水性。

对于实际的固体表面来说，接触角大小受到表面粗糙度的影响，液体润湿表面又可分两种经典模式：

① Wenzel 模式　液滴完全润湿粗糙表面的凹陷，如图 7-5（a）所示。引入无量纲表面粗糙因子 r，可将 Young 氏方程修正为

$$\cos\theta_w = r\cos\theta \tag{7.2}$$

式中　θ_w—— 固体表面的表观接触角；

r—— 粗糙表面与其投影面积的比值。

由于粗糙因子 r 通常是大于 1 的，因此表面粗糙度的增加会使得亲水表面更亲水，疏水表面更疏水。

② Cassie 模式　液体无法填满粗糙表面的凹陷，凹陷内存有截流的空气，如图 7-5（b）所示。该模型指出液体与基体的接触面可视为空气和固体两相构成的非均相表面。假设液体与空气的接触角为 180° ，则接触角方程可修正为

$$\cos\theta_{CB} = f_1\cos\theta + f_1^{-1} \tag{7.3}$$

式中　θ_{CB} —— 粗糙表面的表观接触角；

f_1——固-液接触面积占总接触面积的比例。

对于给定的材料，表面结构特征的几何参数是决定这两种润湿模式转变的主要因素 [10]。

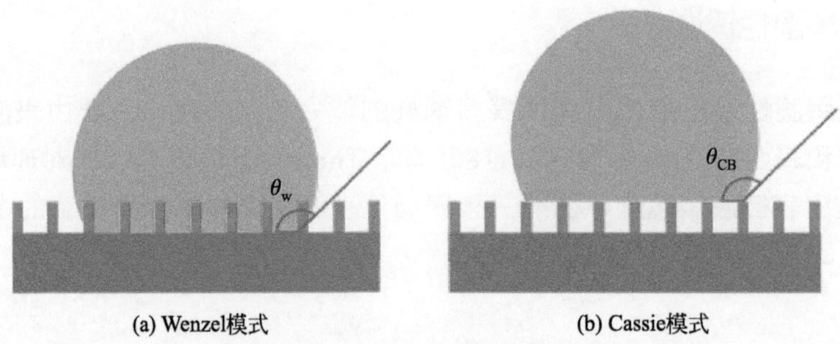

图 7-5　粗糙表面润湿模式

超疏水表面研究的最终目的是能够将超疏水表面在实际生活中进行应用推广。如图 7-6 所示，超疏水表面具有自清洁、防腐、防雾、表面减阻、防结冰以及能够用于制备水上行走机器人等功能。对于自清洁功能来说，超疏水表面其实并不是真正的“自清洁表面”，其需要表面的超疏水性和光催化的共同作用，并利用其上运动的水珠带走表面上的固体污垢，实现“自清洁”。对于超疏水表面的防雾功能，主要通过增加雾在其上的蒸发速率达到表面防雾的目的，具有在道路广角镜等上推广的应用价值，能够提高道路行驶安全。因此，具有多种优良性能的超疏水表面在工程应用领域具有很大的应用潜力。

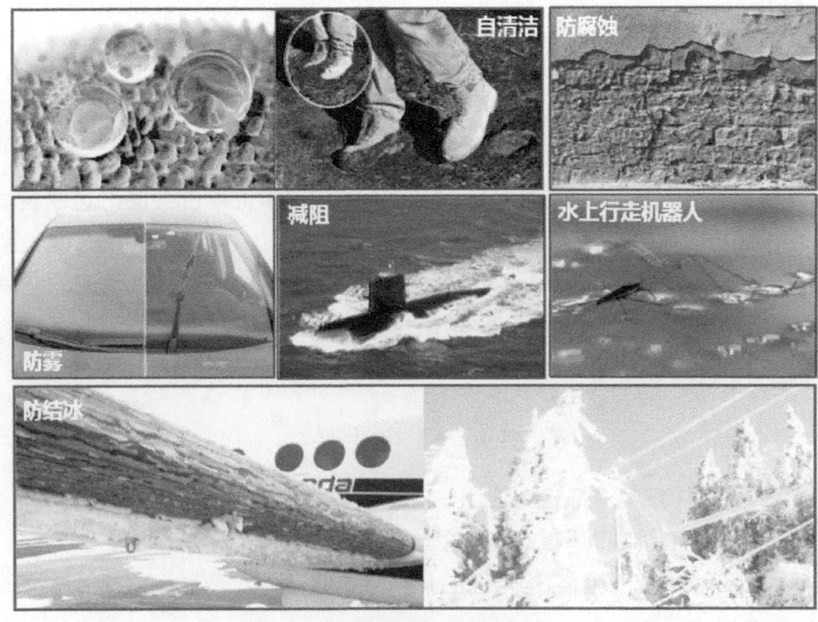

图 7-6　超疏水表面的应用

7.2 基于滑移理论的超疏水表面减阻分析

7.2.1　壁面滑移理论

壁面滑移指的是固体表面上的流体分子与固体表面之间存在相对切向运动速度，利用壁面滑移可以减少摩擦，达到减阻的作用。如图 7-7 所示，摩擦力是多种物理化学响应的结果，减少摩擦，降低磨损，对工业生产具有重大意义。润滑是减少摩擦的主要手段，关于润滑的使用可以追溯到几千年前。1886 年，雷诺提出流体动压润滑方程，简称雷诺方程，建立了润滑的理论基础。其后，相继发展出了边界润滑（1921 年）、弹性流体动力润滑（1949 年）和薄膜润滑（1994 年）理论。通过降低黏度，可以有效减少摩擦。然而随着黏度降低，摩擦副的承载能力也会降低，这可能会导致润滑失效，摩擦反而增加[11]。

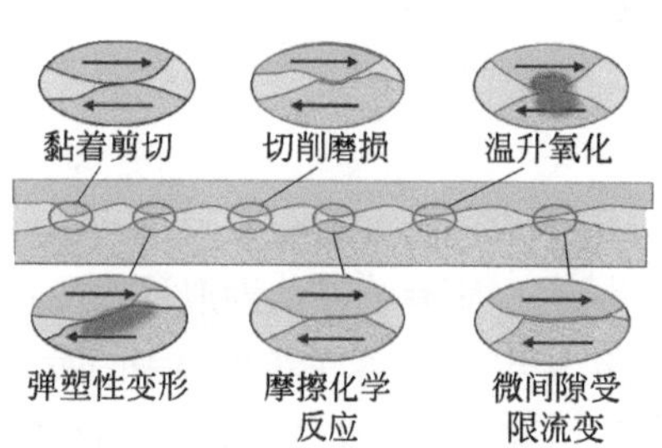

图 7-7　表面间摩擦力产生的机理图

Navier[12] 在固 - 液界面边界条件中首先提出了滑移假设边界条件，如图 7-8 所示，通过引入“滑移长度”给出了滑移速度的定义公式：

$$u_s = L_s \left.\frac{\partial u_x}{\partial y}\right|_{y=0} \tag{7.4}$$

式中　L_s—— 滑移长度，m；

$\left.\frac{\partial u_x}{\partial y}\right|_{y=0}$ —— 表面剪切应变率。

一般情况下，由于流体自身的黏性及液体分子与固体表面分子的黏附作用，使得近壁面处的流体紧贴在壁面上，无法形成有效流动。滑移速度的作用效果相当于降低了流体的黏性，从而降低了流体与壁面之间的剪切应力，使其按照一定的速度随主流区向前流动。

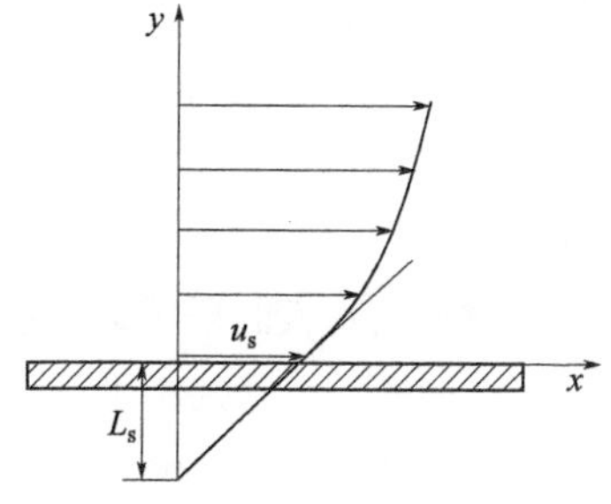

图 7-8　Navier 滑移边界条件

随着对滑移流动的不断认识，人们总结了两种典型的滑移形式：分子固有滑移和表观滑移，如图 7-9 所示。

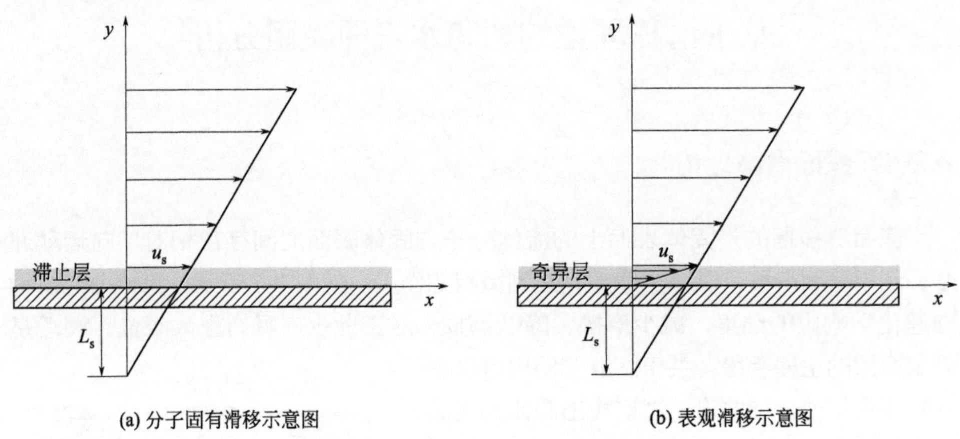

(a) 分子固有滑移示意图　　(b) 表观滑移示意图

图 7-9　分子固有滑移和表观滑移示意图

分子固有滑移认为滑移发生在液 - 液界面，即认为近壁面处存在不产生流动的“滞止层”，液体在滞止层表面发生滑移。而表观滑移认为在近壁面存在一个“奇异层”，速度从壁面处以较大的速度梯度逐渐增大，“奇异层”边界的最大速度则为滑移速度。

7.2.2 超疏水表面滑移减阻

超疏水性是由固体表面粗糙度和极低的表面自由能共同造成的。较低的表面自由能降低了近壁面处的液体分子与固体分子之间的黏滞力，而表面粗糙结构使得流体与固体接触时存在不连续的三相接触线和气 - 液界面，如图 7-10 所示。

由于流体的黏性作用，使得流体在近壁面处具有较大的剪切力，进一步导致壁面处的摩擦阻力较大。而滑移速度的存在使得剪切力降低，相应的摩擦阻力也降低。因此，滑移速度的存在有助于减阻。而在超疏水表面，一定的粗糙度和微空隙结构减少了流体与固体表面的接触面积，降低了附体分子与液体分子之间的黏滞力。

对超疏水表面采用数值模拟方法进行分析时，如何准确地模拟滑移壁面是主要难点。根据以往研究，可以分为以下三类方法：

① 将所有壁面设置为连续性的滑移壁面；

② 将壁面定义为滑移壁面与静止壁面相间分布的复合型超疏水壁面；

③ 将壁面设置为有凸起和凹坑的粗糙表面，并定义凹坑内部填充空气，然后采用气 - 液两相流模拟空气的滑移作用 [13]。

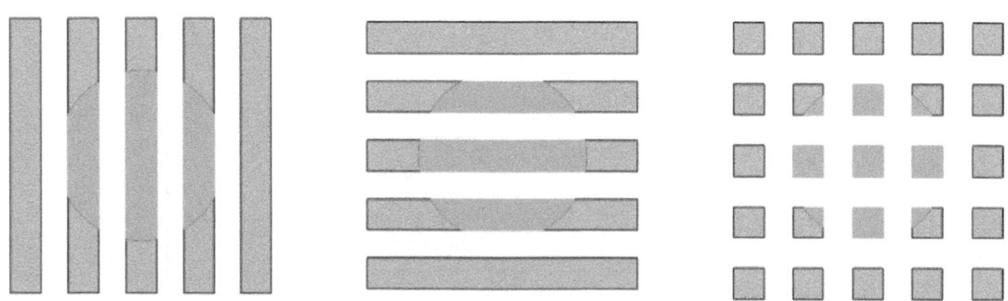

图 7-10　水滴在超疏水表面滑移流动的三相接触线

在实际的超疏水减阻试验中可以明显发现，在液体与固体接触的固 - 液界面上存在着气泡构成的气膜 [14]。气膜的存在将固 - 液界面转化为气 - 液界面，减少了液体与固体壁面的接触面积，进而降低了液体在近壁面处的摩擦阻力。利用方法③的设置条件模拟超疏水表面的减阻效应更符合实际的流动情况，能够准确地模拟出流体流经固体壁面时的流动状态以及与壁面的相互作用。因此，本章中对于微通道内超疏水表面的流体流动减阻效应的模拟也采用上面提到的方法③的设置条件。

7.2.3　基于滑移理论的超疏水表面减阻分析

本小节基于壁面滑移理论，采用理论分析和数值模拟的方法，对二维微通道滑移表面的减阻原理进行分析；通过建立超疏水表面滑移的仿生微结构表面模型，利用 VOF（Volume of Fluid）两相流模型，对流体流经超疏水表面微观结构时的流动状态及减阻效果进行仿真分析。

（1）数值模拟方法

本小节建立了二维超疏水微通道模型，并采用上述方法③中的超疏水模拟方法展开分析。如图 7-11 所示，微通道模型的超疏水壁面由一定数量的微型凹槽构成。为了保证流动的充分发展，在超疏水表面与入口之间设定了一定距离的光滑壁面。同时，为了不影响超疏水表面的流动状态，在下边界和出口边界都留出了一定的流动距离。固 - 液接触和气 - 液接触的复合边界条件在一定程度上简化了超疏水界面的气膜形式，在保证模拟精度的同时降低了数值模拟过程的难度。

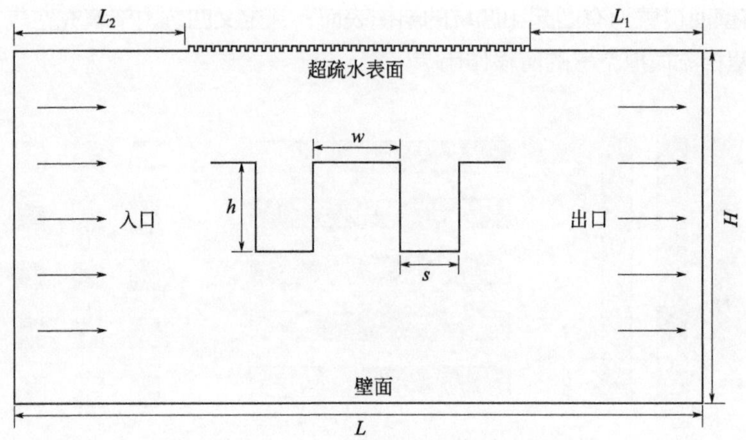

图 7-11　二维微通道计算域模型

计算域及微观结构的结构参数如表 7-1 所示。

表7-1　计算域结构参数

结构参数	L	L_1	L_2	H	s	w	h
尺寸 /mm	2	0.5	0.5	1	0.01	0.015	0.015

对于具有规则微凸起的二维微通道，采用四边形正交化网格。为了提高计算精度，在气 - 液交界面附近的网格进行了加密。在正式的数值模拟之前进行了网格无关性的验证，以进出口压降为检测标准，分别采用了 5 万、10 万、15 万和 20 万四套网格方案进行了验证。结果显示，20 万网格和 15 万网格的计算偏差仅为 0.74%。综合考虑计算精度和计算时间后，确定网格数为 201735。计算域网格模型如图 7-12 所示。

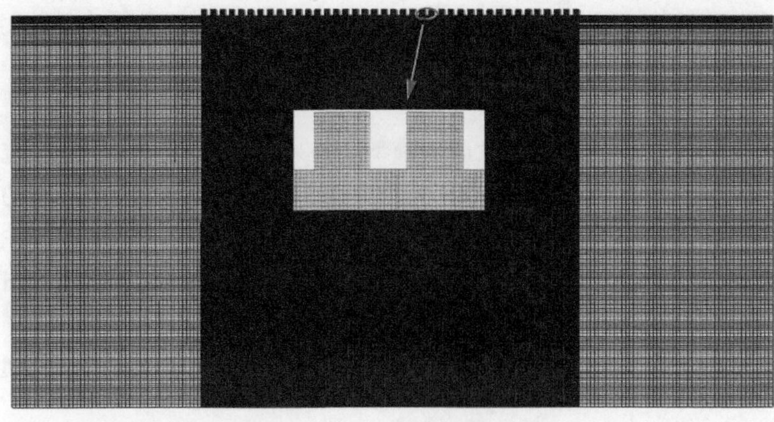

图 7-12　计算域网格模型

计算过程中，采用 CLSVOF（Level Set+VOF）两相流方法追踪气 - 液界面的变化。微通道入口和出口分别给定入口速度和出口压力作为边界条件。速度 - 压力耦合方式采用 SIMPLEC 方法，其余离散方式采用二阶迎风格式。为了保证求解精度，将时间步长设为 0.00001s。计算过程中，对出口压力进行监测，当监测曲线趋于稳定且残差低于收敛标准时，认为求解的结果已收敛。保存最后的模拟数据，以便进行后续的结果处理。

VOF 模型是常用的多相流界面追踪方法。每一个计算域单元中含有空气和水两相，其中空气体积分数（ϑ_1）和水体积分数（ϑ_2）之和等于 1。当 ϑ_1=1 时，计算域单元中只含有空气；当 ϑ_1=0 时，计算域单元中只含有水；当 $0 < \vartheta_1 < 1$ 时，计算域单元中同时含有水和空气。两相界面由体积分数连续性方程确定。当采用隐式方程时，体积分数方程的离散方式为[15]

$$\frac{\vartheta_q^{n+1}\rho_q^{n+1}}{\Delta t}V+\sum_f(\rho_q^{n+1}U_f^{n+1}\vartheta_{qf}^{n+1})=[S_{\vartheta_q}+\sum_{p=1}^{n}(\dot{m}_{pq}-\dot{m}_{qp})]V \qquad (7.5)$$

式中　$\dot{m}_{pq}$ —— 从相q转移到相p的质量；

$\dot{m}_{qp}$ —— 从相 p 转移到相 q 的质量；

n+1 —— 当前时间步的索引；

ϑ_q^{n+1} —— 当时间步对应于 n+1 时第 q 相的体积分数的单元值；

ϑ_{qf}^{n+1} —— 当时间步对应于 n+1 时第 q 相的体积分数的面积值；

U_f^{n+1} —— 时间步对应于 n+1 时通过表面的体积通量；

V —— 单元体积；

ρ_q^{n+1} —— 当时间步对应于 n+1 时第 q 相的密度；

$S_{\vartheta q}$ —— 源项（默认情况下，$S_{\vartheta_q}=0$）。

主相的体积分数一般不进行求解，主相的体积分数一般是通过式（7.6）的约束条件进行求解。

$$\sum_{q=1}^{n}\vartheta_q=1 \qquad (7.6)$$

LS（Level Set）模型是多相流界面的另一种追踪方法。如式（7.7）所示，在 Level Set 基本求解方法中，求解方程通过函数 ϕ 进行界面运动的追踪，而函数 ϕ 同点与边界间距离 $|d|$ 有关，当选取点位于液体区域时，ϕ 取正值；相反情况，当位于气体区域时，ϕ 取负值。而交界面永远位于 ϕ=0 表示的 ψ 表面上。Level Set 方法对应的相界面可以通过一个连续方程进行法向量等几何参数和界面上表面张力的求解，但不能确保重新初始化过程中的质量守恒问题。

$$\phi(x,y,z)=\begin{cases}|d| & 点(x,y,z)在液体区域\\ 0 & 点(x,y,z)在边界\psi上\\ -|d| & 点(x,y,z)在气体区域\end{cases} \tag{7.7}$$

如前所述，LS 模型能够精准描述多相流交界面的几何性质，却不能准确保证相间质量守恒，而 VOF 模型能够很好地保证质量守恒，但是在获取几何交界面特性方面存在一定的局限性。因此，本节通过耦合 VOF 模型和 LS 模型，即 CLSVOF 模型，来同时确保质量守恒和捕捉准确的交界面几何参数，用于追踪液滴的形态变化。

（2）计算结果与分析

本节中，进行超疏水表面流动的数值模拟时，认为微结构内填充有空气，主流区域全部为水，且液相与气相不相溶。根据对应的物理模型，对数值模拟初始阶段的气 - 液两相分布进行了设定。

图 7-13（a）为初始状态时的气 - 液两相分布云图，其中红色区域为水相，蓝色区域为气相，两相交界面为直线。图 7-13（b）为流动稳定后的微结构表面的气 - 液两相分布云图。从图中可以看到，气 - 液两相的交界线由初始的直线变为内凹的抛物线，这与超疏水实验中的观测结果是相似的[16]。稳定状态后，超疏水表面的凹槽内能有效驻留空气，形成了剪切力较小的气 - 液接触面，从而在接触面产生了速度滑移，有效降低了流体流动过程中的摩擦阻力和黏性阻力，进而实现减阻的效果[17,18]。

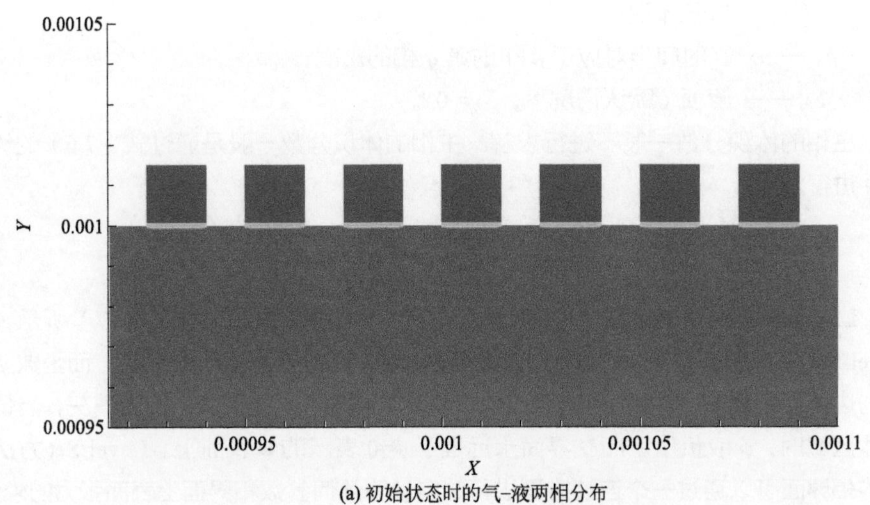

(a) 初始状态时的气-液两相分布

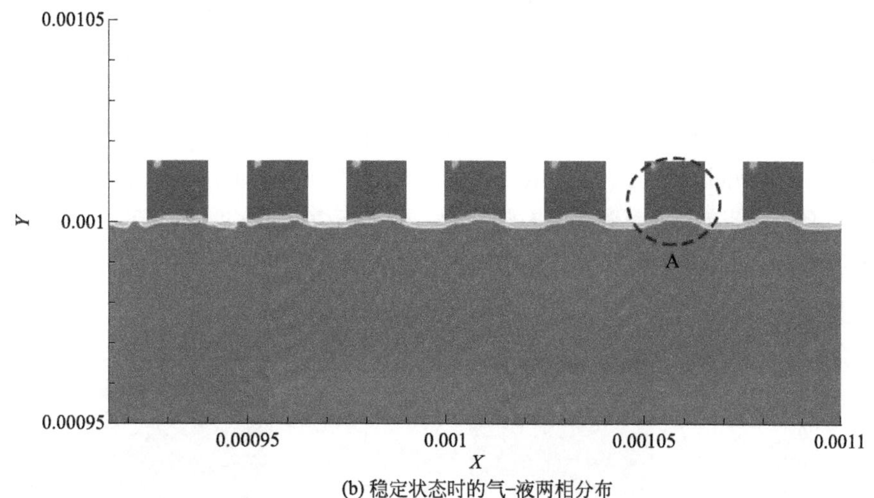

(b) 稳定状态时的气-液两相分布

图 7-13　超疏水表面的气 - 液两相分布云图

对图 7-13（b）中 A 位置处的气 - 液交界线进行了数据提取，将获得的交界面曲线坐标进行多项式拟合，得到了如图 7-14 所示的结果。

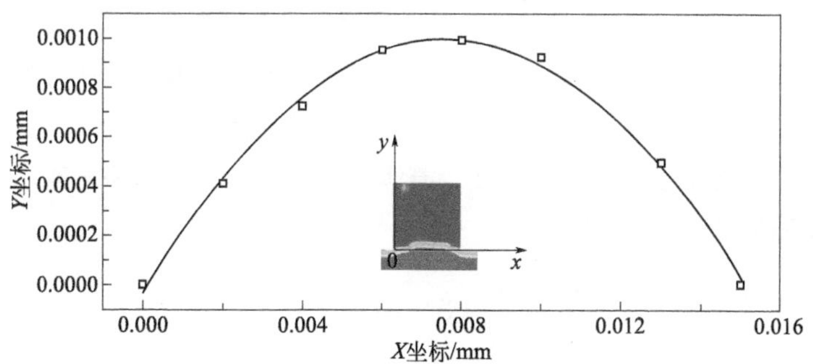

图 7-14　凹坑内气 - 液交界线分布

从图 7-14 中可以看到，气 - 液交界面具有明显的曲率，可近似视为抛物线。这是凹槽内空气的存在和液体表面张力共同作用的结果。根据提取的数据拟合得到了交界线分布的数学表达式，拟合函数如式（7.8）所示 [19,20]。根据多项式可求得凹坑内气 - 液界面内凹的最大深度为 0.995μm。

$$y=-17.75752x^2+0.27038x-3.41318\times10^{-5} \tag{7.8}$$

式（7.8）中拟合精度 R^2 等于 0.99386。

图 7-15 为单个凹坑附近的速度场分布云图及速度流线。图 7-15（a）中红色曲线为气 - 液分界线。分界线上部凹坑内为空气，下部为水，可以明显看到空气与水

相的分界线为弧线。由于凹坑内有空气驻留，从而使超疏水表面的流动分为两类：一类为固 - 液接触面上的无滑移流动，另一类则为凹坑处的气 - 液界面的滑移流动。从图 7-15（b）中可以发现，在超疏水凹坑内驻留的空气形成了低速涡旋，使得流体在超疏水表面运动时将滑动变成了在空气表面的滚动，气 - 液界面处的速度不为零，即在气 - 液接触面上产生了速度滑移。同时，凹槽内部形成的与外部流场方向相反的涡旋减缓了超疏水表面液体流态的变化，使得近壁面处的流体流动更加稳定、减阻效果更加明显，这也是产生滑移速度的关键因素。

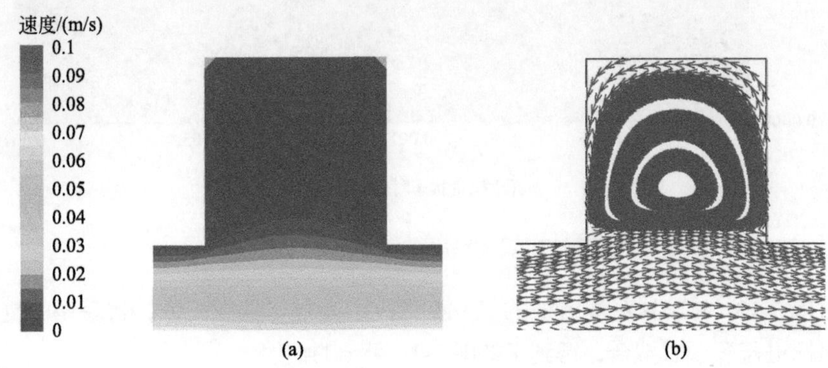

图 7-15　单个凹坑附近的速度场分布及速度流线

图 7-16 为单个凹坑内气 - 液界面附近的纵向速度分布曲线，选取的位置为凹坑中间位置。从图中可以明显看到，空气交界面处的流体速度不为零，这也说明了滑移速度的存在。随着远离气 - 液界面，流体速度呈抛物线的趋势急剧增大，这与理论速度分布趋势是一致的 [21]。

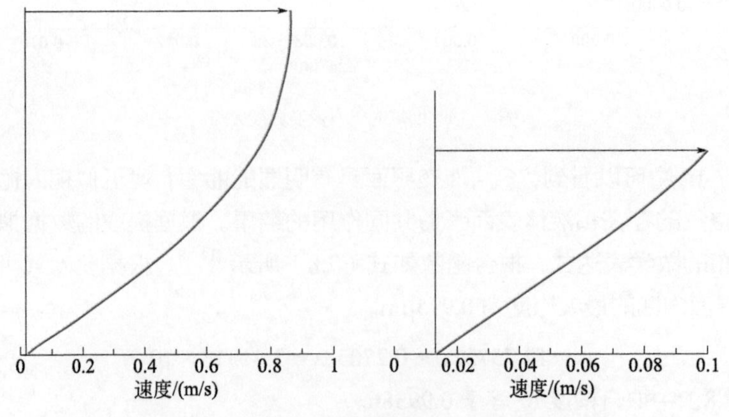

图 7-16　凹坑内气 - 液界面附近的纵向速度分布曲线

衡量标准是评判超疏水表面减阻效果的重要参数，可以定量地判别不同流动状态下超疏水表面的减阻效果。本节引入无量纲压降比来衡量微通道内超疏水表面的减阻效果。

$$\text{无量纲压降比：}\eta=\frac{\Delta p_{\mathrm{N}}-\Delta p_{\mathrm{S}}}{\Delta p_{\mathrm{N}}} \tag{7.9}$$

式中　Δp_{N}—— 无滑移表面的理论压降，Pa；

Δp_{S}—— 滑移表面的实际压降，Pa。

图 7-17 给出了层流状态下微通道进口速度与无量纲压降比的关系。由图可见，无量纲压降比始终大于零。这说明在层流状态下，超疏水表面的存在能有效降低流体在壁面处的能量损失。但是随着进口速度的增大，无量纲压降比呈下降趋势，超疏水表面的减阻效果也随着下降。

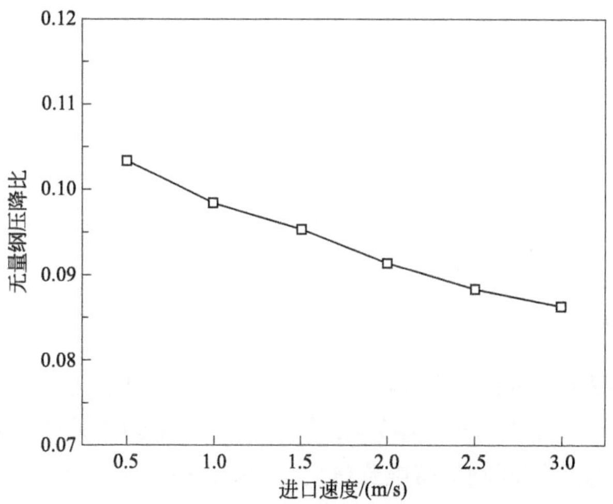

图 7-17　层流状态下进口速度与无量纲压降比的关系

图 7-18 为湍流状态下微通道进口流速与无量纲压降比的关系。从图中可以看到，随着进口流速的增大，无量纲压降比的数值在 0 附近波动，说明湍流状态下超疏水表面的减阻效果并不明显，甚至随着流速的增大，无量纲压降比还会出现负值，增加固体表面的能量损失 [22,23]。

综合图 7-17 和图 7-18 的结果可知，超疏水表面在层流状态下有较为明显的减阻效果，而在湍流状态下的减阻效果不理想，甚至会增加壁面处的流动阻力。因此，研发湍流状态下能够实现减阻效果的超疏水表面或技术手段是日后超疏水减阻应用的重要发展方向。

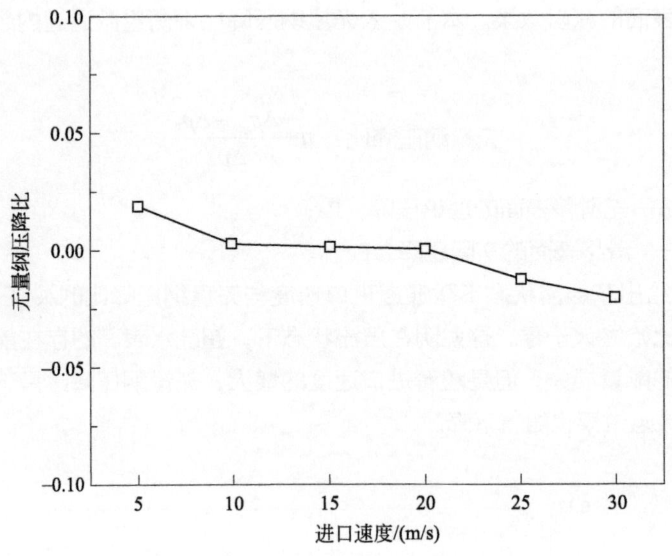

图 7-18　湍流状态下进口速度与无量纲压降比的关系

7.3 微/纳结构对界面流体相变的作用机理

液滴同固体表面之间的交互作用是一个普遍而熟悉的过程，存在于多种自然现象（如雨滴下落）和多种工程应用领域[24-26]。善加利用固体基材上液滴撞击动力学，对于多种实际工程应用问题具有重要意义。例如，高空环境下的过冷大液滴撞击在飞机表面时，易在机翼表面发生积冰，会对其空气动力特性产生极大的影响，进而容易诱发不必要的空难事故[27]；低温环境下液滴撞击输电线路时，易发生表面覆冰现象，导致出现由于载荷加重诱发的塔杆损坏和由于相间短路诱发的线路跳闸等问题。为此，对固体基材上液滴撞击动力学展开深入研究，并进行有效的液滴运动控制（界面流动控制），具有重大意义[28]。

7.3.1 低温环境下液滴相变数值模拟方法

基于 CFD 数值计算方法研究超疏水表面的防结冰性能，需要模拟液滴在固体表面上的形态变化以及流 - 固换热过程，其中涉及两相流问题和相变过程。本小节选用 CLSVOF 模型和凝固 - 融化模型来分别追踪液滴的形态变化和内部相变过程。

（1）物理模型和计算域

如图 7-19、图 7-20 所示，计算域模型均为长方体，微观结构位于计算域的下表面，将计算域的下表面设定为壁面边界条件，其他表面设定为压力出口边界条件。对两种计算域进行六面体网格划分，通过划分块和删除块操作进行具有微观结构的表面上的网格生成。由于通常 2.6mm 液滴在冷表面上结冰时间的量级约为 100s，远远大于 Fluent 能够计算的时间尺度，因而液滴内部的完整相变过程是进行物性参数（比热容和比潜热）的调整，采用一种近似的方法模拟液滴的相变过程，其调整程度（如表 7-2 所示）主要通过调整系数（β）进行衡量。调整系数同实际物性参数的乘积为模拟仿真过程使用的物性参数。其余相关参数的设置如表 7-2 所示。

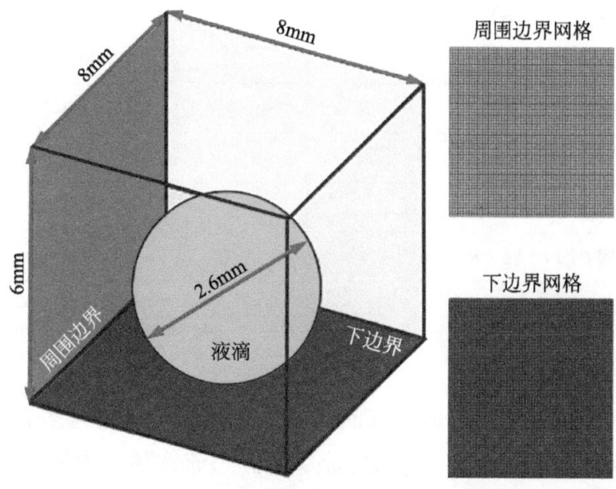

图 7-19　固 - 液相变计算域模型与网格模型

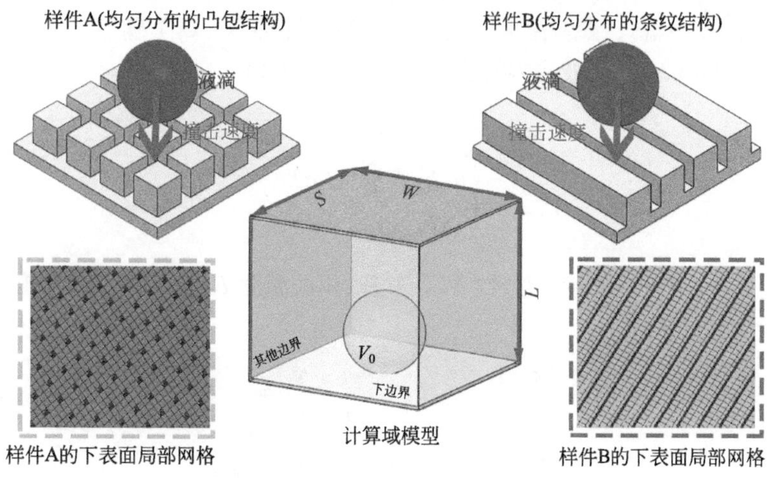

图 7-20　微结构样件 A 和样件 B 的计算域模型和网格模型

表7-2 计算设置

模拟方法	设置值
计算形式	瞬态模型
下边界	无滑移壁面边界
周围边界	压力出口
计算模型	CLSVOF 和凝固融化模型
时间步长 /s	0.00001
重力加速度 /（m/s²）	9.81
水的密度 /（kg/m³）	998.2
水的黏度 /（m²/s）	1.003×10^{-3}
表面张力 /（N/m）	0.073
固态温度阈值 / K	273.15
液态温度阈值 / K	273.15
比热容 /（J /（kg · K））	333146β
比潜热 /（J/kg）	4182β

（2）模型理论

凝固 - 融化模型主要用于模拟液滴内部的相变过程，并且多孔度主要被用于衡量液滴内部的相变程度。通常，将液态流体和固态流体共存的区域称之为多孔区域。纯固态流体区域的多孔度值为 0，而纯液态流体区域的多孔度值为 1。如式（7.10）所示，材料的焓值（H）是表观焓值（h）同潜热（ΔH）的和。表观焓值（h）主要通过参考焓值（h_{ref}）、参考温度（T_{ref}）以及定压比热容（C_p）确定。潜热主要取决于水的凝固潜热（L）和液滴内部的液态体积分数（δ）。

$$\begin{cases} H=h+\Delta H \\ h=h_{\text{ref}}+\int_{T_{\text{ref}}}^{T} C_p \mathrm{d}T \\ \Delta H=\delta L \end{cases} \tag{7.10}$$

式（7.10）中的液态体积分数 δ 可通过固相线温度 T_{solidus} 和液相线温度 T_{liquidus} 确定，相关关系如下：

$$\begin{cases} \delta=0 & T<T_{\text{solidus}} \\ \delta=1 & T>T_{\text{liquidus}} \\ 0<\delta<1 & T_{\text{liquidus}} \leqslant T \leqslant T_{\text{solidus}} \end{cases} \tag{7.11}$$

7.3.2　具有微纳结构的超疏水表面的防结冰性能分析

（1）固 - 液相变机理数值模拟

冰核形成过程的模拟仿真研究中，液滴温度为 278.15K，环境温度为 273.50K，表面温度为 223.15K，光滑表面接触角为 150°。相关过程物性参数的调整系数控制为 1。当液滴内部温度均降低到 273.15K 后，随后的热交换将导致液滴内部冰核的形成。液滴内部的冰核是通过等值面（液滴的液态体积分数为 0.5）来提取的。854.5ms 时液滴内部的冰核初始形成位置如图 7-21 所示，低温冷表面上液滴内部的成核位置位于液滴和冷表面接触区域的中心。

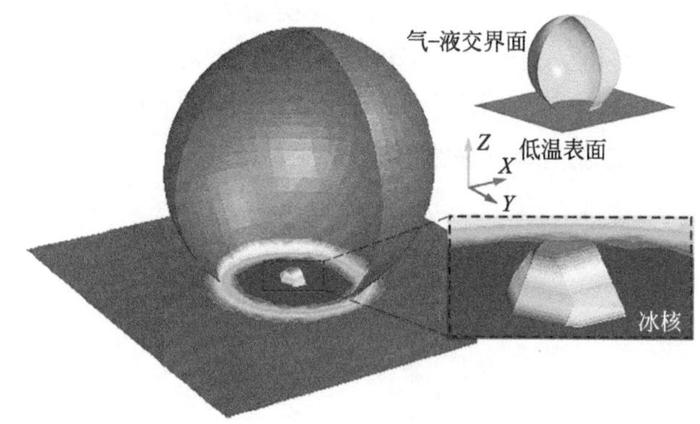

图 7-21　854.5ms 时冰核初始形成位置

以成核位置为起点的内部相变过程的模拟仿真研究中，液滴内部温度为 273.2K，环境温度为 273.15K，表面温度为 263.15K，调整系数为 1/1000，用于加快模拟中液滴内部的相变过程。表面的接触角控制为 30°、60°、90°、120° 和 150° 五组。图 7-22 展示了液滴内部在平面 $X = 0$mm 上的凝固 / 融化云图。其中，蓝色区域代表已

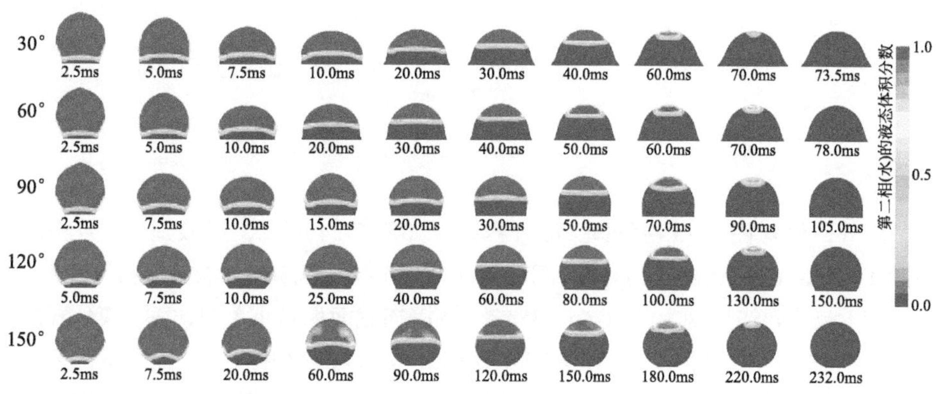

图 7-22　液滴内部在平面 $X = 0$mm 上的凝固 / 融化云图

经冻结的区域。对比亲水表面，超疏水表面可以在很大程度上延迟静止液滴的结冰过程。并且液滴内部相变过程属于异相成核，其固-液分界线从冷表面逐渐升高。此外，在重力的作用下，初始相变阶段，液滴作为流体，其形态处于一种振荡变化中，并且随时间流逝，最终呈现稳定形状。

图 7-23 展示了以平面 $Y = 0$mm 为例，利用其上内部固态面积分数（蓝色区域面积）同液滴区域面积的比值作为衡量液滴内部相变程度的固态面积分数，定量记录了不同接触角表面上液滴的相变过程。当固态面积分数为 1 时，代表液滴完成相变过程。故当表面接触角为 30°、60°、90°、120° 以及 150° 时，静止液滴的冻结时间分别为 71.5ms、76.0ms、95.5ms、134.0ms 以及 229.0ms。利用式（7.12）可以计算超疏水表面的延迟结冰率（ω）。其中，t_0 表示接触角为 30° 表面上的结冰时间。当表面接触角为 150° 时，其结冰延迟速率为 220.28%，具有明显的结冰延迟功能。此外，通过曲线的斜率也可以看出，液滴的冻结速率随着时间逐渐减小，其主要是液滴同固体表面之间的温差减小导致的[29]。

$$\omega = (t - t_0) / t_0 \tag{7.12}$$

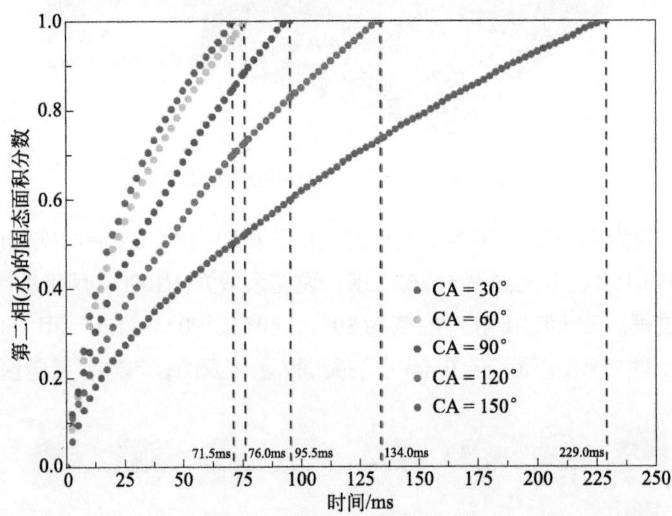

图 7-23　平面 $Y = 0$mm 上液滴内部固态面积分数随时间的变化曲线

此外，针对图 7-23 中的固 - 液分界线，如图 7-24 所示，选取固 - 液分界面同平面 $Y = 0$mm 的交线进行研究。图 7-24（b）所示，57.5ms（液滴横截面积增大）时，固 - 液分界线呈现上凸状态；145ms（液滴横截面积减小）时，固 - 液分界线呈现下凹状态。综合来看，受异相成核的影响，液滴内部的固 - 液分界线呈现弯曲状态，并且其弯曲方向取决于沿固 - 液交界面移动方向上液滴横截面积的变化趋势。

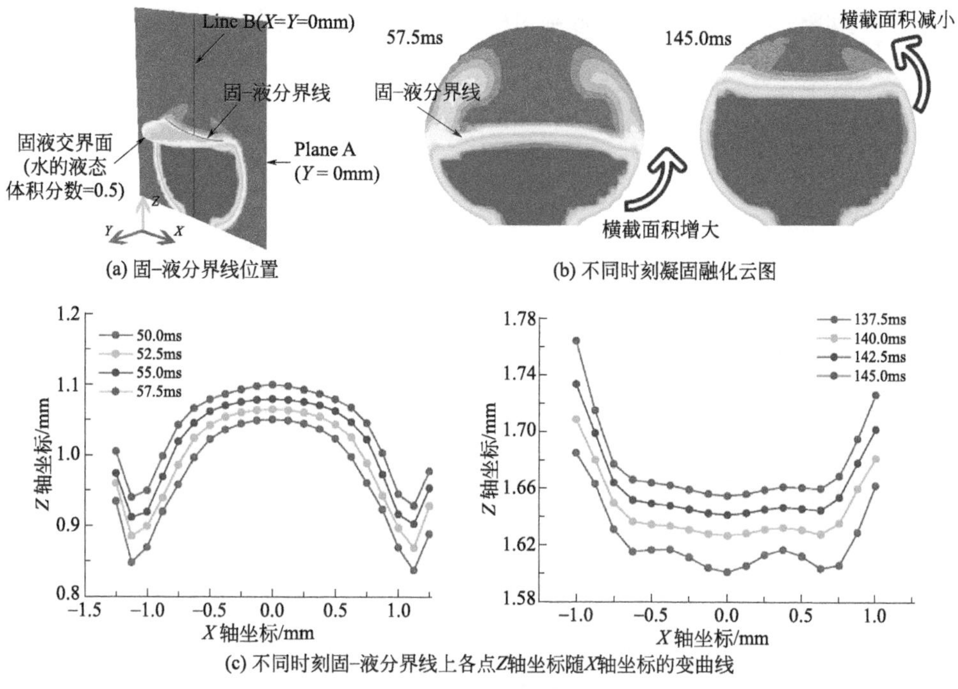

(a) 固-液分界线位置　(b) 不同时刻凝固融化云图

(c) 不同时刻固-液分界线上各点Z轴坐标随X轴坐标的变曲线

图 7-24　固 - 液分界线的分析结果

（2）微结构表面液滴力学典型行为模拟

撞击过程中，动能和表面势能相互转化，较大的动能将突破液滴所能承受的最大表面势能，进而导致边缘断裂形成若干飞溅液滴。图 7-25 展示了 1.9m/s 撞击速度下形成的飞溅液滴，样件 A 存在 4 个飞溅液滴（1-1），而样件 B 存在 6 个飞溅液滴（2-1、2-2、3-1）。

如图 7-26 所示，通过对比不同撞击速度下液滴在两种样件上的撞击过程，确定了具有不同机制的以下 4 种反弹类型：

以完全收缩状态的反弹。当液滴反弹脱离样件表面时，接触直径等于 0mm，而铺展直径小于 2.6mm，并且没有形成飞溅液滴，以完整液滴形态脱离样件表面。

以未完全收缩状态的反弹。当液滴反弹脱离样件表面时，接触直径等于 0mm，至少存在一个方向上的铺展直径大于 2.6mm，并且没有形成飞溅液滴，以完整液滴形态脱离样件表面。薄饼弹跳以及以样件 B 上 1.4m/s 速度对应的雄鹰振翅式液滴撞击动力学属于以未完全收缩状态反弹的两种典型案例。

具有飞溅液滴的反弹。飞溅液滴形成并且铺展直径的时变曲线存在两个分支。液滴撞击速度为 1.9m/s 时发生的雄鹰振翅式液滴撞击动力学是具有飞溅液滴反弹的典型案例。

飞溅现象。中心液滴铺展、收缩过程中形成很多细小液滴。

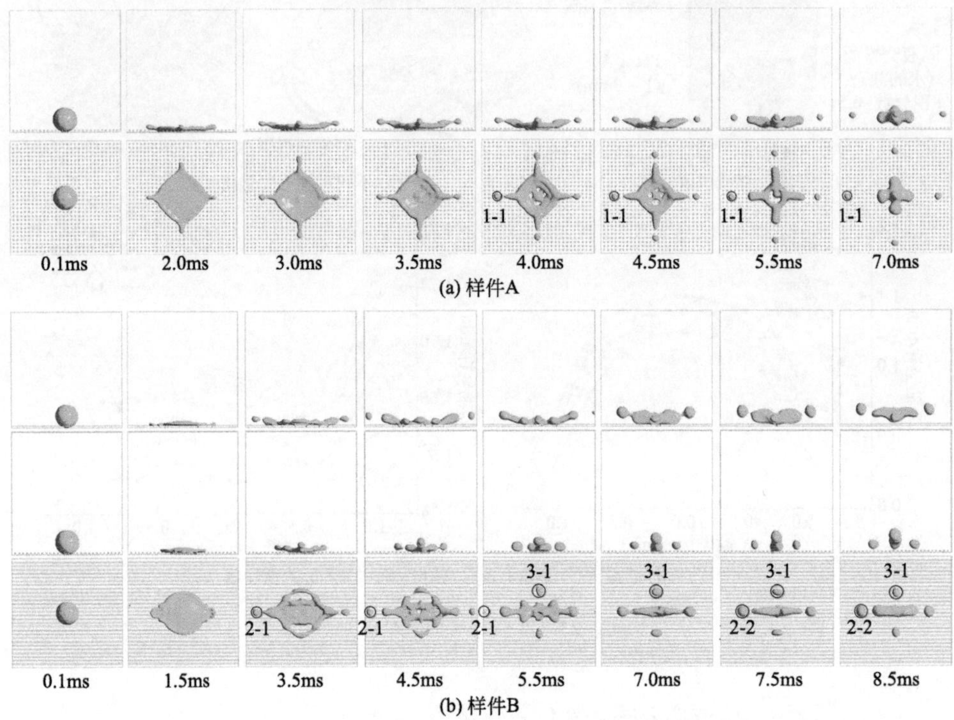

图 7-25　1.9m/s 撞击速度下，样件 A 和样件 B 上液滴的形态变化

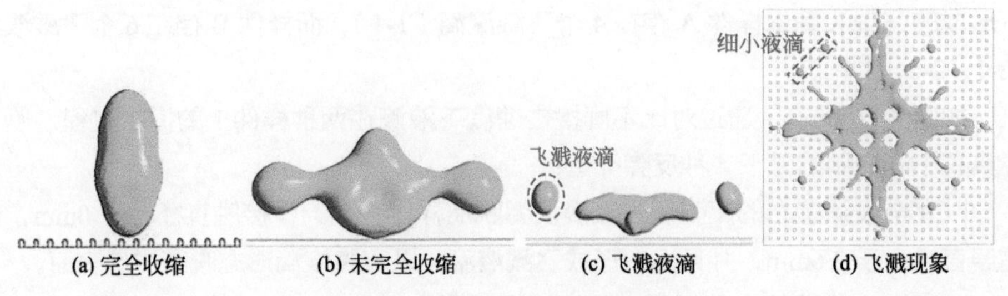

图 7-26　液滴在样件上的 4 种反弹类型

① 以完全收缩状态的反弹。

以 1.4m/s 速度撞击样件 A，将发生以完全收缩状态的反弹。如图 7-27 所示，表面黏附作用导致液滴脱附前处于纵向伸长状态，并且在脱离后，在表面张力和惯性力作用下，其形态呈现周期性振荡衰减变化。图 7-27（b）为液滴竖直高度的时变曲

线，在重力和能量耗散的作用下，其竖直高度的极大值逐渐减小。并且竖直高度的时变曲线并不是严格的周期性变化，其周期逐渐增大，主要原因在于动能耗损导致的内部流动性以及外部变形速度的降低[30]。参照式（7.13）中的毛细管时间（τ）可以发现，振荡周期同毛细管时间 12.6ms 较为接近，且数值略大。图 7-27（c）对应于液滴周期性振荡变形过程中其内部的压力分布变化。当液滴沿某一方向发生伸长时，其沿同一方向的液滴边缘处具有较大的压力，这表明在液滴的周期性形态变化过程中，惯性力和表面张力是其发生的诱因，并且在最大铺展状态下，液滴具有最大的表面张力势能和最低的动能。

$$\tau=2.3\sqrt{\frac{\rho D_0^3}{8\vartheta}} \tag{7.13}$$

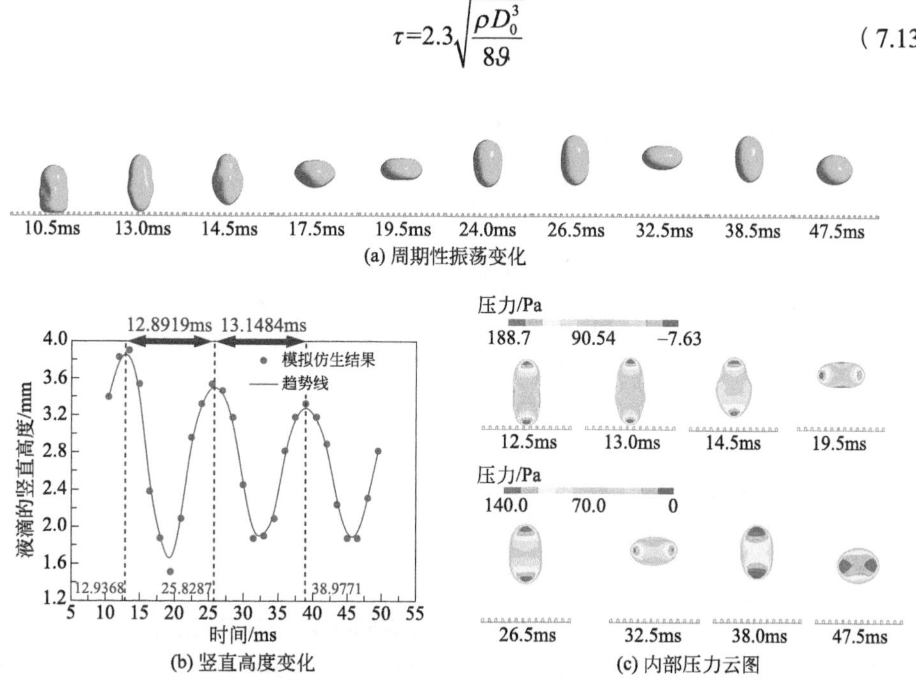

图 7-27　以 1.4m/s 速度撞击样件 A 后发生的完全收缩状态反弹

② 以未完全收缩状态和具有飞溅液滴的反弹。

不完全收缩状态和具有飞溅液滴的反弹均是液滴在微观结构调控下的特定形态导致的。在此基础上，为衡量特性液滴形态对接触时间的影响，利用式（7.14）通过毛细管时间对接触时间（$t_{contact}$）进行无量纲处理：

$$t^*=t_{contact}/12.6 \tag{7.14}$$

a. 薄饼弹跳。图 7-28 记录了液滴内部的速度矢量图，并且由于该阶段液滴形态类似于“薄饼”，故被定义为“薄饼弹跳”。液滴的铺展过程伴随着液滴的收缩过程，并且液滴的下边沿处于向上加速的状态。当液滴的下边界上升到同样件 B 表面微观结构上表面相同高度时，由于下边界仍然存在竖直向上的速度，液滴在样件表面上发生薄饼弹跳。整个过程中，薄饼弹跳时液滴的接触时间减小至 4.5ms（$t^*=0.357$）。然而，当液滴经历薄饼弹跳时，液滴在达到最大铺展后，由于表面张力的作用，会开始进入收缩状态。收缩过程中，液滴内部水平方向的速度逐渐转变成竖直方向的速度，这导致液滴重新同样件表面接触。最终，液滴在惯性力和表面张力的作用下，在 10.5ms（$t^*=0.833$）时以完全收缩的状态通过反弹脱离样件表面[31]。

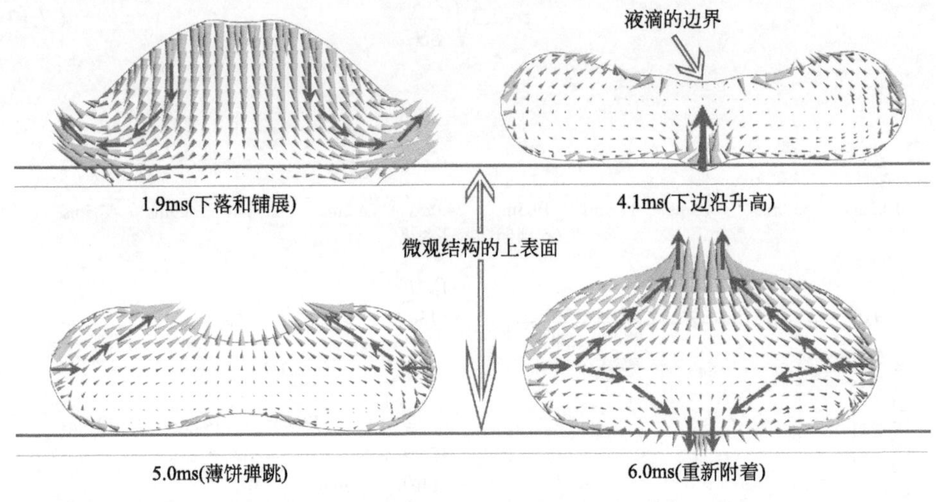

图 7-28　薄饼弹跳过程的速度矢量图

在样件 A 上，以 1.40m/s 的速度撞击，液滴同样会以不规则形状在 7.5ms（$t^*=0.595$）时经历薄饼弹跳，同样存在重新附着现象，并且最终在 12.6ms（$t^*=1$）时实现弹跳脱附。综合来看，发生薄饼弹跳对应的无量纲时间数值较小，即能够实现液滴的快速脱附。但受制于随之发生的重新附着现象，大幅削弱液滴的弹跳特性，限制了超疏水表面的实际推广应用。故本节接下来主要进行如何规避重新附着现象的相关研究。如图 7-29 所示，采用下表面具有微观结构的长方体计算域，进行圆柱形液滴在超疏水性微观结构上的撞击过程，其中，同圆柱形液滴接触的两个表面采用周期性对称边界条件。微观结构同样件 A 的形状尺寸相同，仅将其高度调整为 2mm。此种计算域简化方法既能够解决二维计算域不允许液体水平流动的问题，又避免了三维计算需要大量计算时间的问题。本节主要模拟 0.65m/s 撞击速度下液滴的形态演化。

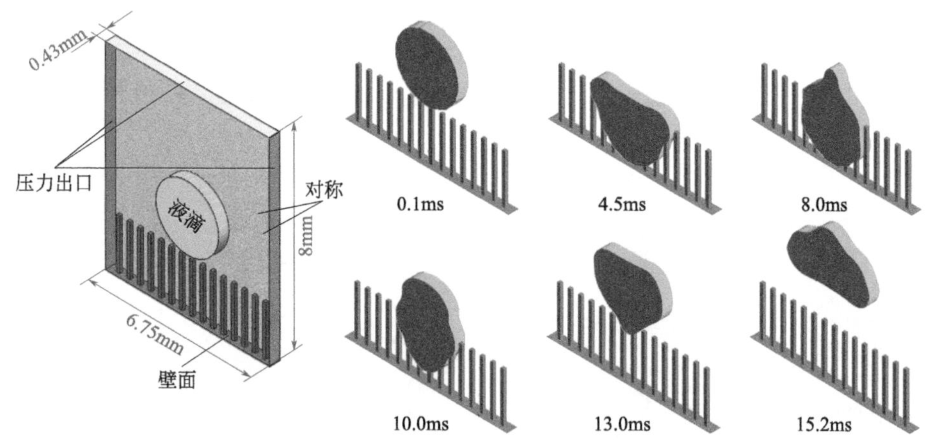

图 7-29　圆柱形液滴撞击微观结构（高度 2mm）过程的计算域模型与计算结果

结合图 7-30 可知，在液滴弹跳脱附后，由于液滴的下边缘具有较大的运动速度，导致液滴虽以未完全收缩状态反弹，但不存在水平方向的收缩过程。其主要原因在于，微观结构高度的增大，一方面提供了液滴下边缘足够的向上运动速度，抑制了横向收缩；另一方面通过抑制铺展过程中微观结构间渗入液滴的铺展，减小了水平收缩力。两种原因的综合作用，避免了重新附着现象的发生。由此可以确定微观结构的高度是决定薄饼弹跳后是否存在重新附着现象的关键性因素[32]。

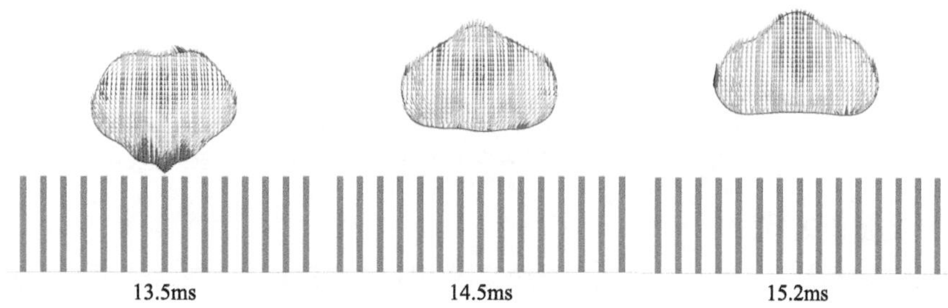

图 7-30　撞击微观结构（高度 2mm）过程发生薄饼弹跳后液滴内部速度矢量图

b. 雄鹰振翅式液滴撞击动力学。如图 7-31 所示，以 1.4m/s 的速度撞击各向异性微观结构（样件 B），出现了雄鹰振翅式液滴撞击动力学，并在 8.0ms（$t^* = 0.682$）时通过弹跳脱附样件表面，接触时间相较于毛细管时间缩短了 31.8%，属于不完全收缩状态的反弹。而图 7-32 中，以 1.9m/s 的速度撞击样件 B，同样发生此种现象，但液滴两侧会形成飞溅液滴，并且中心液滴的形状类似于展翅的雄鹰，属于具有飞溅液滴的反弹。结合液滴内部速度矢量图可知，雄鹰振翅式液滴撞击动力学的发生原因在于中心液滴两翅位置的摆动导致其具有较大的向上运动速度，并且可以带动完整液滴向上运动脱离样件表面。

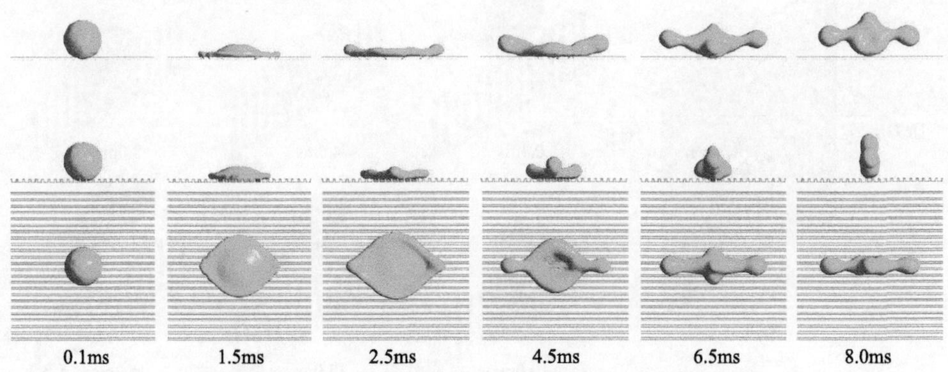

图 7-31　以 1.4m/s 速度撞击样件 B 表面时液滴的形状变化

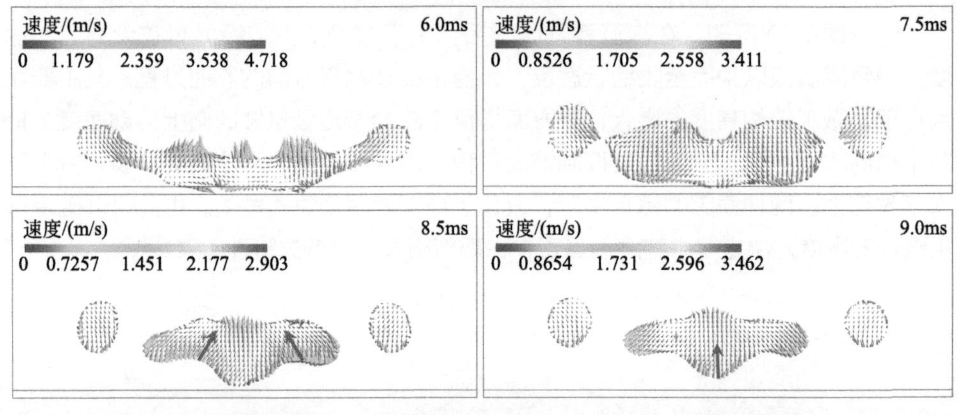

图 7-32　在撞击速度 1.9m/s 下雄鹰振翅式液滴撞击动力学对应的内部速度矢量图

③ 飞溅现象。

如图 7-33 所示，当液滴以较高的速度撞击样件 A 表面时，较大的初始动能克服表面势能极限并最终发生破碎，形成中心液滴和若干个细小液滴，并且中心液滴聚集在一个十字形区域内。飞溅的液滴分布在两个长轴相垂直的椭圆上，并且沿椭圆长轴方向向外运动。

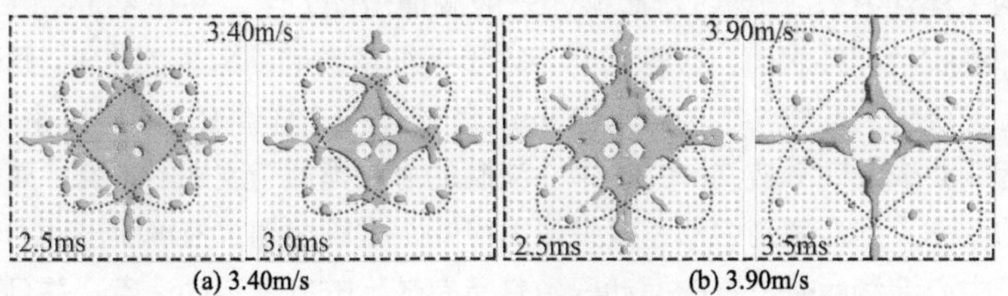

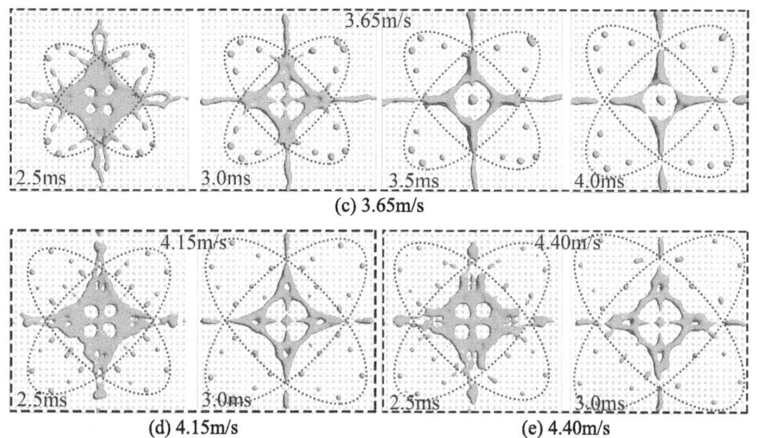

图 7-33 样件 A 上的飞溅现象

图 7-34 记录了以 4.4m/s 的速度撞击样件 B 的飞溅现象。同样件 A 上的飞溅现象相比，样件 B 的中心液滴聚集在一个长方形区域内，并且由于飞溅现象，形成的微小液滴将随机分布并朝着各个方向扩散。

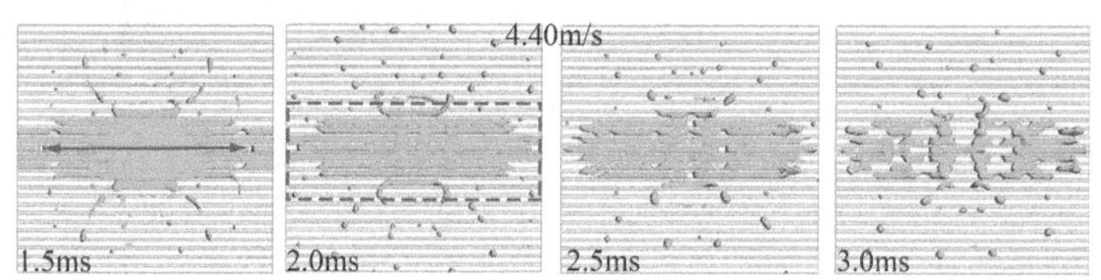

图 7-34 样件 B 上的飞溅现象

此外，样件 A 的飞溅现象往往伴随着空穴成核现象，其形状位置固定，近似为圆形，且圆心位置近似位于二阶微观结构处。为解析空穴成核现象的成因，如图 7-35 所示，模拟三种情况下液滴以 3.65m/s 速度撞击的过程。首先，将表面的微观结构划分为三个区域，分别为二阶微观结构、二阶微观结构的中心区域以及二阶微观结构的边界区域。随后，分三组进行不同微观结构表面的数值模拟：第一组，表面微观结构由二阶微观结构的中心区域和二阶微观结构组成；第二组，表面微观结构仅含有二阶微观结构；第三组，同时含有三个区域。

结合图 7-35，从 0.5ms 液滴的铺展状态来看，二阶微观结构的边界区域限制了液滴的铺展过程，宏观表现为液滴的铺展直径略小于其余两种情况，而中心区域影响较小。由于铺展越大，越容易形成空穴成核，由此可以推断边界区域抑制空穴成核现象的形成。随后，基于 *Z* 轴位置坐标对气 - 液交界面进行着色，可以清楚显示二维微观结构处存在褶皱区域，其对应于后续形成的空穴成核。由此可知，二阶微观作用下形成的褶皱区域是空穴成核形成的主要原因，并且二阶微观结构的边界区域对流体的扰动抑制了褶皱区域的形成，进而抑制了空穴成核现象。此外，从空穴成核的尺寸来看，二阶微观结构中心区域的结构分布有助于空穴区域的形成，而二阶微观结构的边界区域能抑制空穴区域的形成。

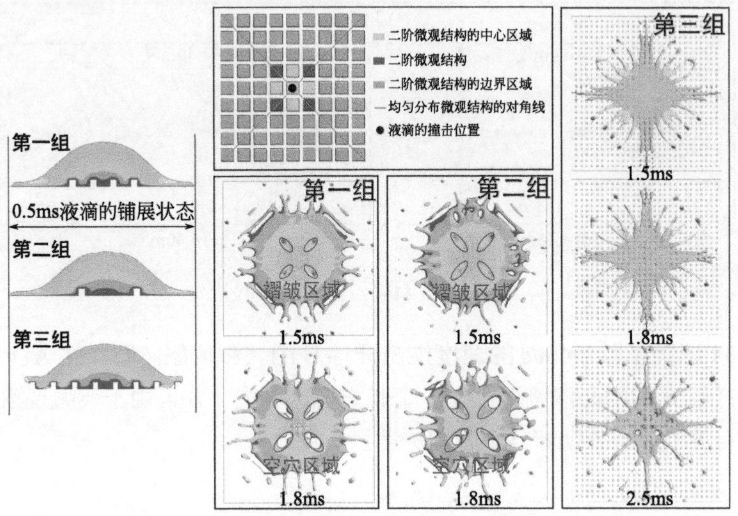

图 7-35　空穴成核现象形成原因

参考文献

[1] 梁潘纯 . 考虑滑移边界的微通道内 Oldroyd-B 流体旋转电渗流数值模拟 [D]. 济南：山东大学 , 2020.

[2] 叶鑫 . 基于壁面润湿性能的微纳米尺度通道输运性能调控机制研究 [D]. 大连：大连理工大学 , 2020.

[3] 王靖霄 . 基于流 / 固摩擦界面的滑移特征分析研究 [D]. 太原：太原理工大学 , 2020.

[4] 吕章林 . TPU 胶片挤出仿真及壁面滑移研究 [D]. 广州：华南理工大学 , 2020.

[5] 顾延东 . 多孔质气体径向轴承静动特性研究及优化设计方法 [D]. 镇江：江苏大学 , 2019.

[6] De Vicente J, Klingenberg D J, Hidalgo-Alvarez R. Magnetorheological fluids: A review[J]. Soft matter, 2011, 7(8): 3701-3710.

[7] Xu B, Ding Y, Qu S, et al. Superamphiphobic cotton fabrics with enhanced stability [J]. Applied Surface Science, 2015, 356: 951-957.

[8] Zhang B, Li Y, Hou B. One-step electrodeposition fabrication of a superhydrophobic surface on an aluminum substrate with enhanced self-cleaning and anticorrosion properties [J]. RSC Advances, 2015, 5(121) : 100000-100010.

[9] Kumbhar B K, Patil S R. A study on properties and selection criteria for magneto-rheological (MR) fluid components[J]. International Journal of ChemTech Research, 2014, 6: 3303-3306.

[10] Khojasteh D, Kazerooni M, Salarian S, et al. Droplet impact on superhydrophobic surfaces: A review of recent developments[J]. Journal of Industrial and Engineering Chemistry, 2016, 42: 1-14.

[11] 雒建斌 . 超滑与摩擦起源的探索 [J]. 科学通报 , 2020,65（27）: 2967-2978.

[12] Navier C. Mémoire sur les lois du mouvement des fluides[J]. Mémoires de l'Académie Royale des Sciences de l'Institut de France, 1823, 6: 389-440.

[13] 于广锋 , 刘宏伟 . 基于滑移理论的超疏水表面减阻性能分析 [J]. 摩擦学学报 , 2013，33(2) : 191-195.

[14] 张雪花 , 胡钧 . 固液界面纳米气泡的研究进展 [J]. 化学进展 , 2004, 16(5) : 673-681.

[15] Singh H J, Wereley N M. Optimal control of gun recoil in direct fire using magnetorheological absorbers[J]. Smart materials and Structures, 2014, 23(5): 055009.

[16] Ou J, Perot B, Rothstein J P. Laminar drag reduction in microchannels using ultrahydrophobic surfaces[J]. Physics of fluids, 2004, 16(12): 4635-4643.

[17] 杨海昌 , 郭涵 , 邢耀文 , 等 . 固 - 液界面纳米气泡稳定性及其强化浮选粘附机制研究进展 [J]. 煤炭学报 , 2021, 10: 1-17

[18] 张凡凡 , 曹亦俊 , 邢耀文 , 等 . 微纳尺度下浮选颗粒气泡间相互作用行为试验研究 [J]. 煤炭学报 , 2021, 10: 1-16

[19] 叶煜航 , 涂程旭 , 包福兵 , 等 . 不同壁面取向下超疏水平面直轨道上的气泡滑移 [J]. 力学学报 , 2021, 53（04）: 962-972.

[20] 刘柳 , 闫红杰 , 谭智凯 , 等 . 静止液态金属中气泡上升过程实验研究 [J]. 中南大学学报（自然科学版）, 2021, 52（01）: 294-302.

[21] 高明 , 左启蓉 , 张凌霜 , 等 . 疏水表面沸腾气泡底部微液层生长特性 [J]. 化工学报 , 2020, 71（S2）: 46-54.

[22] 郝奇 , 李家晨 , 耿佃桥 . 内螺纹管流动沸腾气泡行为及换热特性研究 [J]. 低温与超导 , 2020, 48（05）: 59-65.

[23] 张沛欣 . 滑移界面与界面限制下细菌运动的显微研究 [D]. 西安：西北大学 , 2021.

[24] 雷耀东 . 金属壁面在气固两相流中的冲蚀损伤研究 [D]. 西安：西安石油大学 , 2021.

[25] 齐海峰 . 大温度滑移非共沸工质沸腾换热特性研究 [D]. 天津：天津商业大学 , 2021.

[26] 周健壮 . 界面体系水滑移及凝胶粘合的分子动力学模拟研究 [D]. 上海：华东理工大学 , 2021.

[27] 杨青彤 . 旋转剪切下磁流变液壁面滑移特性研究 [D]. 杭州：浙江师范大学 , 2020.

[28] 郝娜 . 调制表面电荷和调制滑移的边界条件下平行微管道中磁流体电渗流 [D]. 呼和浩特：内蒙古大学 ,

2020.

[29] Laherisheth Z, Upadhyay R V. Influence of particle shape on the magnetic and steady shear magnetorheological properties of nanoparticle based MR fluids[J]. Smart Materials and Structures, 2017, 26(5): 054008.

[30] Costa E, Branco P J C. Continuum electromechanics of a magnetorheological damper including the friction force effects between the MR fluid and device walls: analytical modelling and experimental validation[J]. Sensors and Actuators A: Physical, 2009, 155(1): 82-88.

[31] Laun H M, Gabriel C, Kieburg C. Wall material and roughness effects on transmittable shear stresses of magnetorheological fluids in plate–plate magnetorheometry[J]. Rheologica acta, 2011, 50(2): 141-157.

[32] López-López M T, Kuzhir P, Rodríguez-Arco L, et al. Stick-slip instabilities in the shear flow of magnetorheological suspensions[J]. Journal of Rheology, 2013, 57(4): 1101-1119.

Chapter 8

第8章

流动问题中多物理场耦合计算与分析

现代工业中的各种装备，不是一个物理场规律可以解析清楚，大多都是多种物理场相互作用的结果。因此，多物理场耦合分析是精准反应复杂工况装备实际性能和能量转换方式的必要途径。本章将以液力变矩器中的热流固耦合、液力缓速器气-液耦合和板翅式换热器中的流-热耦合为例，演示多场耦合计算方法与典型计算结果。

8.1 液力变矩器变黏度热流固耦合计算与分析

液力变矩器是利用液体的动能进行能量传递的液力元件。液力变矩器由泵轮、涡轮和导轮3个元件组成，其工作原理如图8-1所示。在这个过程中由于流体的黏性和壁面粗糙度等原因必不可少会有动能转换为热能。而液力变矩器原始特性对于工作油的热物理属性是敏感的，如果在液力变矩器内流场数值模拟过程中，忽略工作介质黏度随温度的变化，计算得到的原始特性预测结果与实际相比避免不了有所偏差，所以在液力变矩器的数值模拟过程中考虑介质油液的热物理属性是十分必要的[1-4]。同时，针对叶轮材料受热变形与液力变矩器流体黏度均受温度影响的现象，有必要进行液力变矩器的变黏度热流固耦合计算与分析。

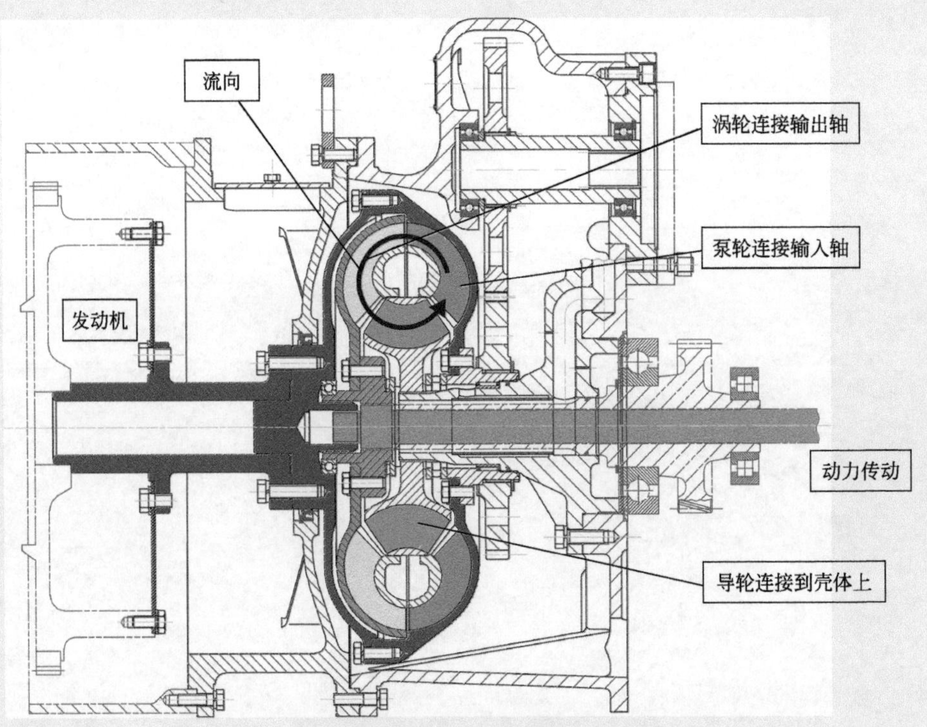

图 8-1　液力变矩器工作原理图

8.1.1　数值模拟方法

通过第 2 章提到的滑移网格方法实现泵轮和涡轮流域旋转计算分析，解决液力变矩器中泵轮和涡轮与导轮间动静干涉问题 [5]。对于液力变矩器工作油与固体边界的对流换热问题，热边界条件无法预先给定，而是受到流体与壁面之间相互作用的制约。这时无论是界面上的温度还是热流密度都应看成是计算结果的一部分，而不是已知条件。像这类热边界条件是由热量交换过程动态地加以决定而不能预先规定的问题，称为流固耦合传热问题。用流固耦合传热方法可以将流体与固体之间复杂的外边界条件变成相对简单的内边界进行处理，不但减少了边界条件，又符合实际状态，从而提高了仿真的合理性和精度 [6]。

（1）计算域及网格

在 CFD 数值模拟过程中，网格的类型采用结构网格，即六面体网格，虽然建立拓扑结构会占用较多的时间，但相应的计算结果也较为精准 [7]。综合考虑网格划分工作量和计算时间，对液力变矩器计算域进行了适当的简化，经简化后的流道计算域及其六面体网格如图 8-2 所示 [8-10]。

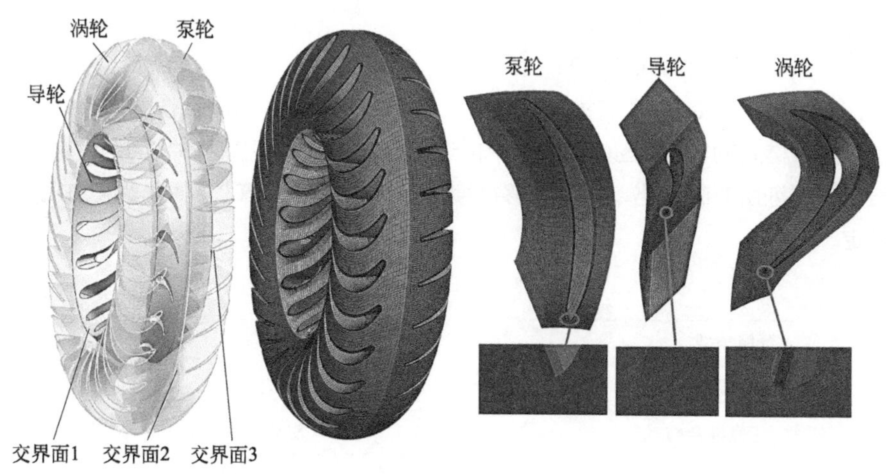

图 8-2　简化后的流道计算域及其六面体网格划分

（2）网格无关性验证

为了平衡液力变矩器原始特性预测精度和计算耗时，本小节进行了网格无关性验证，图 8-3 为网格无关性验证曲线。从图中可看出，随着网格数量增加，预测得到的变矩比误差变小，但是计算耗时也大大增加。综合考虑，选定网格总数为 4613542，此时得到的变矩比误差小于 6%，计算耗时也相对较少。

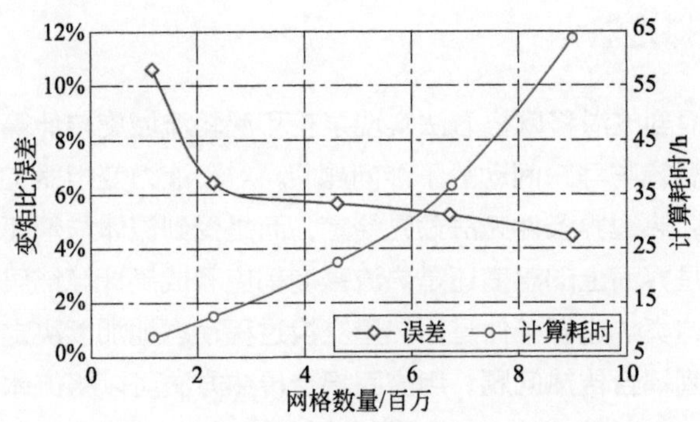

图 8-3　网格无关性验证曲线

（3）模拟方法设置

为衡量变黏度液力传动油对液力变矩器的影响，现通过以下两个方案进行对照研究。

方案一：变黏度数值模拟

通过 UDF 将黏度设置为随温度变化，计算如下：

$$f_{\mu}(T)=0.0000054T^{2}-0.0012T+0.0779 \tag{8.1}$$

方案二：定黏度数值模拟

将介质黏度设定为 0.0258Pa · s。

在液力变矩器 CFD 数值模拟计算时，选用基于压力 - 速度耦合的耦合方式，选用二阶离散格式的 SIMPLEC 算法。单位迭代时间步长被设置为 5×10^{-4}s，这个时间步长能够保证所有的网格单元都能够被搜索到进行迭代计算。表 8-1 为 CFD 数值计算设定。

表8-1　CFD数值计算设定

计算类型	瞬态模拟
湍流模型	KET
压力 - 速度耦合方式	SIMPLEC
空间离散格式	二阶迎风
工作介质	8 号液力传动油
传动油密度	860kg/m^3
传动油黏度	0.0258Pa · s
泵轮状态	2000r/min
涡轮转速	0r/min，1300r/min，1500r/min
导轮状态	静止

进行数值模拟计算收敛判断标准如下：①各个残差监测值需达到一定精度，能量残差需低于 10^{-6}，而其他残差需低于 10^{-4}；②监测涡轮进口流量和涡轮转矩值在一定时间里趋于平稳。

（4）模拟方法验证

为了验证数值模拟方法的准确性，将模拟数值与实验数值进行对比，图 8-4 为 CFD 数值模拟结果与试验数据的对比结果。图中涉及的误差改善率 α 计算如下：

$$\alpha = \frac{\zeta_2 - \xi_1}{\xi_1} \tag{8.2}$$

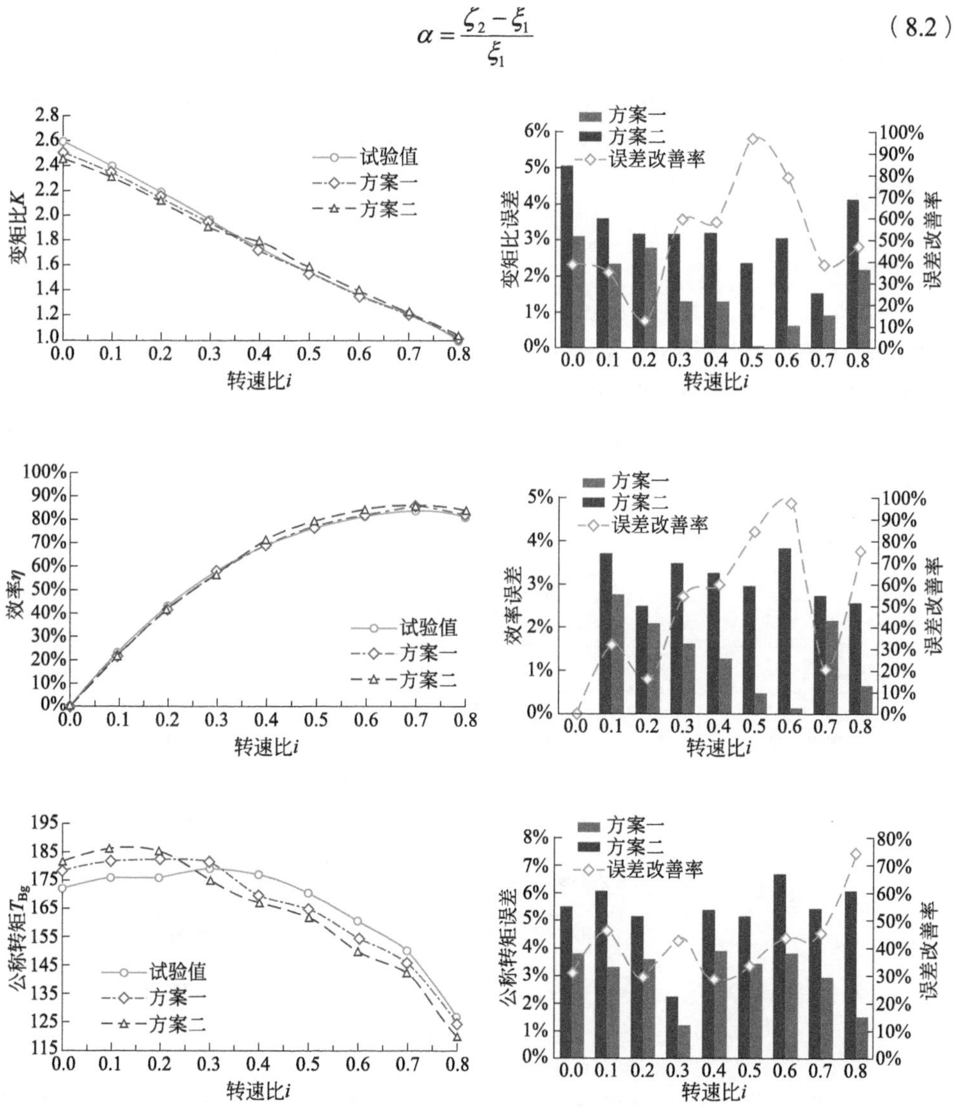

图 8-4 CFD 数值模拟结果与试验数据的对比

图 8-4 中，方案一和方案二与试验数据的最大误差出现在公称转矩上，为 7%。这个误差结果，在工程应用上可以被接受。由于效率和变矩比成正比，所以二者总体误差较为接近，且均小于 5%，其中在失速工况时，变矩比的误差较大。在全部典型转速比对比中，公称转矩误差较效率和变矩比的误差更大一些，这与其他研究者得出的结论类似，在变矩比参数对比中，方案一所有工况误差均小于 3%, 而恒黏度则更多居于 3% ～ 4% 之间，甚至在 i=0 和 i=0.8 时大于 4%，接近 5%，从另外两参数的对比中也可得此类的结论。然而通过误差图可以看出，方案一的结果无论是在变矩比、效率还是在公称转矩上，误差均小于方案二的误差结果，因此可以判定方案一相对于方案二的原始特性预测精度更高。因为变黏度数值模拟较传统的恒黏度数值模拟能够得到更高的原始特性预测精度，所以在液力变矩器的数值模拟时推荐使用变黏度传热数值模拟。

8.1.2 耦合分析方法

基于 CFD 结果的热流固耦合（TFSI）求解流程有四个部分：压力场、温度场、固体变形场以及流体域和固体域之间的数据传输界面。热流固耦合框架流程如图 8-5 所示，每个物理场的计算都是自动求解的，避免了人为干预，数据自动从求解中的一个物理场传到求解中的另一个物理场的过程是通过软件接口耦合器来完成的，叶轮材质为铸铝 ZL104。

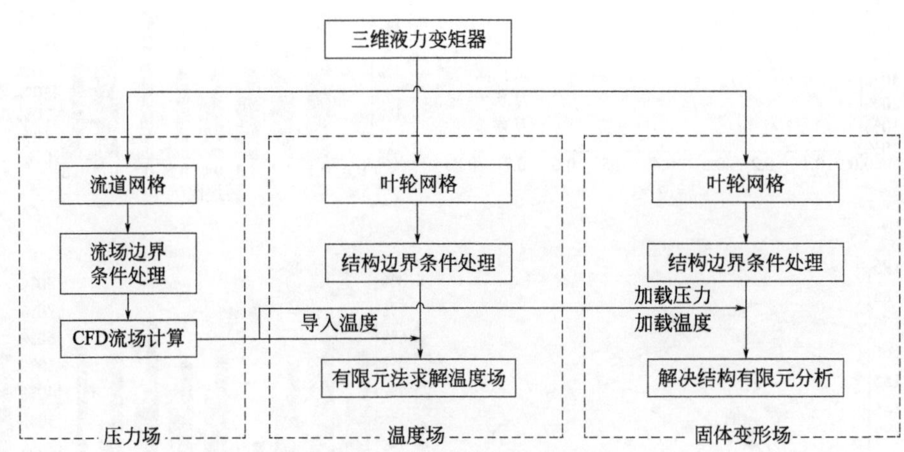

图 8-5 热流固耦合框架流程图

通过 CFD 模拟计算流体的压力和温度，然后将温度加载到叶轮上以求解传热域中的温度场。总传热率计算如下 [11]：

$$Q = kA\Delta t_{\rm m} \tag{8.3}$$

式中　Q——总传热率；

k——导热率；

A——传热面积；

$\Delta t_{\rm m}$——传热温差。

为了求解固体变形场和等效应力，压力和温度由 N-S 方程计算，并通过耦合接口法加载在叶轮上[12]。在这个过程中，由流体引起的固体振动和位移的控制方程和耦合域控制方程计算如下[13]：

$$\begin{cases} \boldsymbol{M}_s \dfrac{\mathrm{d}^2 r}{\mathrm{d}t^2} + \boldsymbol{C}_s \dfrac{\mathrm{d}r}{\mathrm{d}t} + \boldsymbol{K}_s r + \boldsymbol{\tau}_s = 0 \\ n \cdot \boldsymbol{\tau}_f = n \cdot \boldsymbol{\tau}_s \\ r_f = r_s \\ q_f = q_s \\ T_f = T_s \end{cases} \tag{8.4}$$

式中　$\boldsymbol{M}_s$——质量矩阵；

$\boldsymbol{C}_s$——阻尼矩阵；

$\boldsymbol{K}_s$——固体位移；

$\boldsymbol{\tau}_s$——固体应力；

q——热通量；

T——温度；

r——应变位移。

8.1.3　典型数值结果

（1）温度场参数分析

① 温度。

图 8-6 为液力变矩器在变黏度和恒黏度两种情况下 CFD 计算所得到的温度场分布。由图可知，液力变矩器在工作运转时，各零部件表面的温度会增高，其中导轮和涡轮温度较高，最高温度位于导轮叶片靠近外环处，高达 98℃。并且在各叶轮都有着较大的温升存在，这是由于液力变矩器内流动损失，流体能转化为内能导致较大的温升出现。并且液力变矩器内部工作介质油液的黏度在现实情况下随温度的升高而降低，所以在温差如此之大的情况下，介质油液的黏度也会产生较大范围的变

化，如此可以推断变黏度数值模拟中介质油液的物理属性更接近现实的真实情况。此外，在变黏度数值模拟中，黏度随温度的升高而降低，导致计算得到的黏性力也就随之降低。黏性力恰恰又是流体能量耗散的重要原因，所以在变黏度模拟中转化为内能的能量耗散比恒黏度模拟要少，从而得到较低的温度分布。

另外，通过图 8-6 还可以看出，在导轮叶片上温度高达 98℃，而油液的温度将会更高。一般情况下，液力变矩器内介质油液应该维持在 84℃左右 [1]。过高的温度会严重影响液力变矩器的特性，所以我们应该根据热流场仿真中的温差和流量来设计液力变矩器的换热器。另外，因液力变矩器叶轮存在如此高的温差，并且叶轮表面温度不均，所以热应力也就随之产生。热应力在液力变矩器受力中占有重要地位，所以在分析液力变矩器的强度及应力时，热应力不应被忽视。也就是说，在分析液力变矩器应力强度时，热流固耦合分析较传统的流固耦合分析更为合理。

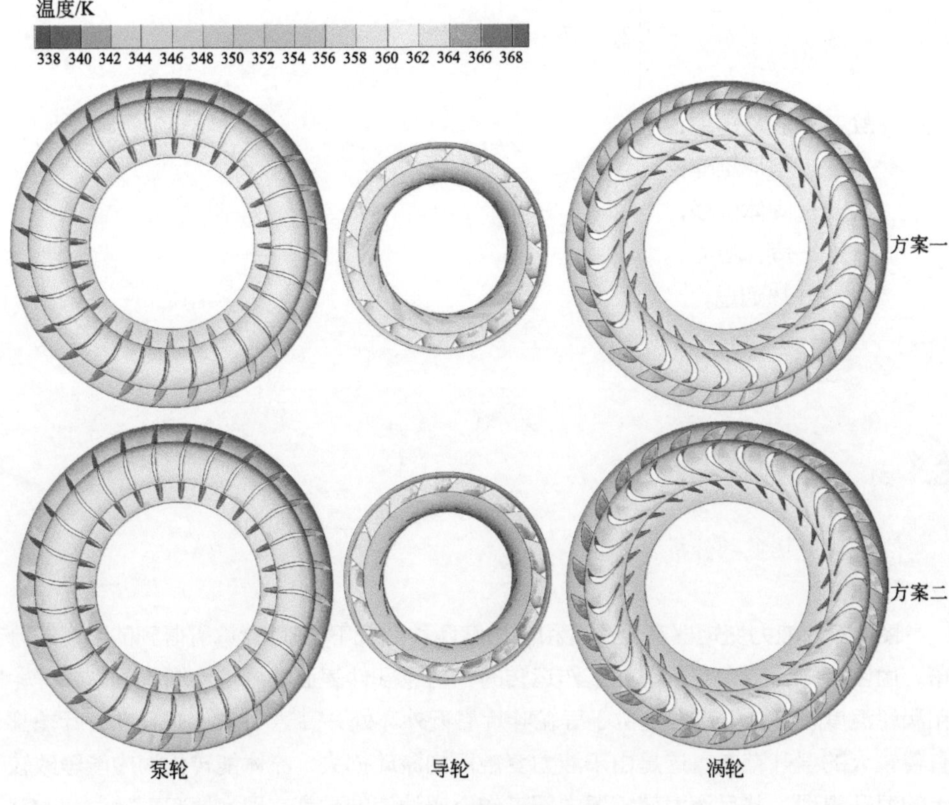

图 8-6　温度场分布

② 转焓。

同一流线上，在理想流体情况下，转焓值应该保持不变，而在黏性流动过程中，转焓的变化值代表着介质流动过程中流动的损失。图 8-7 为导轮流道内同一流道上方案一和方案二得到的转焓变化曲线（i=0），其中“0”代表导轮入口，“1”代表导轮出口。从图中可以看出，方案一和方案二得到的转焓数值变化趋势在一定程度上类似，都呈现“先增加，再减小，最后小幅上扬”的趋势，这与导轮内部流动复杂、能量剧烈消耗的理论一致，最后的小幅上扬是泵轮的旋转影响导轮的结果。其中，在导轮入口处，两者得到的转焓数值基本相近；随后方案一在 0.3 点处达到最大值，而方案二则在 0.4 点处达到最大值，且方案一的转焓值要略高于方案二；二者均在 0.9 点处下降到最小值，方案一稍小于方案二；随即在 0.9 到 1 之间均小幅上扬。如此可知，在第一段上升阶段和接下来的下降阶段，方案一转焓数值变化率均大于方案二。这说明在变黏度模拟中能量收支更为迅速，流动情况也更加复杂。

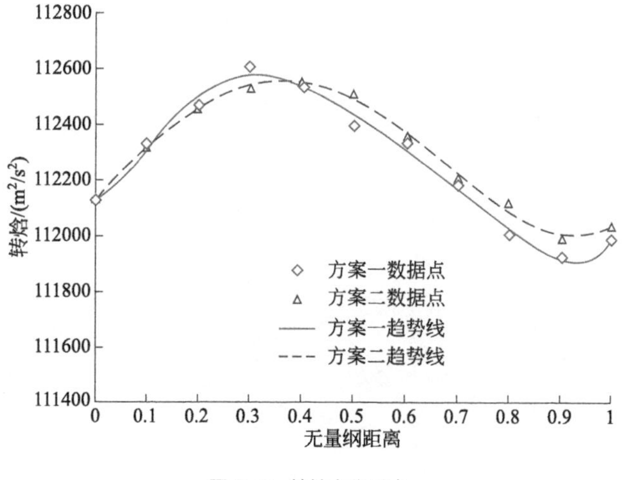

图 8-7　转焓变化对比

（2）流场参数分析

① 雷诺数（*Re*）。

Re 为流体惯性力与黏性力的比值。图 8-8 为泵轮和涡轮交接面上变黏度模拟与恒黏度模拟得到的雷诺数发展时序图。图中方案一模拟出的 *Re* 在任意时刻都高于恒黏度。方案一得到的 *Re* 高达 400000，而恒黏度得到的最大 *Re* 则为 150000，这与 By 和 Ejiri 研究得到的 5700 和 7000 均要大得多 [13,14]。而随着时间推移，液力变矩器内部温度逐渐升高，由式（8.1）可知，介质油液的黏度随温度升高而下降。由于方案一为变黏度数值模拟，所以方案一中的油液黏度的下降导致其黏性力下降，这

是导致方案一得到 *Re* 较高的原因。另外，方案一模拟出的雷诺数值相较恒黏度模拟在时间发展上有一定的延后，也就是说，变黏度数值模拟更能直观体现雷诺数值的发展状况。

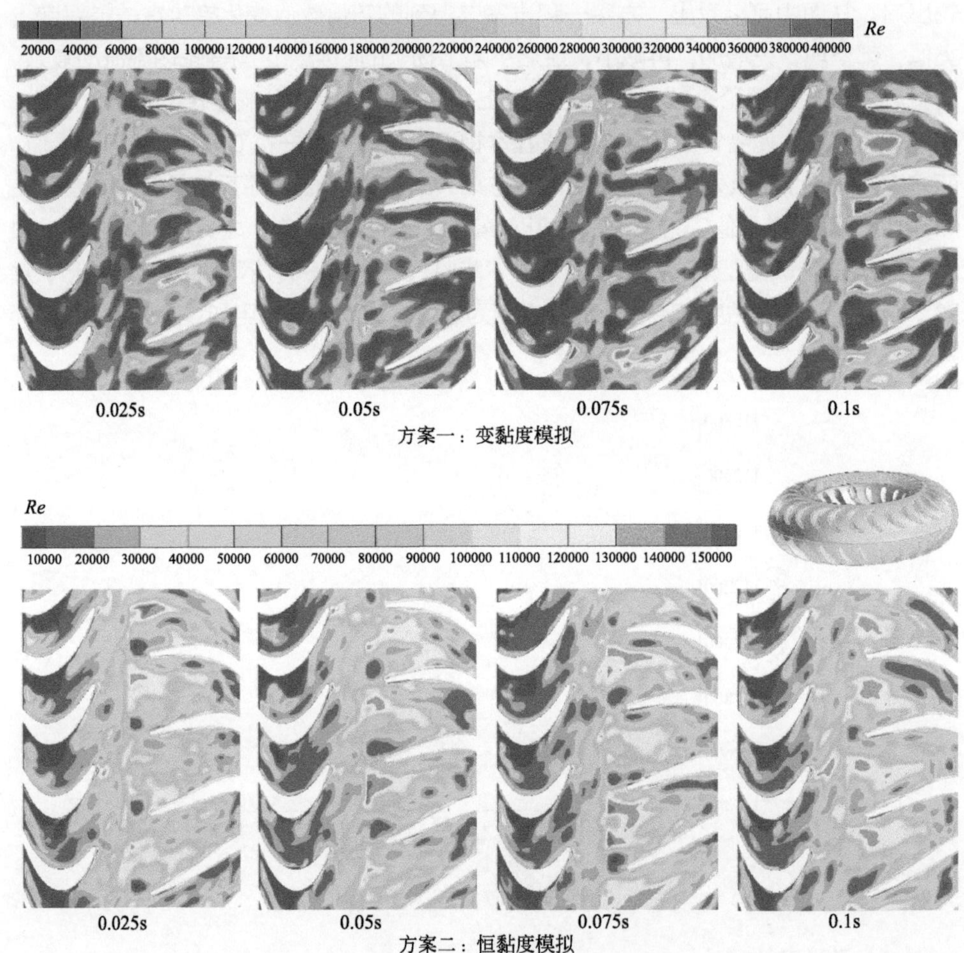

图 8-8　泵轮和涡轮交接面上雷诺数发展时序图

② 壁面剪切应力。

如图 8-9 所示，在液力变矩器导轮叶片上的壁面剪切应力分布最为复杂，且最大壁面剪切应力也出现在导轮叶片上。这一规律同时呈现在压力面和吸力面上。然而通过对比方案一和方案二得到的所有叶片上的壁面剪切应力可知，方案一模拟出的壁面剪切应力要小于方案二所得到的壁面剪切应力，这是因为壁面剪切应力正比于介质黏度。方案二为恒黏度，而方案一为变黏度且其黏度随温度增长而下降，最终方案一的黏度小于方案二的黏度，这就导致了方案一所得到的壁面剪切应力小于方案二所得到的壁面剪切应力。所以在数值模拟过程中，变黏度数值模拟得到的因黏滞效应引起的液力损失较小。这能在一定程度上解释变黏度数值模拟能够得到高精度原始特性预测结果的原因。

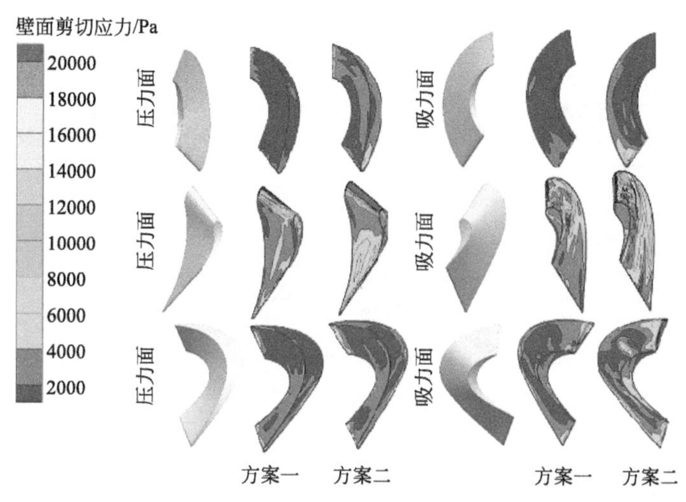

图 8-9　壁面剪切应力

③ 黏性耗散。

图 8-10 为导轮压力面上同一流线上各参数曲线。无量纲距离“0”代表进口，“1”代表出口。由图可知，流线上温度在进口附近先降后增呈剧烈变化状态，之后急剧增加；在 0.2 点后依然呈增长趋势，然而温度增长率降低，与此对应的有效黏度呈相反趋势。这与黏度随温度升高而降低的理论相符。由于方案二恒定高黏度，从而导致了方案二模拟过程中相较方案一所得黏性力更大，进而导致了更大的黏性耗散使流液的湍动能转化为内能，使方案二所得到的温度高于方案一。同时在表现黏性力变化的黏性力系数方面，方案二所取得数值大于方案一，这也佐证了上述结论。黏滞系数显示出了方案一由于温度变化导致的黏度变化，进而引起黏滞的急剧变化。由此可知，在变黏度模拟中，相对恒黏度模拟的黏性力对于温度变化更加敏感，这符合理论预期。另外，从湍动能和湍动能耗散率亦可以得出类似结论。方案一相较方案二得到的湍动能耗散率更低一些。从而呼应方案一相较方案二湍动能更高的定量分析结果。这些都解释了方案一所得温度低于方案二的原因，即方案二中更多的湍流耗散导致了更多的湍动能转化为内能，进而使方案二温度更高的结论。此外，通过分析涡量的变化规律也可以得出相似结论。

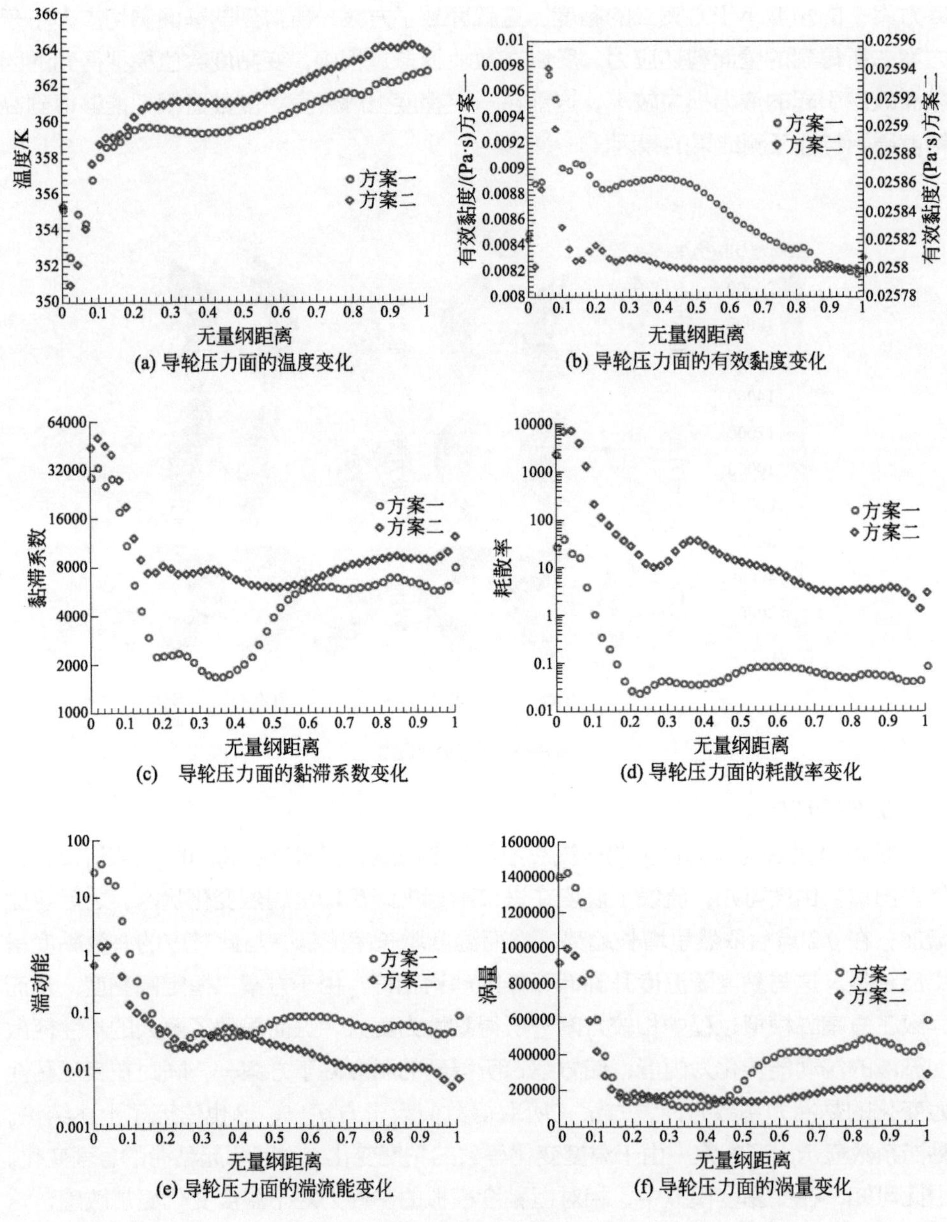

图 8-10　黏性耗散参数

(3) 应力场参数分析

① 等效应力。

在工作过程中，工作介质的温度升高，从而通过传热导致液力变矩器零部件温度升高，引起热应力的出现。与流固耦合（FSI）计算相比，图 8-11 和图 8-12 显示，从热流固耦合中获得的等效应力更大。可以看出，无论是热流固耦合还是流固耦合，最大等效应力均位于定子叶片处。图 8-12 中从热流固耦合计算获得的等效应力在任何时间都大于流固耦合。这些发现表明热应力是等效应力的重要组成部分。流固耦合中低估了等效应力，这可能会导致设计缺陷。因此，在液力变矩器中应用热流固耦合进行强度校核更为合理。

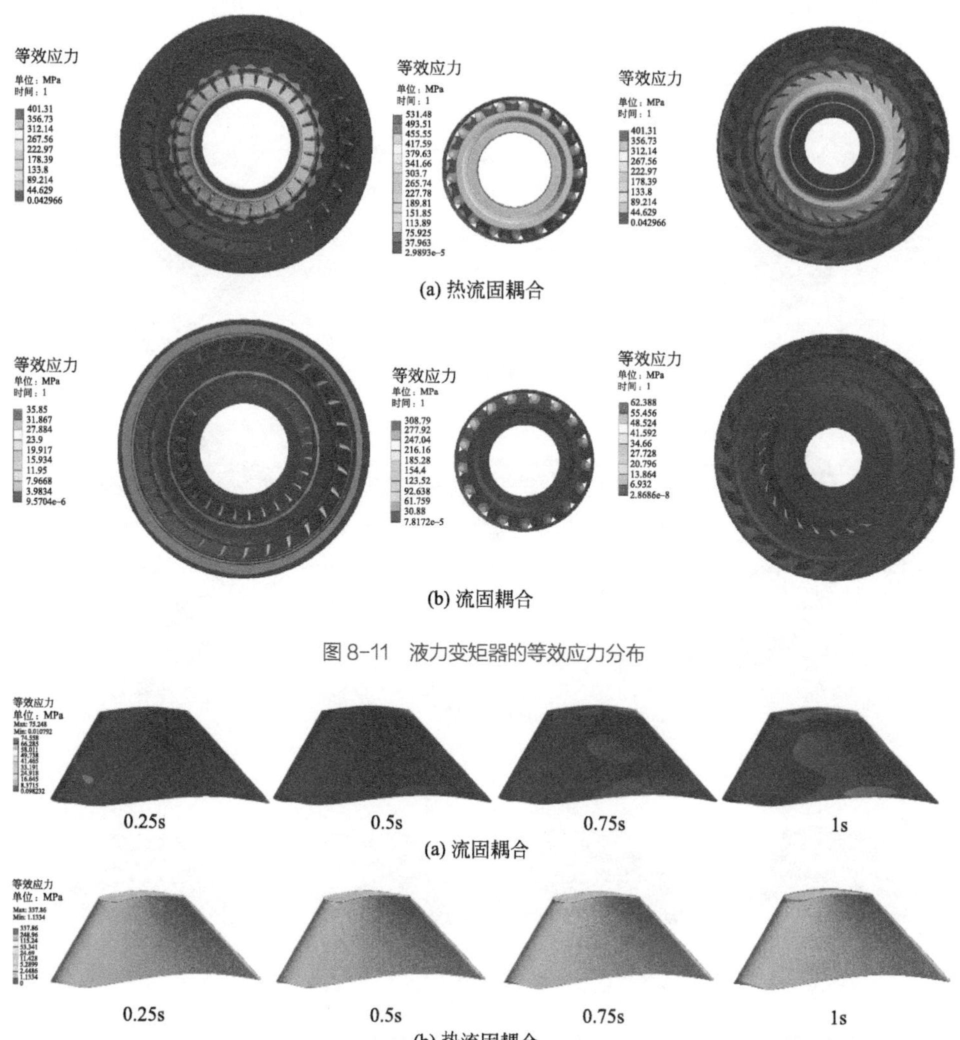

(a) 热流固耦合

(b) 流固耦合

图 8-11　液力变矩器的等效应力分布

(a) 流固耦合

(b) 热流固耦合

图 8-12　不同时间下定子叶片的等效应力

② 等效应变。

如图 8-13 所示，由于更大的等效应力，热流固耦合的变形更大。此外，导轮的叶片变形比泵轮和涡轮的大，最大值出现在尾缘处。热流固耦合结果表明最大变形值可达到 0.313mm，超过叶片厚度的 15%，而流固耦合中最大变形量约为 0.02mm。图 8-14 还表明，热流固耦合中的总变形始终大于流固耦合中的总变形。尾缘发生较大变形会导致出口角的偏差，最终导致性能偏离设计目标。这种现象在铸造液力变矩器中影响有限，但对冲焊式液力变矩器叶片强度和叶片结构及加强筋设计有很大影响。因此，热流固耦合对于液力变矩器中冲焊式液力变矩器的强度和变形是必要的。

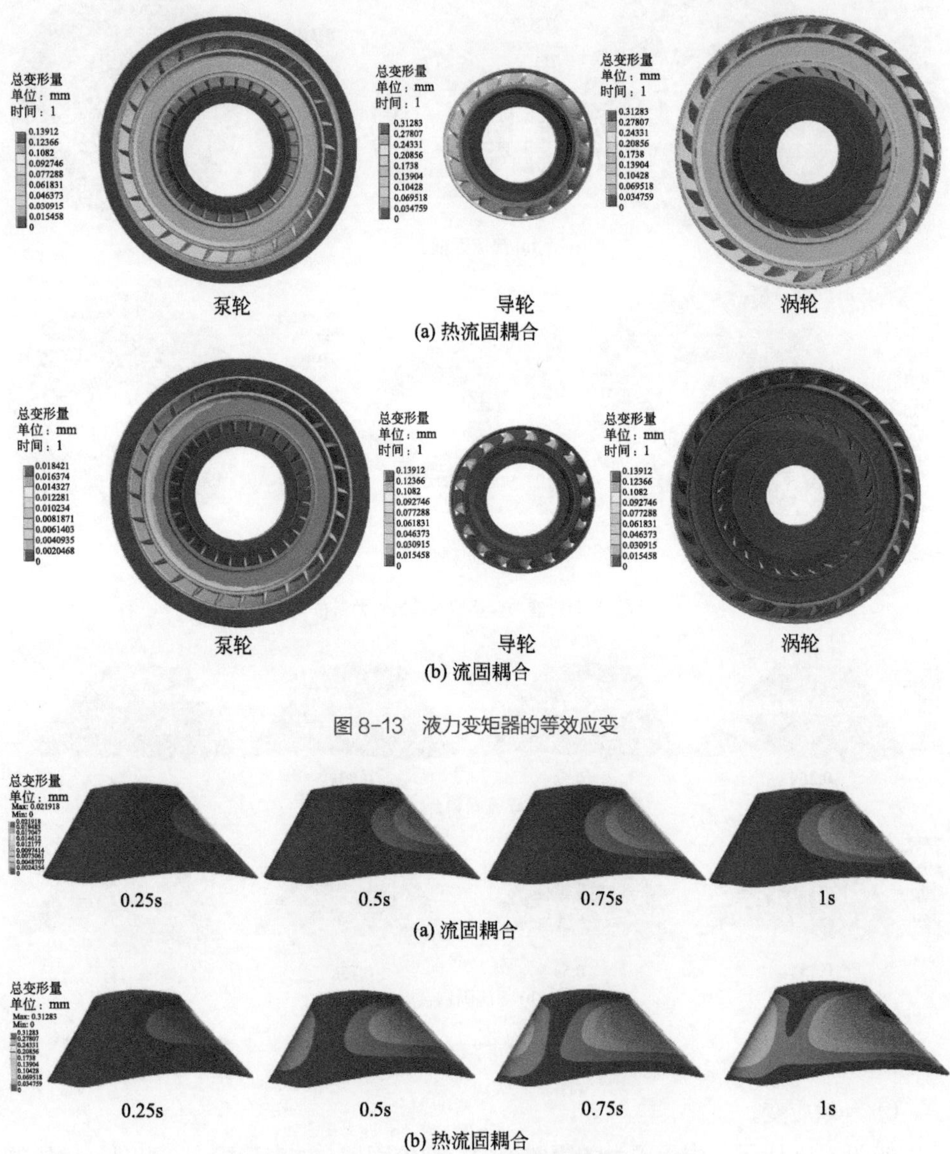

图 8-13 液力变矩器的等效应变

图 8-14 两种方法不同时间下定子叶片总变形量

8.2
液力缓速器气-液耦合计算与分析

液力缓速器广泛应用于车辆辅助制动装置，具有高速制动转矩大、制动舒适、油耗低等优点[15-18]，其采用非摩擦式制动原理，对制动力矩的调节主要依靠对叶轮腔进行适时适量充放液来实现。在紧急制动工况下，液力缓速器工作腔内的工作液体需要在很短的时间内达到设定的充液量，从而达到紧急制动所需要的制动转矩。

8.2.1　气 - 液耦合空化现象数值模拟

液力缓速器工作时，其工作腔内充满了气 - 液耦合两相湍流液体。当流道内局部压力小于当前温度下传动油的饱和蒸汽压时，形成气泡，气泡运动到高压区时会破裂冲击到转子与定子壁面，造成空化气蚀现象。长时间的空化气蚀会缩短液力缓速器的使用寿命。

（1）计算域模型

本小节采用结构网格，图 8-15 所示是整个流道的结构图和结构网格图，左侧是流道结构图，右侧是相应的网格图。如液力缓速器流道结构图所示，直叶片均匀地分布在转子和定子中，进油口开在定子叶片中间位置，并且出于强度考虑，有进油口的叶片厚度要大于其他叶片厚度，定子外环处分布着出油口，交接面是转子和定子网格的交界区域。当网格数超过四百万时，缓速器的制动转矩及流场特征已不再变化，故本小节采用网格数为四百万的结构网格，并且考虑到缓速器各个子流道的差异，所有子流域都被划分为六面体结构网格。为了更好地模拟流场细节，特别是黏性底层的流动，叶片附近区域和流道进出口区域都进行了局部的网格加密处理。

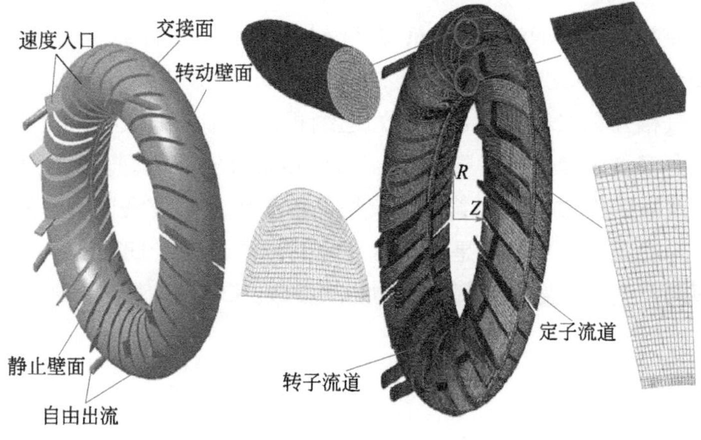

图 8-15　液力缓速器全流道模型与网格图

（2）边界条件

对于 CFD 数值计算，只有合理的边界条件才可能得到准确的流场数值解，根据缓速器实际流场，主要应用了以下边界条件[19,20]：

① 进出口边界条件：本节将缓速器入口条件设置为速度入口，并且油液温度为60℃，为了空化流场能更好地收敛，油液出口边界条件为压力出口。

② 壁面边界条件：由于转子叶片和转子外环面是恒速旋转的，定子叶片和定子外环面是静止不动的，故将定子叶片及定子外环面设置为静止壁面，转子叶片和转子外环面设置为移动壁面，并且其相对转子运动域的运动速度为 0。

缓速器工作过程中，转子域和定子域不断进行能量交换，在运算中定子网格和转子网格会发生相对滑动。本节采用滑动网格技术来实现转子和定子交界面处的信息传输。对于非稳态流场计算时间步长的选择很关键，通常是步长越小越好，缺点是延长计算时间。本节选择时间步长的原则是在单个时间步长内网格相对滑移量不超过一个网格距离。下面以转子转速为例计算最小时间步长。

转子转动周期为

$$T_c = \frac{1}{f_B} = \frac{1}{n_B / 60} = 0.05\text{s} \tag{8.5}$$

式中 f_B——转动频率；

n_B——转速，r/min。

本节研究的液力缓速器参考样机的循环圆有效直径 D 为 296mm，网格中最大网格单元尺寸为 3.75mm，因此最小时间步长计算为

$$\Delta t \leqslant \frac{3.75T_c}{\pi D} = 2.016 \times 10^{-4}\text{s} \tag{8.6}$$

故选择的非稳态计算时间步长为 0.0002s。

（3）模拟方法设置

本小节主要采用 ANSYS Fluent 进行流场求解。在计算空化湍流场的过程中，湍流模型使用 DLES 模型[21-23]，并采用 VOF 模型来模拟两相流动，其中液相为主相，气相为第二相，并且液相为连续相，气相为离散相。为了模拟空化过程，定义了由于空化导致的质量转移，选取 Singhal 空化模型，定义了饱和蒸汽压力。由于缓速器工作过程伴随着能量交换，本小节也研究缓速器内的温度变化规律，传动油的密度和动力黏度是随温度变化的函数，通过 UDF 文件导入，在计算中可依据网格节点的温度自动调整传动油的参数。CFD 数值计算相关设置如表 8-2 所示。

表8-2　液力缓速器CFD数值计算设置

计算方法	计算设置
多相流模型	VOF 模型
湍流模型	DLES 模型
交界面交互方法	滑动网格方法
入口边界条件	速度入口，油温为 60 ℃
出口边界条件	压力出口
压力 - 速度耦合方式	SIMPLEC
其他空间离散方式	有边界的二阶隐式

Singhal 空化模型基于“完全空化模型”建立，可以模拟所有的一阶效应（相变、气泡动力学、湍流压力波动和不凝结气体）。Singhal 空化模型能够反映多相流或具有多相物质传输的流、液相和气相之间滑移速度的影响，液相和气相的热效应和可压缩性。其空泡体积分数、蒸发和冷凝项的表达式如下：

$$\alpha = n \times \left(\frac{4}{3}\pi R^3\right)$$

$$R_e = F_{vap}\frac{\max\left(1.0,\sqrt{k}\right)\left(1-f_v-f_g\right)}{\sigma}\rho_l\rho_v\sqrt{\frac{2}{3}\times\frac{\left(p_v-p\right)}{\rho_l}} \tag{8.7}$$

$$R_c = F_{cond}\frac{\max\left(1.0,\sqrt{k}\right)f_v}{\sigma}\rho_l\rho_v\sqrt{\frac{2}{3}\times\frac{\left(p-p_v\right)}{\rho_l}} \tag{8.8}$$

式中　α——空泡体积分数；

n——单位体积内空化核数量，一般取 $n = 1.0\times10^{13}$；

R——空泡半径；

F_{vap}、F_{cond}——蒸发和冷凝系数，一般采用$F_{vap} = 0.02$，$F_{cond} = 0.01$；

σ——表面张力系数；

k——流场内湍流动能；

ρ_v——蒸汽相密度；

ρ_l——液相密度；

f_v——空泡的质量分数；

f_g——不可凝结气体的质量分数。

考虑到湍动能对空化初生的影响，对饱和蒸汽压做如下修正：

$$p_{\mathrm{v}} = p_{\mathrm{sat}} + \frac{1}{2}(0.39\rho k) \tag{8.9}$$

式中　ρ——混合密度；

p_{sat}——饱和蒸汽压。

（4）典型结果

① 典型截面空化流场瞬态压力演变分析。

液力缓速器内部流体在截面上循环流动时造成内部流场周期性变化，图 8-16 是截面上压力随时间的瞬态演变云图。从图中可以看出，0.03 ～ 0.04s 时整个流面内压力数值较低，能看出截面中心压力值低，而截面外环处压力值较高，但是基本没有高压区出现。从图 8-17 气泡体积分数图看出，此时整个截面内部气泡体积分数较低。随着时间推移，截面外环处逐渐出现高压区，0.05s 时截面压力出现明显的压力分层现象，即截面外环处出现高压区，高压大约为 2MPa，而截面中心压力较低，在 −0.1 ～ 0.2MPa。外环处压力值高，是由于在转子流道中流体受到离心力的影响；而在截面中心离心力影响较弱，故而压力低。从图 8-17 可以看出，此时在定子和转子流道中气泡累积致使气泡体积分数较高，局部中心区域达到 0.9 ～ 1。从压力分布图中可以发现，0.05s 是一个循环周期，流场压力在周而复始地变化。在 0.1s 时截面中心低压区域分布较广，此时截面中心区域由于低压析出大量气泡。

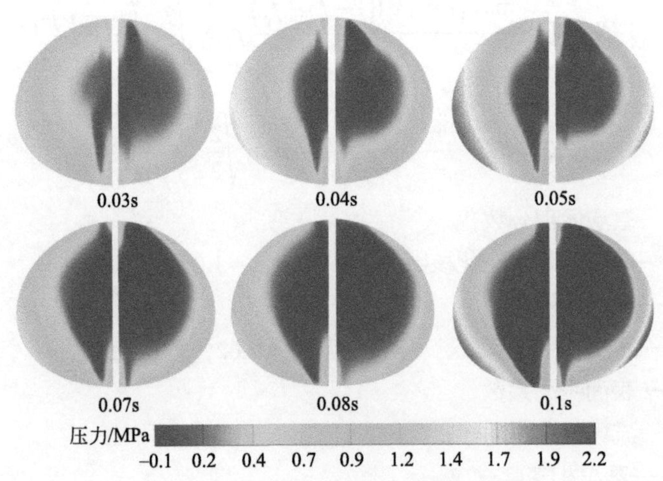

图 8-16　截面上压力随时间瞬态演变云图

② 典型截面空化流场瞬态气泡体积分数演变分析。

图 8-17 显示了瞬态气泡体积分数随时间的变化规律。从图中可以发现，在 0.03s 时流场内气泡数目较少，并且气泡主要存在于转子流道入口 1 和定子流道入口 2。

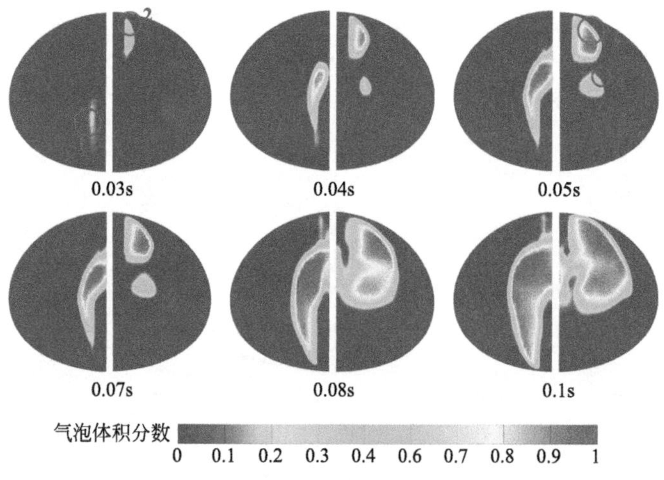

图 8-17　截面气泡体积分数随时间演变云图

由于空化本质上是流场局部低压造成的，所以这可以由图 8-16 截面压力分布图解释：由于定子叶片是静止不动的，定子流道入口处流场冲击大导致压力损失大；而在转子流道入口处，从定子中流出的流体获得转子的能量后速度激增，也造成压力有所下降。从 0.05s 时气泡分布图可以发现，转子流道中大量气泡聚集在截面中心区域，截面中心气泡体积分数明显高。在定子流道中逐渐出现两个气泡聚集的区域：一个是在定子流道的入口 3 处，其特点是中心区域气泡体积分数较高；另一个是在定子流道入口下方 4 处，其特点是气泡体积分数低，为 0.4 ～ 0.5。随着时间推移，气泡聚集区域范围逐渐扩大，并且可以明显地看出气泡聚集的中心区域气泡体积分数接近 1，说明此区域气泡多液相分布较少；而在气泡聚集的外围边缘区域，气泡体积分数相对低，大约在 0.4，说明此区域是液相和气相混合的区域。还有一个显著特点是，定子流道中出现的两个气泡聚集区域之间逐渐相互靠近并且融为一体，在 0.08s 时可以发现两区域融为一体。此外，发现转子流道的气泡分布与定子流道中的气泡分布有所不同，气泡聚集区域只有一个并且形状比较规则，气泡聚集中心区域的气相体积分数也明显高于边缘区域。随着时间推移，气泡数目在流道中逐渐增多，会对缓速器的制动性能产生比较大的影响。

③ 转子和定子叶片温度变化分析。

液力缓速器工作过程中流道内部发生能量转移，随之而来的是流道内部流体的温度发生变化。如图 8-18 所示，整体来看，定转子叶片温度分布具有一致性。从图 8-18（a）转子叶片温度云图可以看出，温度最高值位于转子内径入口 1 处，此处由于流体冲击有很大的热量产生，除此之外在叶片中部偏上也有高温分布区域；温度最低点位于叶片中心靠近交接面处，此位置是空化发生区域，温度较低。

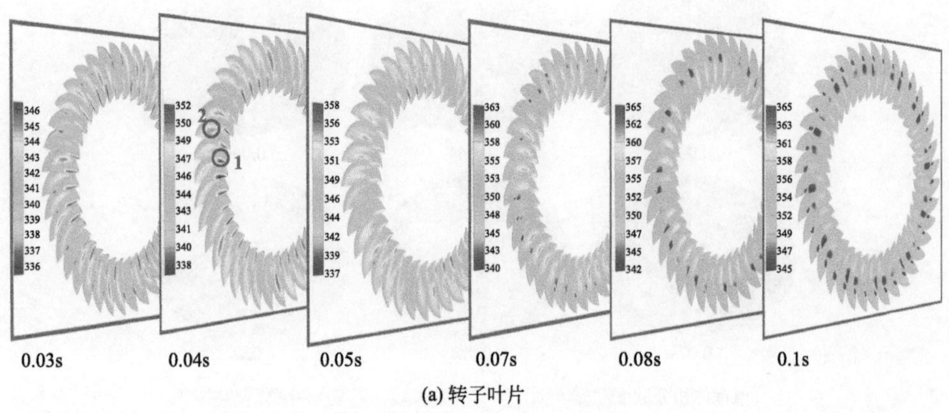

(a) 转子叶片

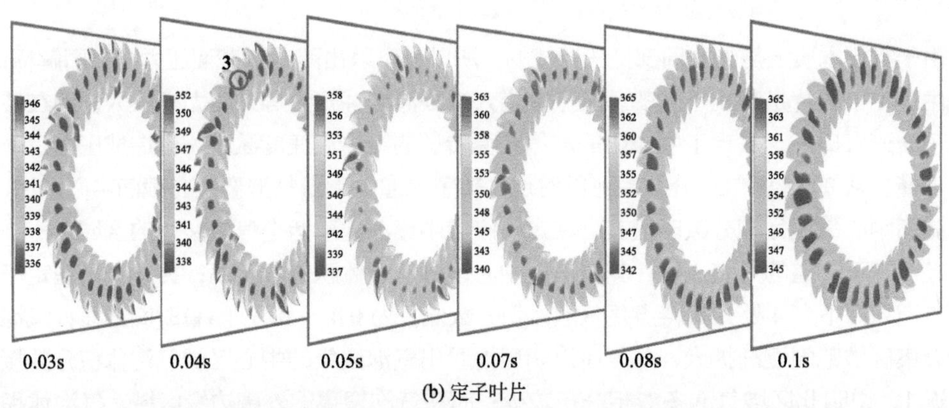

(b) 定子叶片

图 8-18　液力缓速器转子与定子叶片吸力面温度云图

图 8-19 给出了定转子叶片吸力面温度随着时间的变化曲线。从图 8-19（a）转子叶片温度随时间变化可知，0 ～ 0.1s 内温度最高值、最低值和平均值都在逐渐上升，并且个别提取点温度不稳定。从图 8-19(b)定子叶片温度随时间变化可以看出，温度最大值与最小值分布比较明显，最小值在吸力面叶片中心空化发生区域，最高点位于叶片外径入口 3 处，此区域受到流体冲击大，故温度最高。除此以外，温度分布比较平均，集中在 337.3 ～ 340.4K 范围内。从图 8-19（b）来看，定子吸力面上温度变化比较均匀。由于在缓速器建模过程中未考虑缓速器的热交换过程，并且在模拟中假设缓速器壁面绝热，故模拟的缓速器温度较高也不趋于稳定。从图 8-19 来看，由于转子叶片受到流体冲击比定子叶片大，故转子叶片最高温度高于定子叶片，而在转速到达 1200r/min 时，定子流道内空化强度高于转子流道内空化强度，

故空化导致的定子吸力面叶片温度最低值和平均值要小于转子吸力面叶片温度最低值和平均值。

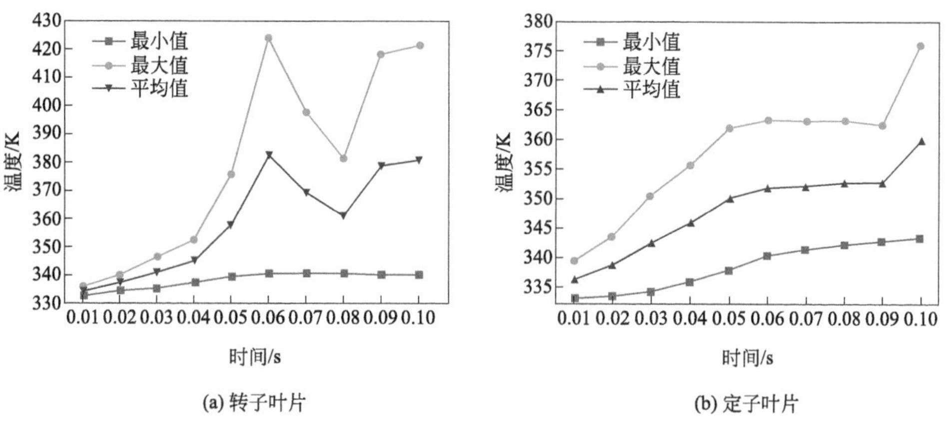

(a) 转子叶片　　(b) 定子叶片

图 8-19　转子与定子叶片吸力面温度随时间变化图

8.2.2　液力缓速器充液过程仿真数值模拟

在缓速器的充油过程中，通过建立一维液压系统与三维 CFD 模型之间的关系，实现进出口动态变化，监测充油平衡状态，从而推算充液率。因此，通过建立工作腔压力与充液率的耦合关系，解析这一过程中速度场、压力场，揭示制动过程的流场结构变化随转子制动力矩变化的规律，实现控制压力与充液率的转换，明确流回油孔尺寸变化与制动力矩变化的关系 [24-27]。

（1）联合仿真模拟

首先，根据缓速器 AMESIM 气液模型，建立缓速器气动比例阀仿真模型，得出缓速器的进口流量；其次，利用平衡时进出口流量相等，推算缓速器出口压力；然后，通过 CFD 计算建立工作腔出口压力与输入转速和充液率之间的型谱关系；最后，当输入不同控制气压，通过映射关系，推算出不同控制气压下的工作腔充液率，从而得到不同工况下的制动力矩。

通过 AMESIM 建立缓速器气动比例阀仿真模型，如图 8-20 所示，得到工作腔进出油口流量 - 压力耦合模型。将该模型作为联合仿真 TCP 服务器，如图 8-21 所示，为三维 CFD 计算提供动态边界条件，实现了进出流量的动态变化，为准确建立制动转矩过程奠定基础。

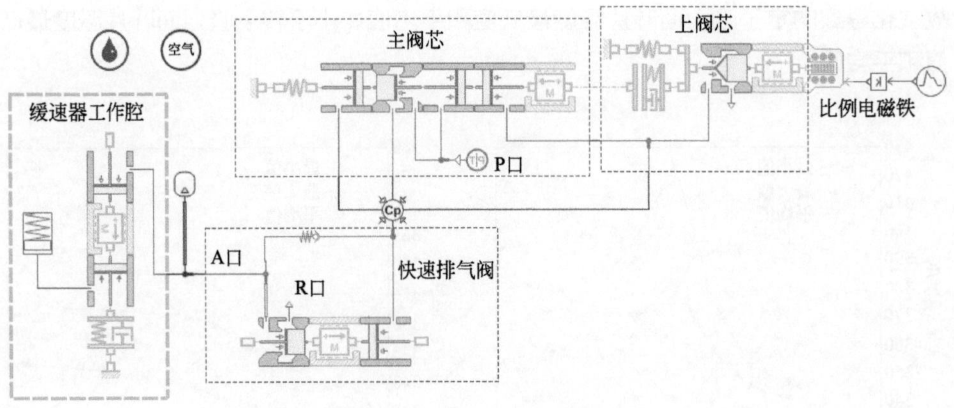

图 8-20　缓速器气动系统模型

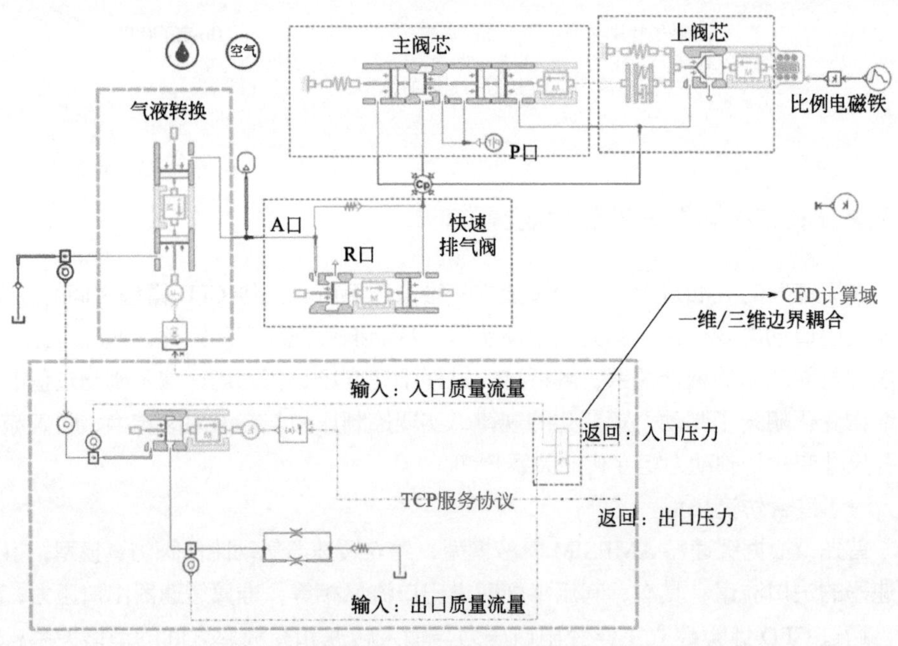

图 8-21　联合仿真 TCP 服务器

由图 8-22（a）所示的液力缓速器工作腔出油口压力随充液率的变化关系可以看出，当转子转速一定时，充液率越高，压力越大，且出油口压力与充液率的一次方成正比。

由图 8-22（b）所示的液力缓速器工作腔出油口压力随转子转速的变化关系可以看出，当充液率一定时，转子转速越大，压力越大，且出油口压力与转子转速的二次方成正比。

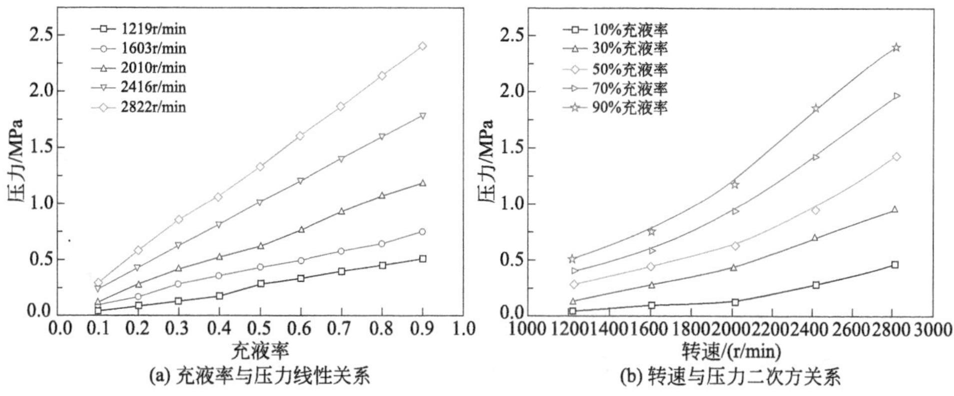

图 8-22　工作腔出油口的压力关系

由上述分析可知，液力缓速器的工作腔出油口压力是转子转速的二次函数，是充液率的线性函数，因此，可以拟合了工作腔压力与转子转速和充液率的关系如下：

$$p\left(n_{\mathrm{r}},q_{\mathrm{c}}\right)=0.3602\left(\frac{n_{\mathrm{r}}}{1000}\right)^{2}q_{\mathrm{c}}-0.0299\left(\frac{n_{\mathrm{r}}}{1000}\right)^{2}+0.1654\left(\frac{n_{\mathrm{r}}}{1000}\right)+0.1209q_{\mathrm{c}}-0.1889 \tag{8.10}$$

图 8-23 为出油口压力与充液率和转速耦合关系图。由图可以看出，随着转速和充液率的增长，出油口压力明显增大，当压力到达一定值，进出油口进出流量相等，缓速器工作腔充液动态平衡。

利用 Amesim 求解出不同压力信号下的进口流量，达到平衡时，进出油口流量相等，而用工作腔内出油口流量求解相应的压力值，代入拟合公式求出各转速下的充液率。利用 CFD 数值计算，求解制动力矩，三维流体域如图 8-24 所示。

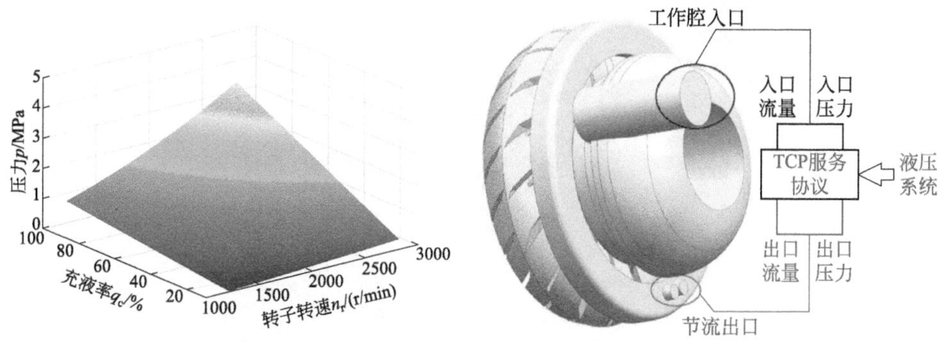

图 8-23　出油口压力与充液率和转速耦合关系　　图 8-24　三维流体域示意图

缓速器进油口由比例气控阀的压力控制，在改变控制压力信号下，使进入缓速器工作腔内入口的流量改变，从而改变该转速工况下的充液率，调整缓速器制动力矩。利用 CFD 数值模拟，出口阀片直径为 10mm，设置控制气压分别为 3.0bar[1]、2.852bar、2.138bar、1.425bar、0.7125bar 时，对转子转速为 2822r/min、2010r/min 工况下进行计算。

缓速器出油口利用节流垫片的大小来控制缓速器工作腔内的充液率，并连接了单向阀（阻力较小），在出油口设置为自由出口。缓速器进油口由比例气控阀的压力控制，在不改变压力信号的情况下，进入缓速器工作腔内的质量流量基本不变。而随着工作腔内充液率的升高，工作腔的压力不断升高，导致工作介质保持动态的平衡，腔内充液率不再变化。如图 8-25 所示为转子转速为 2416r/min 下的油液分布图。利用 CFD 数值模拟，设置气控压力为 3.0bar，回油孔直径为 8mm、10mm、12mm 时，对转子转速为 2416r/min、2010r/min 工况下进行计算。

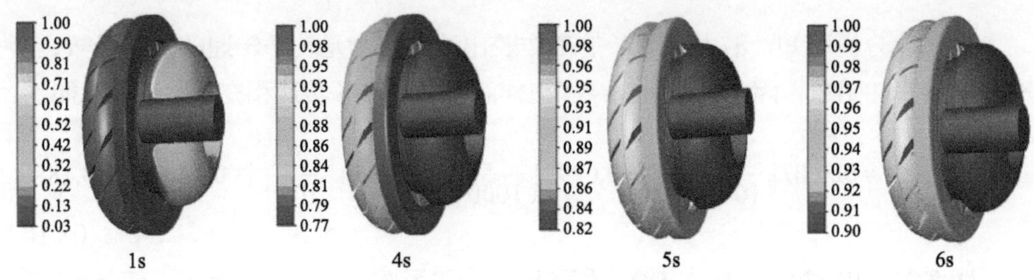

图 8-25 充液过程油液分布图

（2）典型结果

各气压信号下转子气压、传动轴转速和传动轴制动力矩关系如图 8-26 所示。

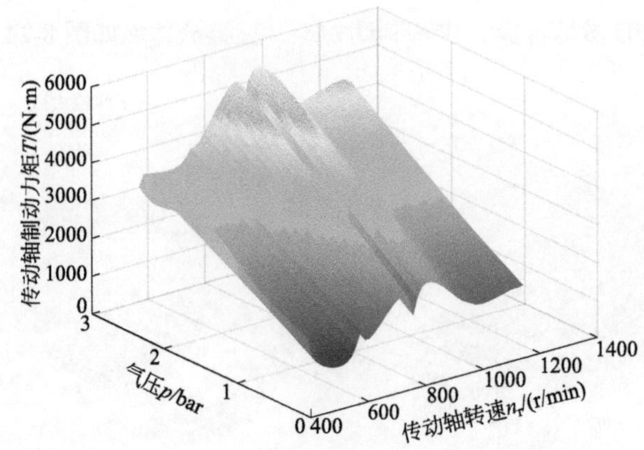

图 8-26 气压、传动轴转速和传动轴制动力矩关系

❶ 1bar=100kPa。

对 2.8bar 气压信号下的充液过程中流场进行分析，通过解析这一过程中速度场、压力场，明确制动过程的流场结构对制动工况的影响规律。图 8-27 为缓速器转子转速为 2010r/min 时，在 2.8bar 控制气压信号下，充液过程中的压力场云图。从图中分析可知，随着时间的增加，充液率的升高，工作腔内的压力明显升高，使得腔内液体运动更复杂。正如图 8-27 进出口所示，随着充液率的增加，出口的压力明显升高，这将会增大出口油液的流量。而充液率是影响制动力矩的重要因素，最终将随着工作腔内压力的升高，充液达到平衡状态，导致充液率不再发生变化，这证明了之前的分析。因此，增加进口压力，减小节流垫片口径，在一定程度上可以改善工作腔内的充液率，从而提高最大制动力矩。

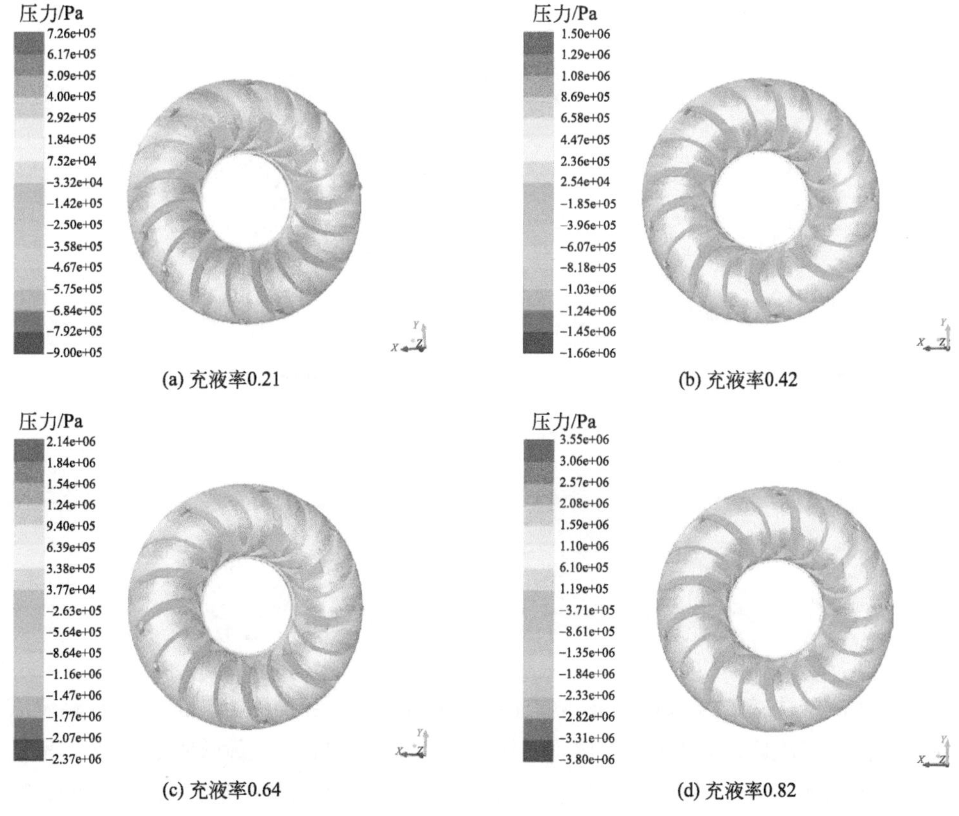

(a) 充液率0.21　(b) 充液率0.42

(c) 充液率0.64　(d) 充液率0.82

图 8-27　不同充液率下压力场云图

图 8-28 为不同速度不同控制气压信号下速度场云图，取定转子交界面，对比了不同压力信号对缓速器工作特性的影响。由于离心力作用，缓速器外环的速度较大。而随着压力信号的增加，外环速度增加，内环速度减小。而缓速器的进油口分布在叶片内环，出油口分布在外环。因此，随着缓速器充液过程的进行，缓速器净进油量减少，达到动态平衡。

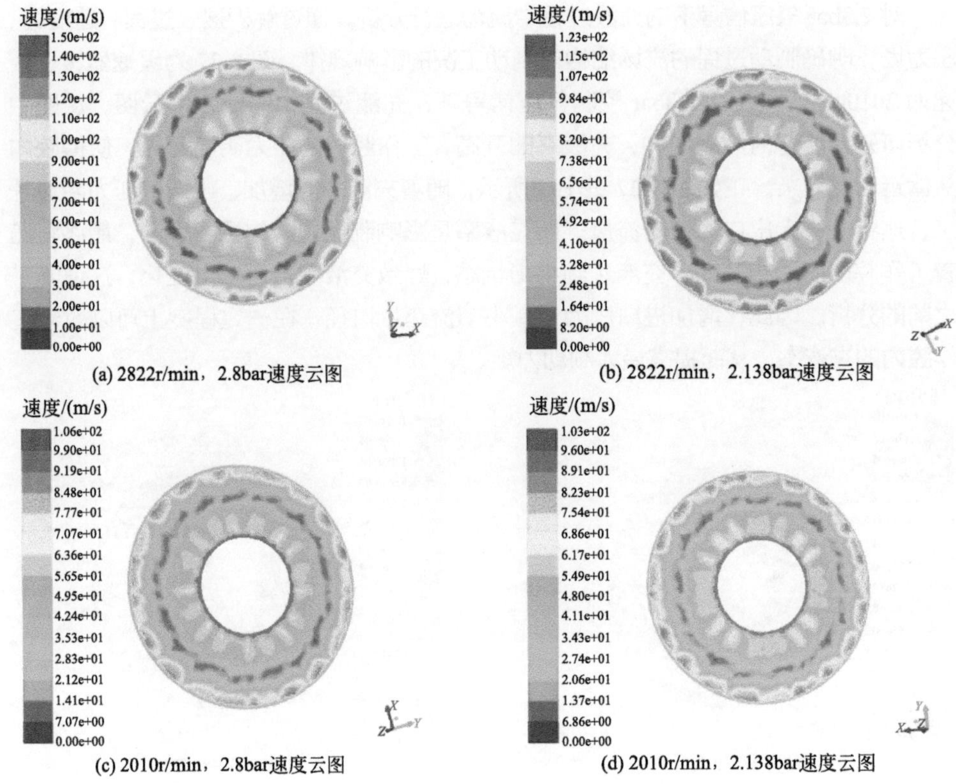

(a) 2822r/min，2.8bar速度云图　(b) 2822r/min，2.138bar速度云图

(c) 2010r/min，2.8bar速度云图　(d) 2010r/min，2.138bar速度云图

图 8-28　速度场云图对比

8.3 板翅式换热器流-热耦合计算与分析

流体热量传递的基本原理是热量通过热传导、辐射和流对换热的方式从高温流体传递到低温流体。温度较高的流体释放热量，温度较低的流体吸收热量[28]。虽然强化传热问题研究也已经较为深入，但是研究学者们对其的关注度并没有降低。特别是绿色环保、低碳问题已经是全球需求焦点的今天，研究强化传热问题的应用领域以及如何提高传热性能仍很有必要。像过程工业中传递热量都要用到的换热器，其强化传热技术已经发展到了第三代，即利用增加三维实体肋结构、增加表面粗糙度、放置纵向涡发生器或其他多元耦合强化传热技术等提高传热效率，其中尤为代表的就是板翅式换热器[29,30]。

8.3.1 数值模拟方法

因此，为进一步提高板翅式换热器的性能，我们需要明白传热机理，所以我们采用 CFD 数值模拟的方法来研究板翅式换热器传热机理。

（1）计算域及网格

研究对象选择 1/8-13.95 型号的锯齿型板翅式换热器[31]。翅片高度 h 为 9.54 mm，翅片节距 l 为 3.175mm，翅片间距 s 为 1.821mm，翅片厚度 t 为 0.254mm。在仿真过程中，由于对整个翅板式换热器进行仿真所需的资源较多、时间较长，为减少网格划分工作量和计算时间，对板翅式换热器计算域进行了适当的简化。最终经简化后的流道计算域及其六面体网格如图 8-29 和图 8-30 所示。

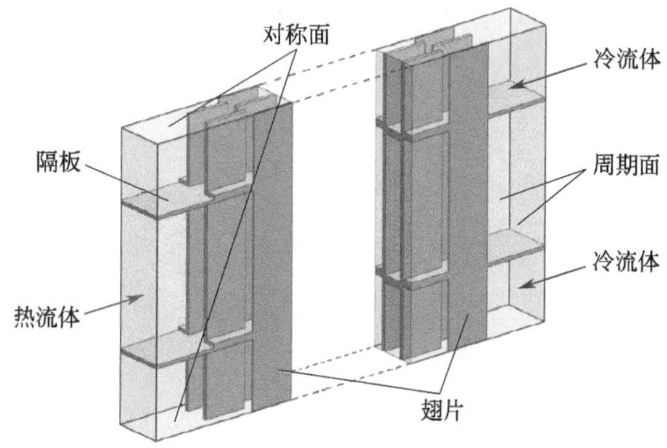

图 8-29　换热器计算域边界条件设置

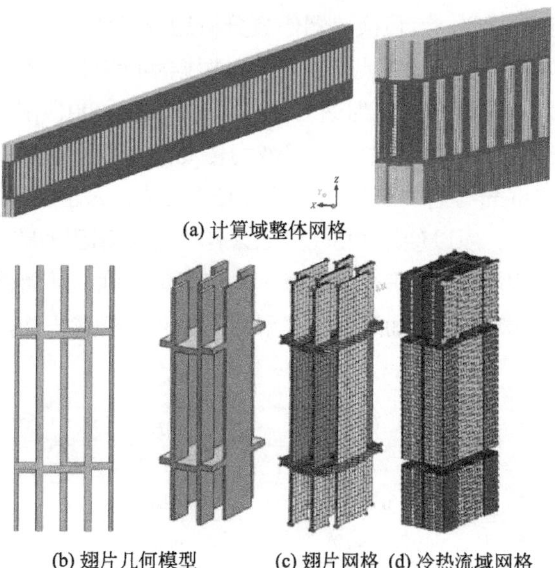

图 8-30　换热器流道及翅片的网格

（2）网格无关性验证

在对锯齿型板翅换热器进行 CFD 数值模拟前，为了确定网格划分数量，以文献 [31] 中的实验数据为参考，先对网格无关性进行证明，结果如图 8-31 所示。根据图中曲线可了解到，网格数越多，模拟计算值与参考试验值间的差值越小，在 400 万网格之后，误差曲线趋势下降变缓，逐渐趋于定值，但不同的是，计算时间却是呈线性上升的。所以综合考虑计算时间成本以及换热性能的计算准确性，尽量把网格数定在 400 万左右最佳。实际计算中，网格数为 4344428，此时的性能参数与参考数据误差小于 2%，满足要求。

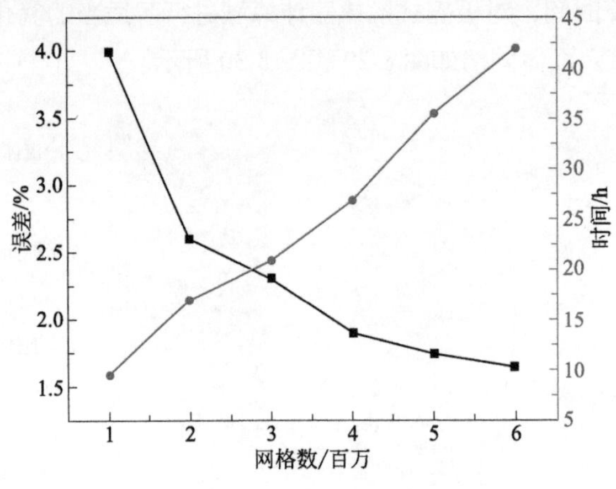

图 8-31　网格无关性检验

（3）模拟方法设置

根据换热器工作原理，设置换热器仿真分析边界条件：单周期流道的上、下端设置成对称面，左、右设置成周期面，均可以根据实际需求进行周期阵列，固体板翅翅片域的材料为铝。流体入口为速度进口，进口 Re=800，出口都设置为压力出口，换热过程中的热流体为 125℃的 8 号液力传动油，冷介质为 60℃的水，其物理性质见表 8-3。在 Fluent 软件中计算时采用 SBES 方法，为了使每个迭代步中得到的压强和动量偏差较小，所以使用 PISO 算法来作为速度和压力的耦合方式，其自身添加了动量修正和网格畸变修正，所以每一步结果更准确，从而整体减少计算时间。离散格式为最小二乘梯度，空间离散形式采用二阶迎风格式 [32-34]。

表8-3　换热器中材料的物理特性

物性名称	铝	水	油
密度 /（kg/m^3）	2719	983.2	876
比热容 /［kJ/（kg·K）］	0.871	4185	2214
热导率 /［mW/（m·K）］	2.37×10^5	0.651	0.165
黏度 /（Pa·s）	—	4.668×10^{-4}	0.009

（4）模拟方法验证

由图 8-32 可以看出，对比文献 [31] 中所得到的试验值，本书应用数值模拟的计算结果与试验值相差不大，换热因子 j 平均误差为 5.10%，摩擦因子 f 平均误差为 7.34%，其中换热因子 j 和摩擦因子 f 的公式见式（8.11）。但由于参考文献中试验时会存在 5% 的系统误差，所以可证明采用本书中的 CFD 数值模拟方法对锯齿型板翅换热器的性能参数进行计算、对换热器内流场分析是有效并且可行的。

$$\begin{cases} j = \dfrac{Nu}{RePr^{1/3}} \\ f = \dfrac{\Delta pD}{2\rho u^2 L} \end{cases} \tag{8.11}$$

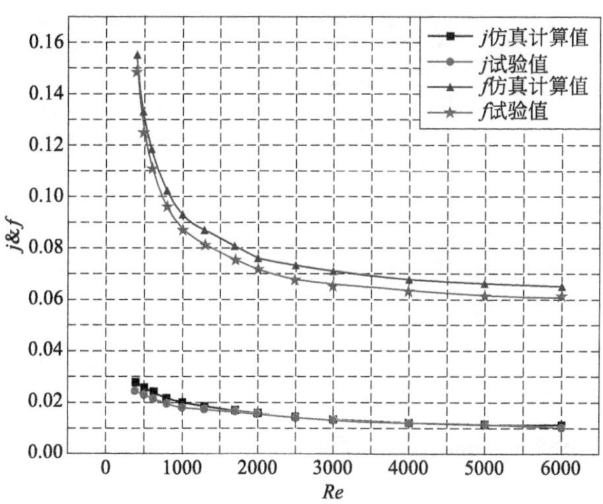

图 8-32　换热器性能仿真计算值与试验值对比

8.3.2　典型数值结果

（1）流场参数分析

① 速度。

图 8-33 所示为热流场 z=0.015m 处的速度截面图。流体由入口流向出口，中间经过翅片，翅片对其流动有一定的阻碍作用，所以翅片前端处流体的速度较周围小。而流体流过翅片的后端，由于翅片的阻碍作用，一部分流体改变了其原来的流动方向，所以会和另外一些保持原来运动方向的流体发生碰撞，碰撞处流体的湍流度增加，从而使得壁面的边界层变薄加强传热。经计算，速度的最大值为 5.6170m/s，平均速度为 3.8149m/s。

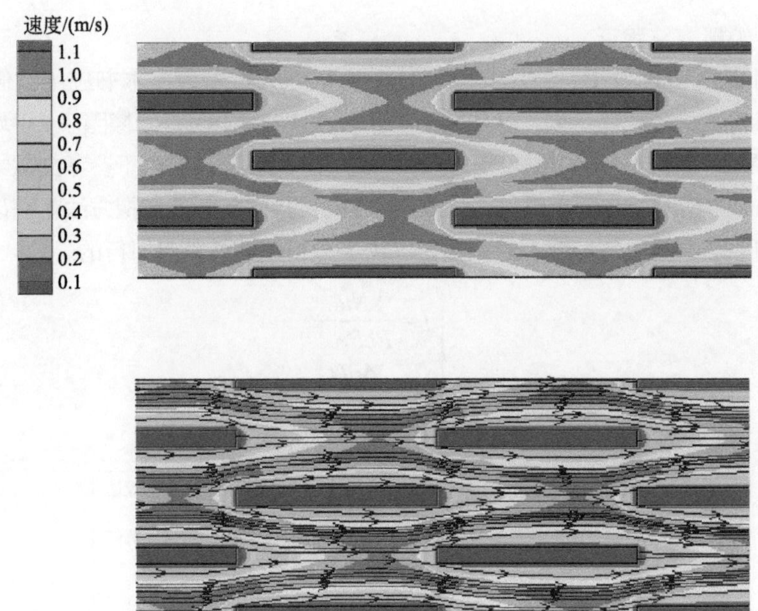

图 8-33 换热器内热流场 z=0.015m 处速度截面图

图 8-34 为整体热流道内进口面、切面 x=0.01m、切面 x=0.015m、切面 x=0.02m 四个位置的速度截图。每个位置的局部速度图都有变化。由于流道进口的热边界层影响，使得进口边界层非常薄。因为云图上速度变化色彩较为明显，所以采用相同的云图标尺也能很好地展现出切面处的速度云图，如图 8-35 所示。由于截面的速度差异使得流体更容易产生涡流，从而加强传热。

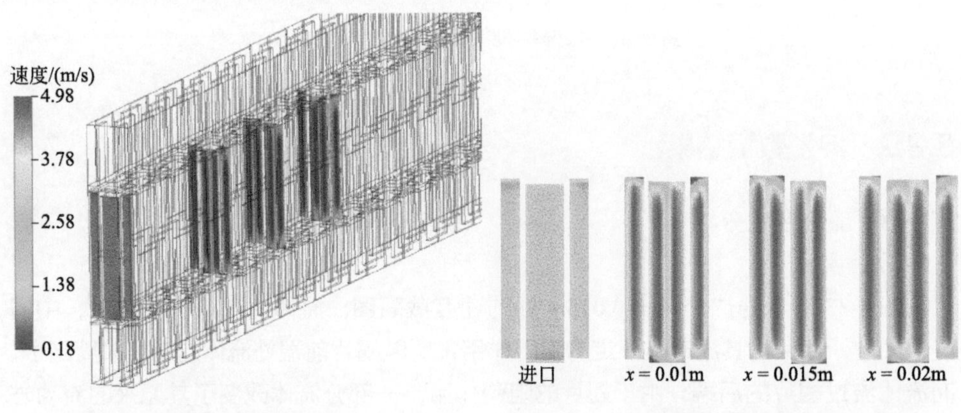

图 8-34 换热器热流道速度图

图 8-35 换热器内热流道不同位置的速度云图

② 压力。

图 8-36 为锯齿型板翅换热器换热过程中热流道的压力图。从图中可知，压力从进口到出口也是逐渐下降的，因为流体在流动的过程中受到沿程阻力的影响，以及相邻流体间也会产生黏滞阻力，动能降低，速度也降低。流体流过叶片尾端，因为大部分的流体原本是按直线流动的，所以在叶片尾部附近没有流体，会形成一个真空区域，压强很小；这时真空区域相邻位置的流体由于周围流体有一种由高压流向低压的趋势，会促使其填补这个真空区，所以翅片尾端附近的区域压力要相对较低，但是也不为零，与图 8-36 相符。经计算，平均压力为 0.189MPa，进出口压力降为 0.193MPa。可以看到，由于翅片的阻碍作用，在翅片上游存在高压区，而翅片壁面却是气压区，这种压力不均也会导致流体湍流程度增加。

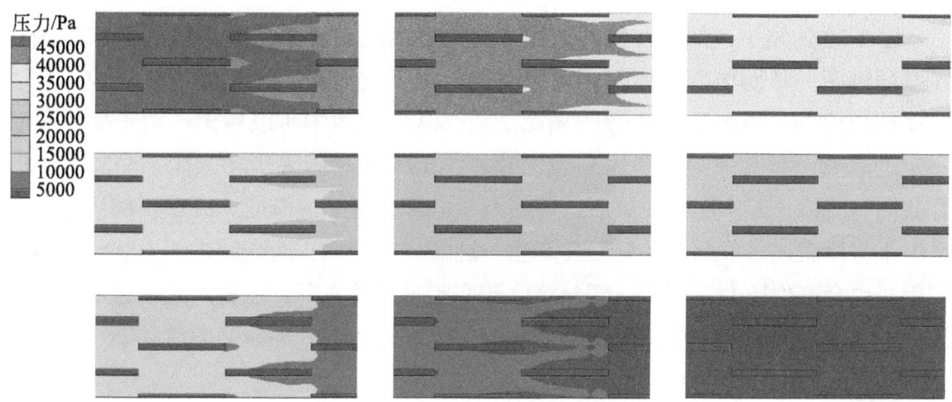

图 8-36　换热器内热流场压力图

图 8-37 为在进口面、切面 x=0.05m、切面 x=0.1m、切面 x=0.15m 位置的压力图。虽然离进口较近，但是压力下降得较快，若选用统一的标尺云图上颜色区分度不大，所以每个位置的云图都选取不同的云图标尺，以便能更直观地分辨出图中信息，如图 8-38 所示。

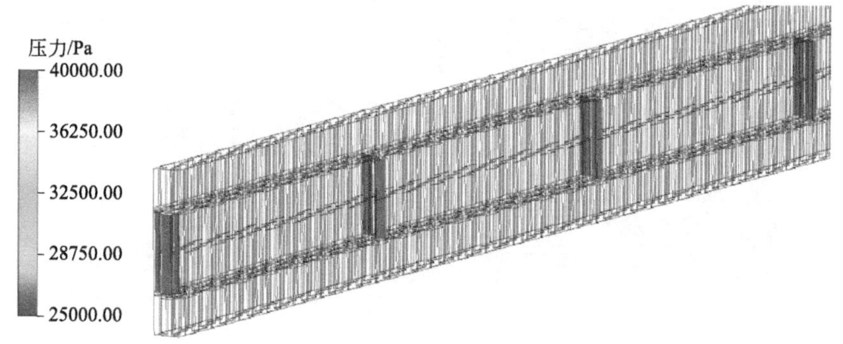

图 8-37　换热器热流道压力图

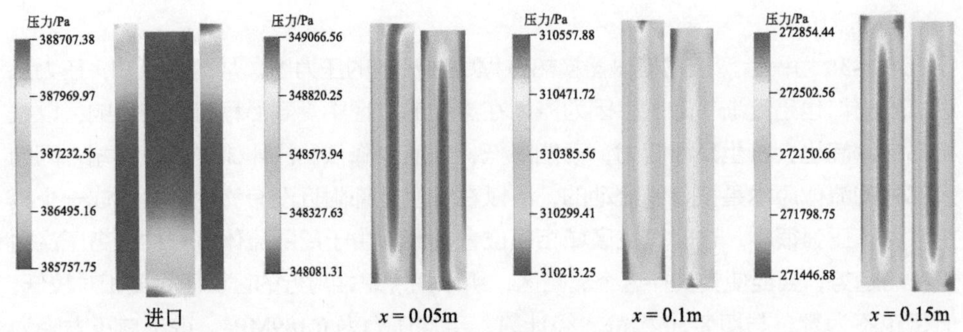

图 8-38 换热器热流道不同位置压力图

③ 湍动能。

图 8-39 为整个换热器在换热过程中的流场内湍动能图，图 8-40 为热流道湍流强度局部图。从换热器整体图中可以看出，上下的流道因为流体速度较快，所以湍动能也比同一位置处热流道的湍动能大。从局部图中可以看出，由于翅片具有一定的厚度，所以一部分流体会撞击翅片头部改变其原来运动方向，与其他不改变流向的流体一起作用，在其后一段会产生湍流，增加湍流度。同理，翅片尾端也是由于流体流过翅片后，在其后会产生一定的真空区域，而流道内附近的流体相互作用，也会产生压力，促使一部分流体改变原来运动方向，在翅片尾端区域产生涡旋，从而加快流道中心流体与壁面流体的传热。经计算，热流道内湍动能平均值为 $0.2952m^2/s^2$，最大值为 $0.5883m^2/s^2$。

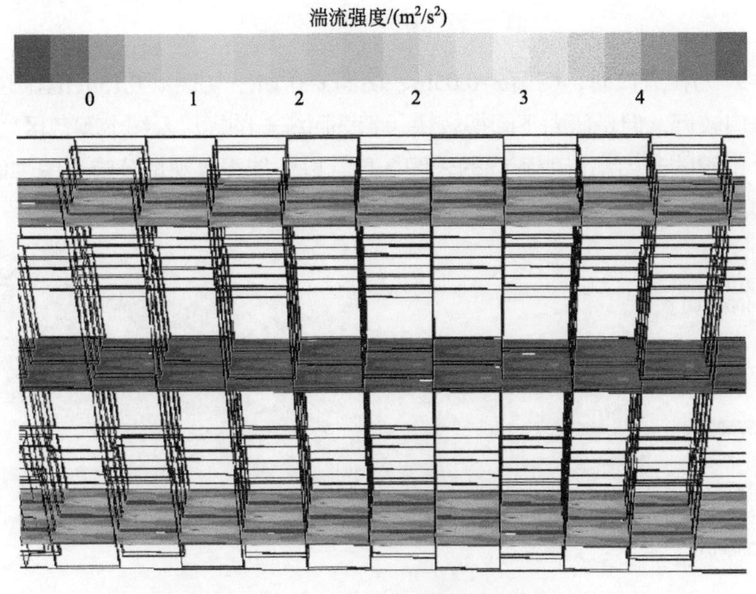

图 8-39 换热器内整体流场湍动能图

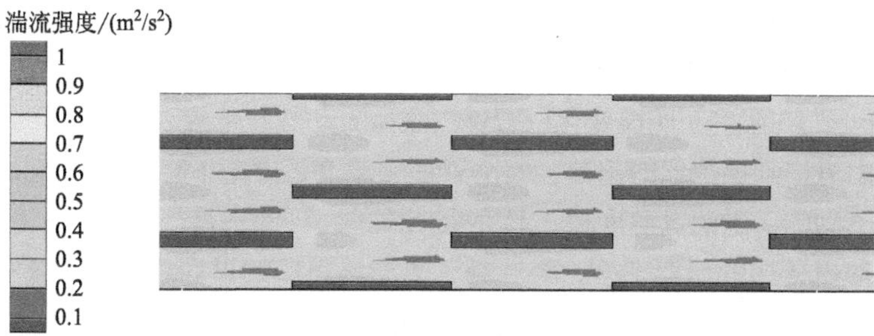

图 8-40　换热器内热流道湍动能局部图

图 8-41 为进口面、切面 x=0.05m、切面 x=0.1m、切面 x=0.15m 四个平面处的湍动能云图。由图中可以看出，因流体在流动过程中会撞击壁面，所以在靠近翅片的近壁面区域处湍动能较大。

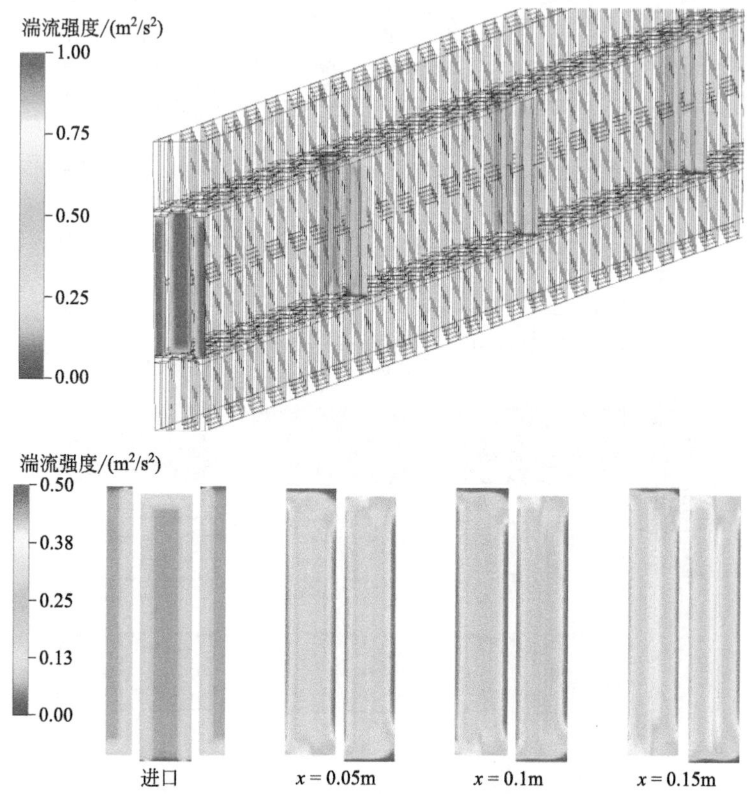

图 8-41　换热器内热流场不同位置的湍动能云图

（2）温度场参数分析

图 8-42（a）为换热器换热过程中热流道内中间高度 z=0.015m 处的温度场截图，图 8-42（b）为在温度有明显变化位置处按流体流动方向所截取的图片。从图中可看出，流体由进口到换热器的出口，整个过程中温度是逐渐下降的。不同位置处的翅片颜色是不同的，说明其温度也不是完全相同的，证明在换热器工作过程中，翅片也是进行热量传递的重要部分。经计算，热流场出口的平均温度为 387.3091K。图 8-42 与图 8-40 对比后，可以看出低温区域与高湍流区有惊人的重合，也进一步验证之前的分析。

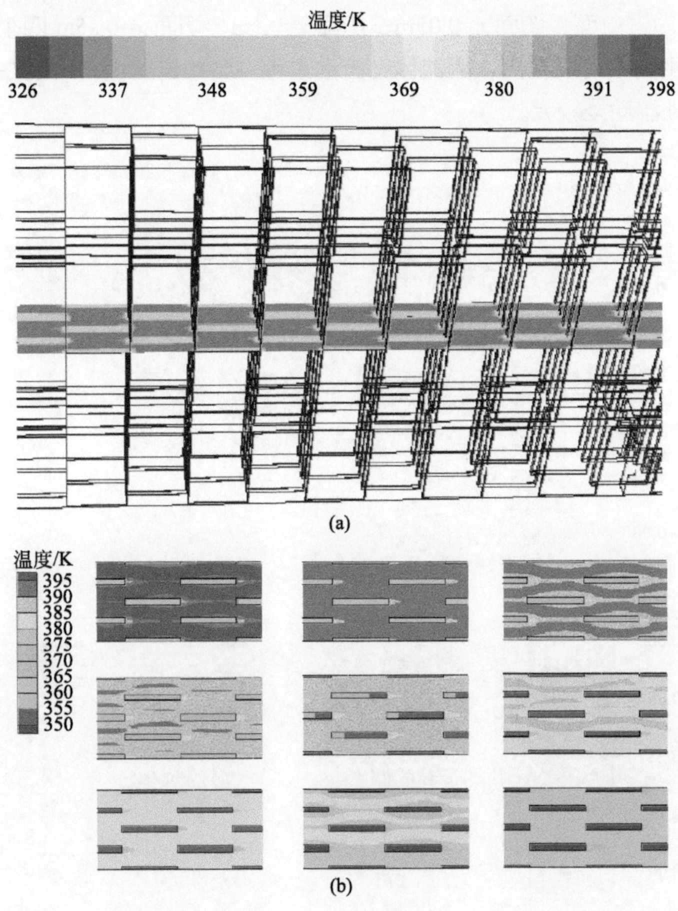

图 8-42　换热器热流道内 z=0.015m 处的温度图

图 8-43 为在进口面、切面 x=0.05m、切面 x=0.1m、切面 x=0.15m 处的温度图。由于离入口较近，所以温度下降得不是很多。具体的温度场云图如图 8-44 所示。

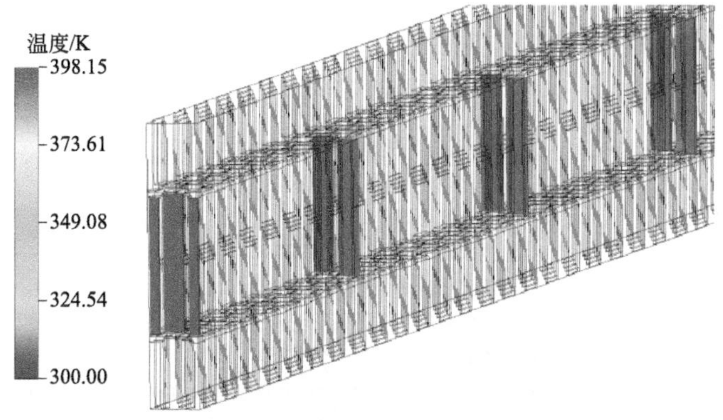

图 8-43　换热器热流道温度图

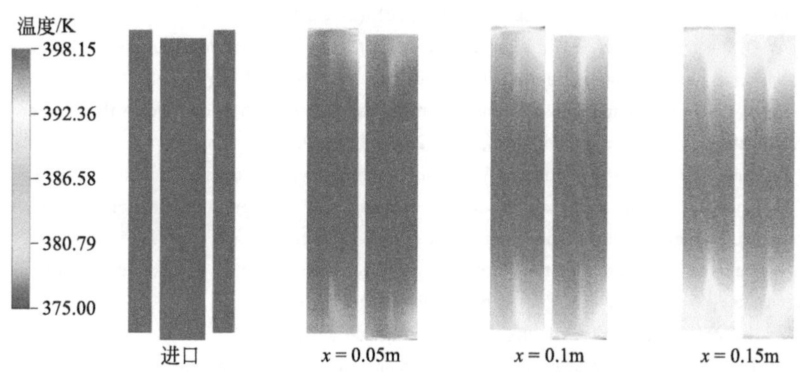

图 8-44　换热器热流道不同位置的温度场云图

最终通过上述分析可知，板翅式换热器原理是通过翅片扰流，减少壁面边界层，提高壁面边界的对流换热能力来提高传热，但这个过程会有一定的压力损失。因此，在使用板翅式换热器时，要综合考虑其所带来的性能提高和压力损失的增加。

参考文献

[1] 马文星 . 液力传动理论与设计 [M]. 北京：化学工业出版社，2004.

[2] 葛安林 . 车辆自动变速理论与设计 [M]. 北京：机械工业出版社，1993.

[3] 罗邦杰 . 液力机械传动 [M]. 北京：人民交通出版社，1983.

[4] 李有义 . 液力传动 [M]. 哈尔滨：哈尔滨工业大学出版社，2004.

[5] 张辉平，胡在双 . 基于流固耦合传热的摩托车发动机冷却水套优化设计 [J]. 机械，2014，41（9）: 35-39.

[6] 肖力伟 . 基于热流固耦合方法的燃气轮机透平叶片强度与寿命分析 [D]. 北京：中国科学院大学，2018.

[7] 刘志达 . 基于 NASA 翼型体系的液力变矩器叶片设计与优化 [D]. 长春：吉林大学，2020.

[8] Kizildag D , Trias F X , Rodriguez I , et al. Large eddy and direct numerical simulations of a turbulent water-filled differentially heated cavity of aspect ratio 5[J]. International Journal of Heat & Mass Transfer, 2014, 77: 1084-1094.

[9] Dhotre M, Deen N G, Niceno B, et al.Large eddy simulation for dispersed bubbly flows: A review[J]. International Journal of Chemical Engineering, 2013, 2013(2): 1-22.

[10] Wang W Q, Zhang L X, Yan Y, et al. Large-eddy simulation of turbulent flow considering inflow wakes in a Francis turbine blade passage[J]. Journal of Hydrodynamics Ser B, 2007, 19(2): 201–209.

[11] Schmidt S, Thiele F. Comparison of numerical methods applied to the flow over wall-mounted cubes [J]. International Journal of Heat & Fluid Flow, 2002, 23(3): 330-339.

[12] Yves D, Franck D. On coherent-vortex identification in turbulence[J]. Journal of Turbulence, 2000, 11(1):1-22.

[13] By R R, Kunz R, Lakshminarayanab. Navier-Stokes analysis of the pump flow field of an automotive torque converter[J]. Journal of Fluids Engineering, 1995, 117(1): 116-122.

[14] Ejiri E, Kubo M . Influence of the flatness ratio of an automotive torque converter on hydrodynamic performance[J]. Journal of Fluids Engineering，1999, 121(3): 614-620.

[15] 王福军 . 计算流体动力学分析 [M]. 北京：清华大学出版社，2017.

[16] Liu C B, Li J, Bu W Y. Large eddy simulation for improvement of performance estimation and turbulent flow analysis in a hydrodynamic torque converter[J]. Engineering Applications of Computational Fluid Mechanics, 2018, 12(1): 635-651.

[17] Moshfeghi M, Hur N. Effects of SJA boundary conditions on predicting the aerodynamic behavior of NACA 0015 airfoil in separated condition[J]. Journal of Mechanical Science and Technology, 2015, 29(5): 1829-1836.

[18] Liu Y, Pan Y X, Liu C B. Numerical analysis of three-dimensional flow field of turbine in torque converter[J]. Chinese journal of mechanical engineering, 2007, 20(2): 94-96.

[19] Menter F R. Two-equation eddy-viscosity turbulence models for engineering applications[J]. AIAA Journal,1994, 32(8): 1598-1605.

[20] Smagorinsky J. General circulation experiments with the primitive equations: I. The basic experiment[J]. Monthly Weather Review, 1963, 91(3): 99-164.

[21] Liu C B, Liu C S, Ma W X. Rans, detached eddy simulation and large eddy simulation of internal torque converters flows: A comparative study[J]. Engineering Applications of Computational Fluid Mechanics, 2015, 9(1): 114-125.

[22] 姚仁太 . 计算流体力学基础与 STAR-CD 工程应用 [M]. 北京：国防工业出版社，2015.

[23] Orszag S A, Yakhot V, Flannery W S. Renormalization group modeling and turbulence simulations[C]// International Conference on Near-Wall Turbulent Flows, Tempe, Arizona, 1993.

[24] Brennen C E. Cavitation and Bubble Dynamics[M]. New York：Cambridge University Press, 2014.

[25] Singhal A K, Athavale M M, Li H, et al. Mathematical basis and validation of the full cavitation model[J].

Journal of Fluids Engineering, 2002, 124(3): 617-624.

[26] Zwart P J, Gerber A G, Belamri T. A two-phase flow model for predicting cavitation dynamics[C]//Fifth International Conference on Multiphase Flow, Yokohama, Japan, 2004: 152-162.

[27] Schnerr G H, Sauer J. Physical and numerical modeling of unsteady cavitation dynamics[C]//Fourth International Conference on Multiphase Flow, New Orleans, 2001: 1-8.

[28] 甘建德，柴苍修 . 板翅式换热器的传热特性研究 [J]. 机械工程与自动化，2008（2）: 56-58.

[29] 宋春元 . 板翅式换热器的技术进展 [J]. 化工设计通讯，2008，34（4）: 48-52.

[30] 张战 . 空调用错列翅片换热器表面传热与流动阻力特性的数值研究 [D]. 镇江：江苏大学，2002.

[31] 杨崇麟 . 板式换热器工程设计手册 [M]. 北京：机械工业出版社，1994.

[32] 蔡宇宏 . 板翅式换热器热力学特性的数值模拟和试验研究 [D]. 南京：南京航空航天大学，2009.

[33] 蔡宇宏，朱春玲 . 板翅式换热器热力学特性的仿真研究 [J]. 大众科技，2010，（2）: 123-125.

[34] London A L, Kays W M, Johnson D W. Heat-transfer and flow-friction characteristics of some compact heat-exchanger surfaces—Part 3[J]. Trans. ASME, 1952, 72: 1167-1178.

Chapter 9

第9章

基于流动解析的性能设计及优化

工程设计问题一般都具有多个设计目标，这些与工程系统的性能或经济等相关联的目标之间通常存在着内在冲突。近年来，多学科优化设计技术蓬勃发展，在理论和实际应用中都取得了很大的成功，其核心之一就是多目标优化技术。因此，开展多目标优化技术研究在学术上和工程实际中都具有重大意义。本章基于第 8 章对液力缓速器与翅板式散热器的流动解析，进行工程设计背景下的多目标优化研究。

9.1 液力缓速器结构参数多目标优化设计

进行液力缓速器结构参数优化设计的目的在于减少内流场产生的气泡数，以减轻缓速器高速运行时的空化气蚀，同时也要提高缓速器的制动效能。

9.1.1 多目标优化目标选取分析

液力缓速器的制动转矩和起效时间是评价其制动效能的重要指标，上述两指标均与其结构参数有关[1-5]。制动效能评价指标中的起效时间主要与缓速器的容积有关，减小容积可缩短缓速器的起效时间；而评价指标中的制动转矩、流场中的气泡数与包括叶片楔角和倾角在内的多个结构参数有关[6-9]。优化的三个指标之间是矛盾的，即增大缓速器的容积可提高缓速器的制动转矩，但是起效时间会延长并且缓速器内流场的气泡数也会增多。本节在研究缓速器瞬态耦合流场空化机理的基础上，综合考虑上述三个指标，进行缓速器的结构参数多目标优化设计。由于研究条件的局限性，无法进行液力缓速器全部结构参数的优化。通过结构参数敏感性分析及参考研究者们在缓速器结构参数优化方面的成果，选取与上述三个优化指标相关性较大的结构参数进行优化，主要有：叶片楔角、叶片倾角、进油口的数目、出油口的数目，设定优化目标为缓速器制动转矩、缓速器容积和内流场的气泡体积，旨在提高缓速器的制动转矩，以提高制动能力，减小缓速器的容积以缩短起效时间，同时减少内流场的气泡体积以抑制空化气蚀。

9.1.2 多目标优化算法

液力缓速器的优化目标有多个，不同的优化目标之间相互制约，多目标优化设计共涉及 4 个结构参数、3 个优化目标。优化思路是先采用实验的方法获得 50 水平数的样本点，CFD 模拟获得需要的数据后拟合二次曲面近似模型，验证模型精度后进行优化参数灵敏度分析和多目标优化。液力缓速器结构参数包括叶片楔角（α）、叶片倾角（β）、定子流道上的进油口数目（N_1）、出油口数目（N_2），优化指标包括缓速器的制动转矩（T_B）、缓速器的容积（V）和缓速器流道中的气泡体积（V_{air}）。在多目标优化过程中用 Pareto 表示由于不同的参数设定产生的决策向量，多目标优化算法采用 NSGA-Ⅱ优化算法，其优点在于具有较高的 Pareto 前沿前进能力，避免探索集中于 Pareto 前沿的局部。各个优化子目标对缓速器性能的影响是不相同的，在采用 NSGA-Ⅱ 多目标优化算法得到 Pareto 解集后，设定每个子目标的比例因子和权重获得最优解，对优化后的模型进行 CFD 模拟来分析优化的准确性以及优化前后性能的差异[10-12]。液力缓速器参数多目标优流程如图 9-1 所示。

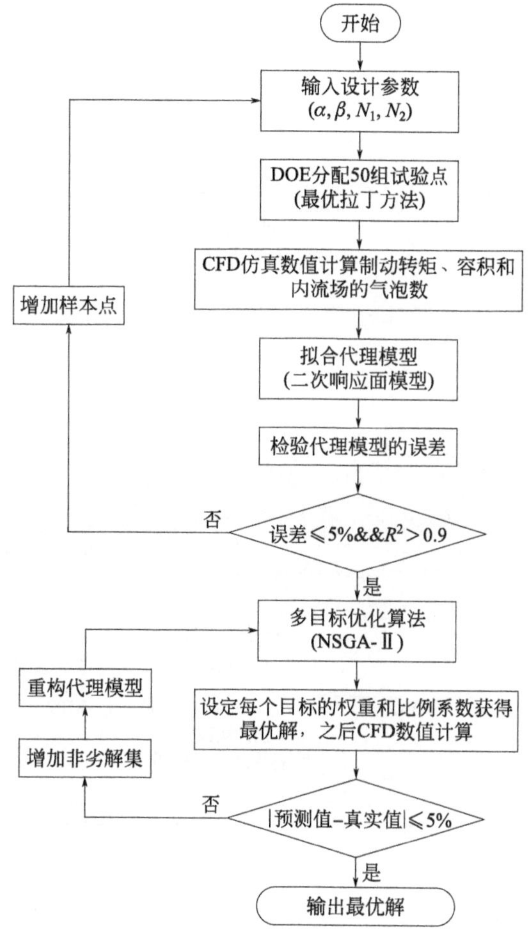

图 9-1　液力缓速器参数多目标优化流程

9.1.3　典型结果

在优化过程中共优化迭代 2000 次，样机模型的结构参数为迭代起始点，之后根据目标函数的优化方向不断地搜索最优的结构参数，最终得到 Pareto 解集和最优解。图 9-2 表示了制动转矩、容积和气泡体积的优化过程图。

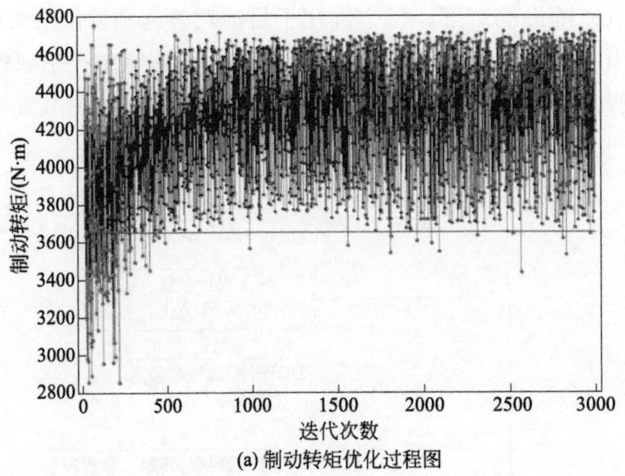

(a) 制动转矩优化过程图

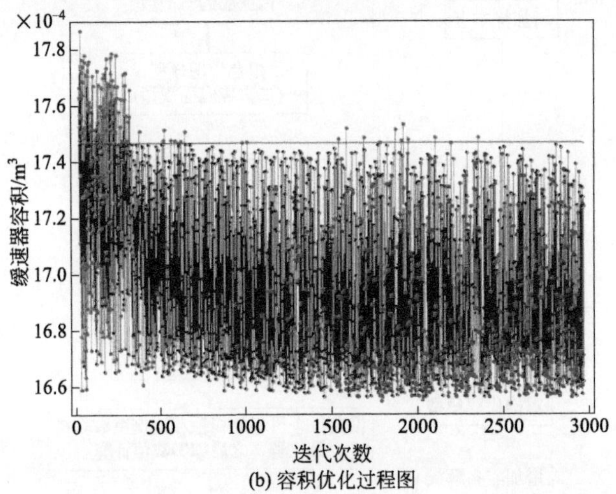

(b) 容积优化过程图

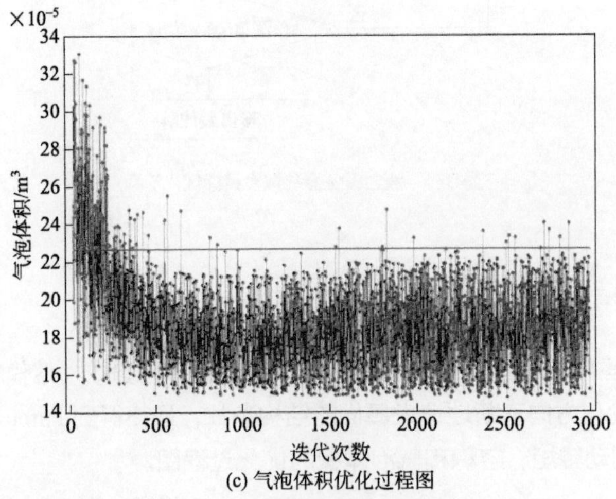

(c) 气泡体积优化过程图

图 9-2 目标函数的优化过程图

经过上述优化过程，两种方案的优化结果见表 9-1。从表 9-2 三个子目标的比较中可以发现，两参数优化侧重于提高缓速器的制动性能，优化后的制动转矩值大于三参数优化的制动转矩值，但是两参数优化后的气泡体积远大于三参数优化的气泡体积，而且两参数优化后缓速器内部的气泡体积大于原始前缓速器内部的气泡体积，这说明两参数优化虽然提高了缓速器的制动能力，但同时增加了缓速器流道内部的气泡数，对缓速器的平稳运行极其不利。同时，从工作腔容积角度来说，两参数优化后的工作腔容积比三参数优化后的大，故相应的充油时间会延长。三参数优化后，虽然缓速器的制动性能提升没有两参数优化大，但三参数优化结果在增大了缓速器制动转矩的同时，减少了工作腔内的气泡数量，能够较好地抑制空化气蚀，并且优化后的工作腔容积小，有利于缩短充油时间、提高缓速器的综合性能。因此，选择气泡体积这一子目标是正确合理的，对提高缓速器综合性能来说，三参数优化优于两参数优化。

表9-1　前后模型参数比较

方案	叶片楔角 /（°）	叶片倾角 /（°）	进油口数目	出油口数目
原始模型	30	40	10	6
两参数优化	25	43	10	6
三参数优化	25	44	14	4

表9-2　模型与优化模型各优化目标对比

方案	制动转矩 /（N · m）	容积 /（ $\times 10^{-4}m^3$ ）	气泡体积 /（ $\times 10^{-5}m^3$ ）
原始模型	3649.14867	17.83	22.8642
两参数优化	4873.0523	17.2530	34.4694
三参数优化	4646.2715	17.2001	19.14149

对三目标优化后的模型进行三维 CFD 数值模拟，并与优化结果进行比较，结果见表 9-3，表明各优化结果和 CFD 数值模拟的误差均在 3% 以内。

表9-3　CFD模拟与三目标优化结果对比

项目	制动转矩 /（N · m）	容积 /（ $\times 10^{-4}m^3$ ）	气泡体积 /（ $\times 10^{-5}m^3$ ）
近似模型值	4646.2715	17.2001	19.14149
CFD 模拟值	4530.7652	17.2390	19.3936
误差	2.4860 %	0.2257 %	1.3171 %

继续对优化后的液力缓速器模型进行不同转速下的 CFD 分析，图 9-3 为四个转速下优化前后的制动转矩和气泡体积值，图 9-4 为各个转速的优化率。结果表明，

各个转速下液力缓速器优化后的制动性能均有所提升，在 22% ～ 24% 之间；而优化后各个转速下液力缓速器运行中产生的气泡体积大幅度减小，其中转速为 1000r/min 时气泡体积大约减小了 56%，其余三个转速下气泡体积大约减小了 32% ～ 45%，由此可见缓速的空化得到大幅度改善；优化前后液力缓速器容积减小了 1%，由 $17.43\times10^{-4}m^3$ 减小到 $17.239\times10^{-4}m^3$。以上分析结果表明，液力缓速器结构参数多目标优化方法是正确有效的，优化后液力缓速器的性能得到提升，并且由于多目标函数归一时气泡体积函数的权重最大，故液力缓速器内气泡体积的优化率最高；液力缓速器容积函数的权重最小，故液力缓速器容积的优化率最低。

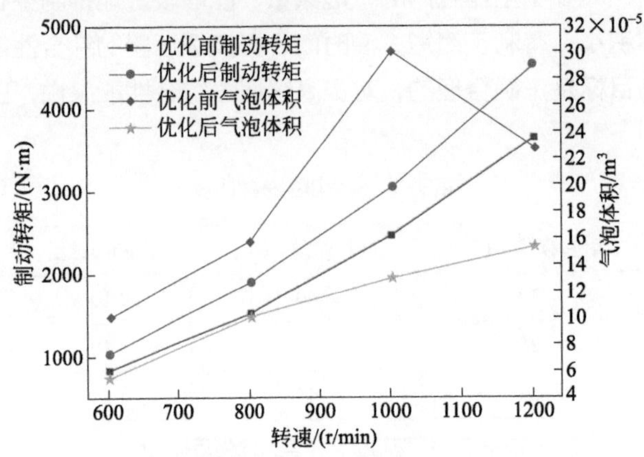

图 9-3　不同转速下优化前后制动转矩和气泡体积值

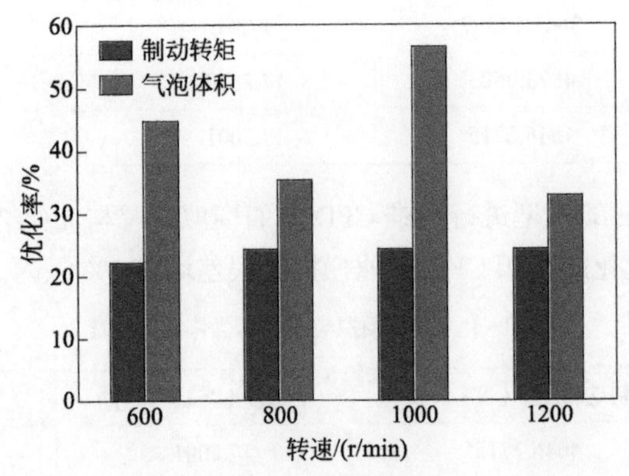

图 9-4　各转速的优化率

（1）各结构参数对优化目标的灵敏度分析

液力缓速器的不同结构参数对液力缓速器优化子目标的影响程度不同，故本小节首先分析液力缓速器的叶片楔角、叶片倾角、进出油口数目及它们的交互因子对制动转矩、液力缓速器容积和气泡体积的影响程度。图 9-5 分析了各结构参数对制动转矩灵敏度的影响。从图中可以看出，叶片楔角对制动转矩的影响程度最大，达到 38%，说明在影响液力缓速器制动转矩的因子中，叶片楔角占主要地位，并且两者之间是负相关的。增大叶片楔角时，液力缓速器的制动转矩会降低；相反，如果在优化中减小叶片楔角，此时液力缓速器各叶片压力面与吸力面的动量差会增大，故液力缓速器的制动转矩加大。在其他结构参数中，叶片倾角和叶片倾角 - 叶片楔角之间的交互作用对制动转矩的影响程度也较大，而进出油口的数目对制动转矩的影响较低。

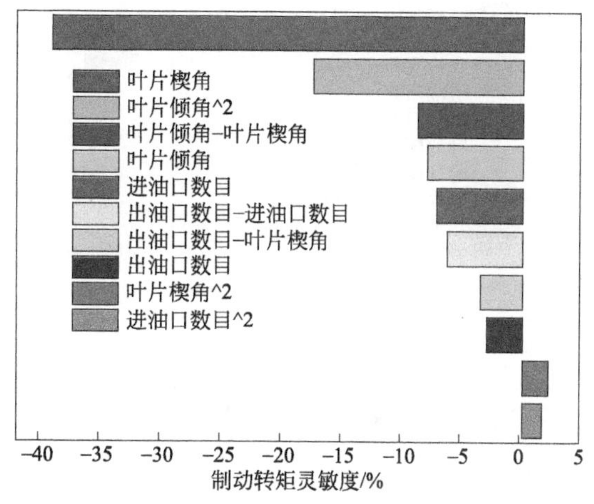

图 9-5 各结构参数对制动转矩的灵敏度分析

图 9-6 分析了各结构参数对液力缓速器容积灵敏度的影响。从图中可以看出，叶片倾角对液力缓速器容积的影响最大，接近 70%，说明在影响液力缓速器容积的影响因子中，叶片倾角占绝对主导地位，且是负相关的。在液力缓速器三维实体结构中，倾斜角度为 0 的叶片可以看成倾斜叶片在轴面上的投影，故可以清楚地发现叶片的倾斜角度越大，叶片的面积和叶片体积占整个液力缓速器体积的比例越大，在优化过程中液力缓速器的总体积不发生变化（暂不考虑进出油口数目对容积的影响），故叶片体积越大，剩余的液力缓速器流道容积也就越小。叶片楔角对液力缓速器流道容积的影响不大，约为 5%，此外液力缓速器的进出油口数目越多，液力缓速器的流道容积也越大，只是进出油口的体积较小，故进出油口的数目变化时液力缓速器容积变化不明显。

图 9-7 分析了各结构参数对液力缓速器内流场中气泡体积的影响。从图中可以发现，各结构参数和气泡体积之间有正负相关的关系，如在各个结构参数中，进油口的数目和气泡体积之间是负相关的，而出油口数目和气泡体积之间是正相关的。在不同的结构参数中，进出油口数目对液力缓速器气泡体积的影响程度最大，分别

达到 17% 和 33%，故在优化中可以增多进油口数目、减少出油口数目，来减少液力缓速器内流场气泡体积。这与第 8 章的优化结果一致，进油口数目由初始值 10 增多到 14，出油口数目由 6 减少到 4，优化后的液力缓速器内流场气泡体积大大减少。其他结构参数，如叶片楔角和叶片倾角，对气泡体积的影响不超过 10%。此外，由于进出油口的数目对气泡体积的影响较大，故涉及这两个变量的交互因子对气泡体积的影响程度也较大。

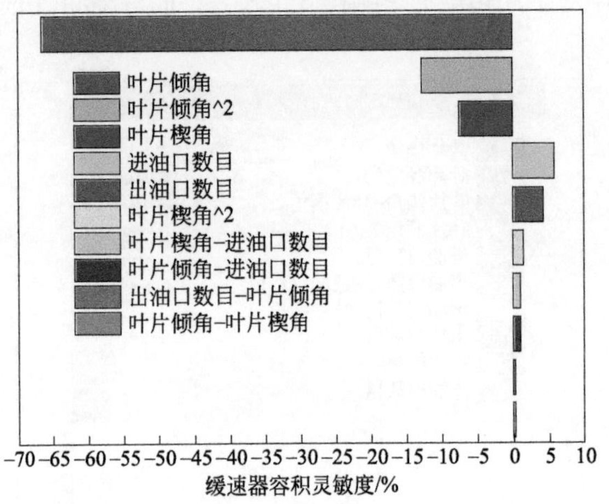

图 9-6 各结构参数对液力缓速器容积的灵敏度分析

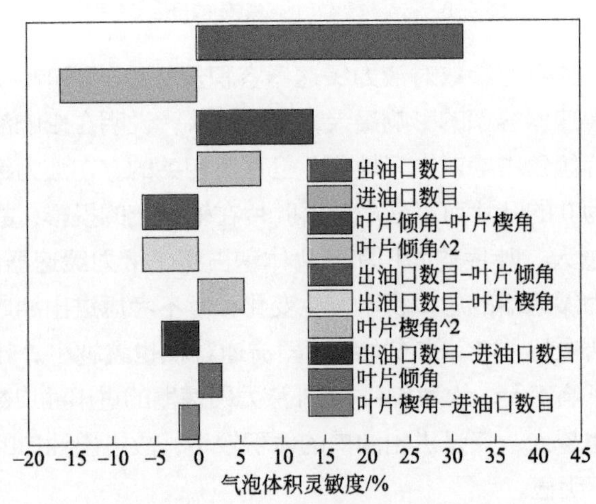

图 9-7 各结构参数对气泡体积的灵敏度分析

为了进一步分析各结构参数对优化子目标的影响，下面进行三个优化子目标的主效应分析。图 9-8（a）是叶片楔角和叶片倾角的变化对制动转矩的影响图，横坐标代表楔（倾）角由小到大[1]，其中叶片楔角的变化范围是 25°～35°，叶片倾角的变化范围是 35°～50°。图 9-8 表明叶片楔角和制动转矩之间是负相关的，即当叶片楔角减小时，压力面与吸力面的动量矩差加大，从而液力缓速器的制动转矩变大。从图 9-8（a）可以看出，随着叶片楔角的增大，液力缓速器的制动转矩直线下降，当叶片楔角由 25° 增大到 35° 时，液力缓速器的制动转矩由 4600N·m 直线下降为 3200N·m，降幅约 30%。图 9-8（a）表明，叶片倾角和液力缓速器的制动转矩之间是非线性的关系，即叶片倾角增大时，液力缓速器的制动转矩表现出先增大后减小的趋势，在这过程中其变化范围在 3400～4000N·m，比楔角变化导致的液力缓速器制动转矩变化范围小，当叶片倾角在 44°～45° 时液力缓速器的制动转矩达到最大值。

图 9-8（b）是液力缓速器进出油口的数目发生变化时制动转矩的变化情况，横坐标代表进出油口数目由少到多，进油口的数目变化范围为 6～14，出油口的变化范围为 4～10。从图中可以发现，随着进出油口数目的增多，液力缓速器的制动转矩呈下降趋势，与叶片楔角和倾角的变化导致的制动转矩变化相比，进出油口数目的变化导致的制动转矩仅在小范围内波动。其中，进油口数目变化对制动转矩影响稍大，其导致制动转矩在 3800～4050N·m 范围内波动；而出油口数目变化导致制动转矩在 3850～3950N·m 范围内波动，变化范围小，仅为 100N·m。

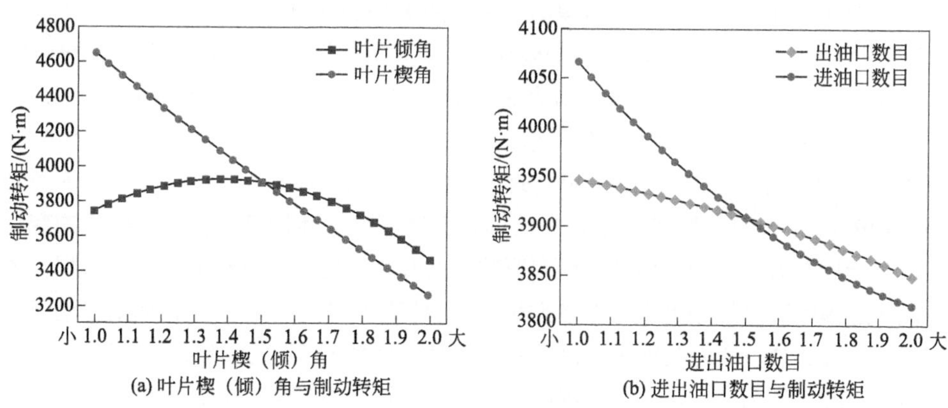

(a) 叶片楔（倾）角与制动转矩　　(b) 进出油口数目与制动转矩

图 9-8　制动转矩主效应分析图

液力缓速器的叶片楔角和叶片倾角之间有很强的关联性，叶片楔角增加时制动转矩下降，叶片倾角增加时制动转矩先增大后减小。从图 9-9（a）可以看出，当楔角变小时，倾角曲线向倾角变大的方向（右上方）移动，以达到较大的制动转矩，此时倾角极值也相应地增大。叶片楔角下降到 25°，叶片倾角也相应增大到 44°

[1] 图9-8、图9-10和图9-11对角度和进出油口数目进行了无量纲化处理。

时，液力缓速器的制动转矩达到最优。图 9-9（b）显示当叶片倾角加大时，叶片楔角与液力缓速器的制动转矩之间的关系曲线斜率加大，这表明液力缓速器的制动转矩以更大的倍率下降。当叶片楔角为 35° 时，大叶片倾角对应的制动转矩比小叶片倾角对应的制动转矩约小 600N·m。

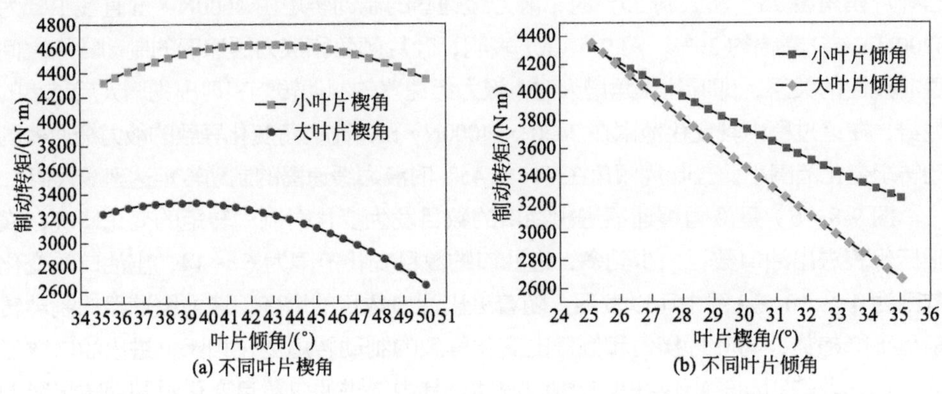

图 9-9 叶片楔角与叶片倾角对制动转矩的相关性分析

液力缓速器的容积随着其结构参数的变化而不断改变，液力缓速器容积的权重较小，为 0.2。图 9-10 是液力缓速器容积的主效应分析图。从图 9-10（a）叶片楔角和叶片倾角与液力缓速器容积的变化来看，叶片倾角对液力缓速器容积影响较大。前面解释了叶片倾角变化时液力缓速器的容积变化原因是：叶片倾角加大时，叶片体积占液力缓速器总体积的比例加大，从而导致整个流道容积减小。在优化过程中，叶片倾角由 35° 增大到 50° 时，液力缓速器的容积由 $17.7\times10^{-4}m^3$ 下降到 $16.6\times10^{-4}m^3$，大约下降了 6.2%。在液力缓速器三维实体模型中，叶片楔角的变化只是对叶片靠近交界面区域的形状有影响，对叶片表面积和体积的影响很有限，故在优化过程中叶片楔角的变化对液力缓速器容积的影响不大，仅在整体上呈略下降的趋势。图 9-10（b）为进出油口数目变化对液力缓速器容积的影响，从中可以发现，随着进出油口的增多，液力缓速器的容积呈现出增加的趋势，并且进油口的数目比出油口的数目对容积的影响大。从图 9-10（b）中还可以看出，进出油口数目的增多使液力缓速器的容积变大，从而延长了液力缓速器的充油时间。虽然这点与提出的缩短充油时间这一优化目标是相悖的，但是从图中具体数值来看，在进出油口数目增多的过程中液力缓速器的容积由 $17.22\times10^{-4}m^3$ 增加为 $17.32\times10^{-4}m^3$，增加率小，仅为 0.58%，而增多进出油口的数目对减少液力缓速器内流场中的气泡数目大有好处。故在多目标优化中综合考虑各优化目标，将进油口的数目由初始值 10 增加为优化后的 14，出油口的数目由初始值 6 减小为优化后的 4，此时液力缓速器的制动转矩、容积、内流场的气泡数均达到较优。

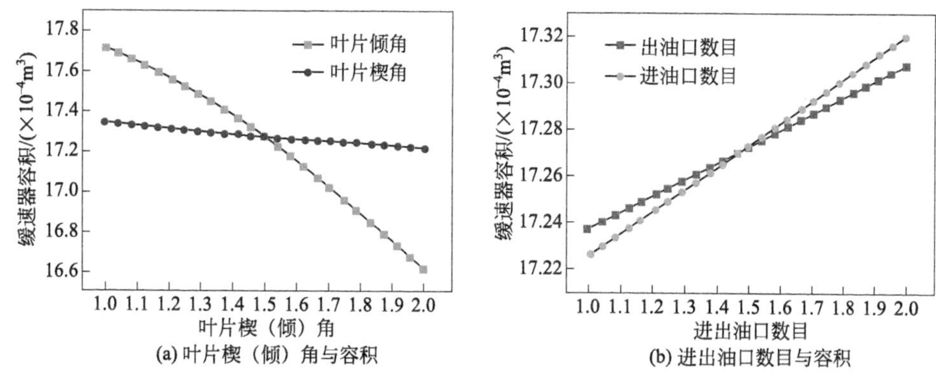

(a) 叶片楔（倾）角与容积　　(b) 进出油口数目与容积

图 9-10　液力缓速器容积主效应分析图

本小节着重强调对气泡体积的优化，以减少转子转速为 1200 r/min 时液力缓速器内流场中的气泡数，在液力缓速器结构参数多目标优化中气泡体积的权重最大，为 0.5。图 9-11 为叶片楔角和叶片倾角、进出油口数目变化对气泡体积的影响图。从图 9-11（a）可以看出，随着叶片倾角和楔角的加大，气泡体积均呈现出先减小后变大的趋势，即叶片楔角和叶片倾角均存在极值使气泡体积最小。叶片倾角的变化对内流场气泡数的影响程度大于叶片楔角的变化对内流场气泡数的影响程度。在叶片倾角由 35° 增大到 50° 的过程中，气泡体积的变化范围为 $23.6\times10^{-5}\sim25.6\times10^{-5}m^3$，变化率为 8.5%；而叶片楔角在由 25° 增大到 35° 的过程中，气泡体积的变化范围为 $23.7\times10^{-5}\sim24.7\times10^{-5}m^3$，变化率仅为 4.2%。当叶片楔角和叶片倾角变化时，液力缓速器内流场的流体冲击也在不断变化。当内流场的流体冲击最大时，液力缓速器的制动转矩最大，此时内流场压力值较高导致内流场中的气泡数最少。图 9-11（b）是液力缓速器的进油口和出油口数目对气泡体积的影响。从中可以看出，进油口数目和出油口数目对气泡体积的影响是相反的，随着进油口数目的增多，内流场的气泡体积不断线性减小，气泡体积的变化范围为 $21\times10^{-5}\sim27\times10^{-5}m^3$，变化率为 28.6%；而随着出油口数目的增多，内流场的气泡体积不断线性增加，气泡体积的变化范围为 $17\times10^{-5}\sim30\times10^{-5}m^3$，变化率为 76.5%。从图 9-11（a）与图 9-11（b）的对比中可以发现，进出油口数目变化对内流场气泡数的影响程度大于叶片楔角、叶片倾角变化对内流场气泡数的影响程度，故在优化中主要通过改变进出油口的数目来减少内流场中的气泡数。分析液力缓速器三维实体模型中进出油口的分布区域可以发现，进油口分布在液力缓速器的定子叶片中央低压区域，这也是液力缓速器内流场低压产生气泡的主要区域，进油口数目增多会在一定程度上破坏叶片中心的低压区域，从而减少气泡的产生；而出油口分布在定子的外环处，随着出口数目增多，液力缓速器的气泡数目也在不断增多。综合进油口和出油口数目对气泡体积的影响，在优化中可以减少出油口数目、增加进油口数目来减少液力缓速器运行中产生的气泡数目。

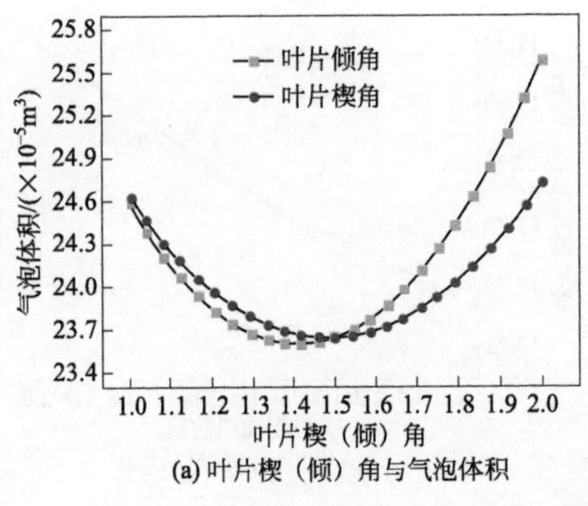

(a) 叶片楔（倾）角与气泡体积

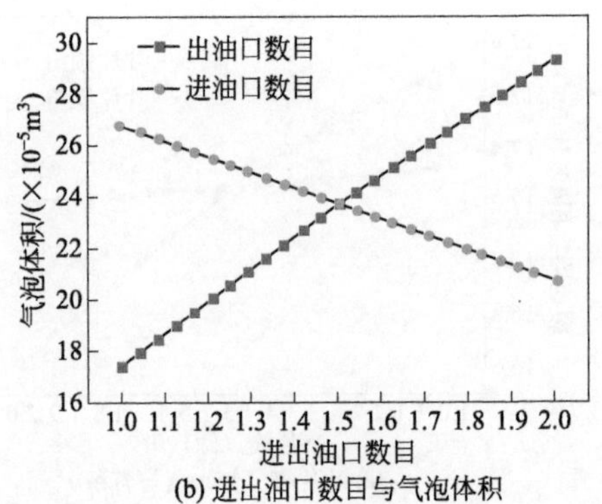

(b) 进出油口数目与气泡体积

图 9-11 气泡体积主效应分析图

由于叶片楔角和叶片倾角之间有很强的关联性，下面分析叶片楔角与叶片倾角的交互性对气泡体积的影响，如图 9-12 所示。图 9-12（a）表明叶片楔角与叶片倾角增大时气泡体积均呈现出先减小后增大的趋势。在不同的叶片楔角下，叶片倾角与气泡体积的变化关系是不同的，如图 9-12（a）中小叶片楔角和大叶片楔角这两种情况下，随着叶片倾角的增大，气泡体积分别表现出逐渐减小和逐渐增大的趋势。同样，在不同的叶片倾角下，叶片楔角与气泡体积的变化关系也是不同的，如在图 9-12（b）中小叶片倾角和大叶片倾角这两种情况下，随着叶片楔角的增大，气泡体积分别表现出逐渐减小和逐渐增大的趋势。上述情况的发生主要是由于叶片楔角与叶片倾角之间强烈的交互作用，因此在优化过程中，把不同的叶片楔角与叶片倾角组合起来，找到一组倾角和楔角的最佳组合，可以使气泡体积值达到最小。

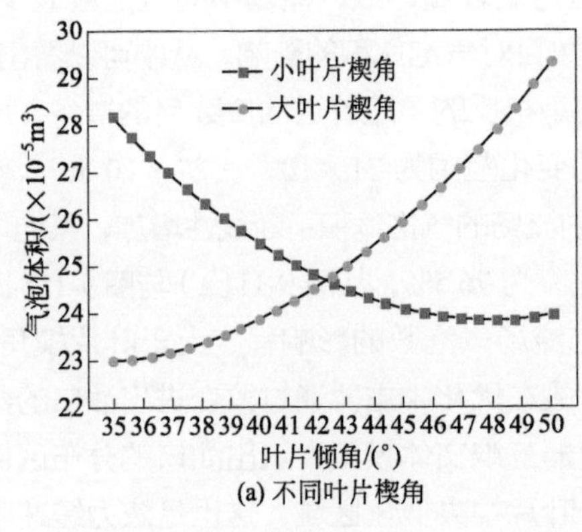

(a) 不同叶片楔角

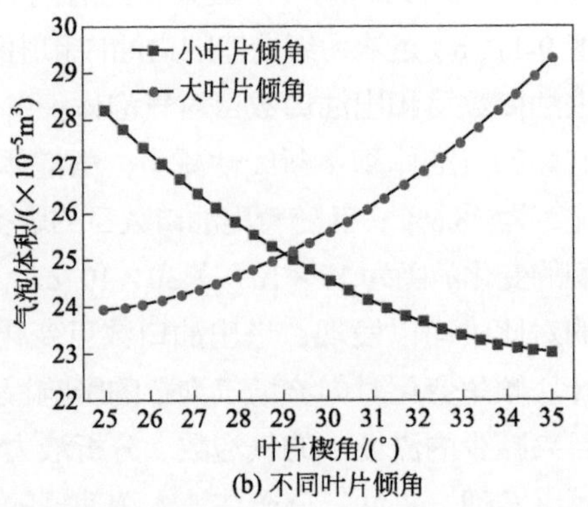

(b) 不同叶片倾角

图 9-12 叶片楔角与叶片倾角对气泡体积的相关性分析

分析图 9-11 与图 9-12 各结构参数与气泡体积间的关系可以发现，原始模型的叶片倾角为 40°，此时液力缓速器的制动转矩最大，即制动性能最强，但气泡体积值较大，在优化过程中适量加大液力缓速器的叶片倾角值 4°～5°，以减少液力缓速器运行过程中产生的气泡。原始模型叶片楔角为 30°，此时液力缓速器的制动转矩与气泡体积均不是最佳，在优化中将楔角减小到 25°，制动转矩达到最佳，同时气泡体积也较小。同理，进出油口数目主要与气泡数有关，经过优化后，液力缓速器内流场的气泡体积大大减小。

对液力缓速器进行的结构参数优化涉及四个结构参数以及三个优化目标，在优化过程中对优化目标赋予了不同的权重，并综合考虑了液力缓速器各方面的性能，使得液力缓速器的综合性能达到最佳。在多目标优化中采用的 NSGA-Ⅱ优化算法通过多代的交叉变异逐渐搜索得到最终的 Pareto（非劣）解集，因此下面首先对三个优化子目标之间的 Pareto 解集进行分析，之后详细分析在获得 Pareto 解集的过程中各结构参数的搜索过程，以便更好地指导液力缓速器结构参数优化设计。

（2）Pareto 解集分析

在多目标优化过程中经过 2000 次迭代得到的三个优化目标的 Pareto 解集，如图 9-13 所示。其中，图 9-13（a）是液力缓速器的制动转矩与气泡体积的 Pareto 解集，在多目标优化中制动转矩取极大值而气泡体积取极小值，这两个优化目标是相互矛盾的，一个量的增大必然以一个量的减小为前提。如图 9-13（a）所示，非劣解集点大多集中在右下方，这些点都是制动转矩达到最大而气泡体积达到最小的点，除此之外也有大量点分布在图中的其余位置，这些点的分布比较分散。图 9-13（b）是制动转矩与液力缓速器容积的 Pareto 解集，制动转矩与液力缓速器容积之间也是相互矛盾的，制动转矩取极大值而液力缓速器容积取极小值，从图中可以看出，非劣解集点绝大部分集中在右下方，这些红色点都是制动转矩取极大值而液力缓速器容积取极小值的点，这些点的分布比图 9-13（a）更集中，只有个别点游离在其他位置。图 9-13（c）是气泡体积与液力缓速器容积的 Pareto 解集，气泡体积与液力缓速器容积之间不是相互矛盾的，两者都取极小值，故 Pareto 解集点主要集中在左下方，图中蓝色的点都是气泡体积与液力缓速器容积取极小值的点。

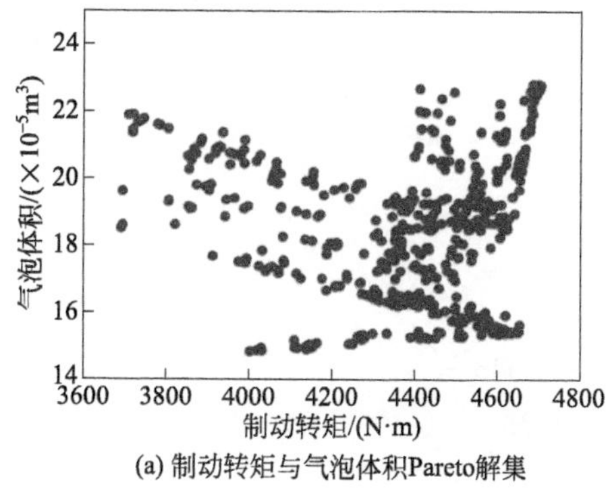

(a) 制动转矩与气泡体积Pareto解集

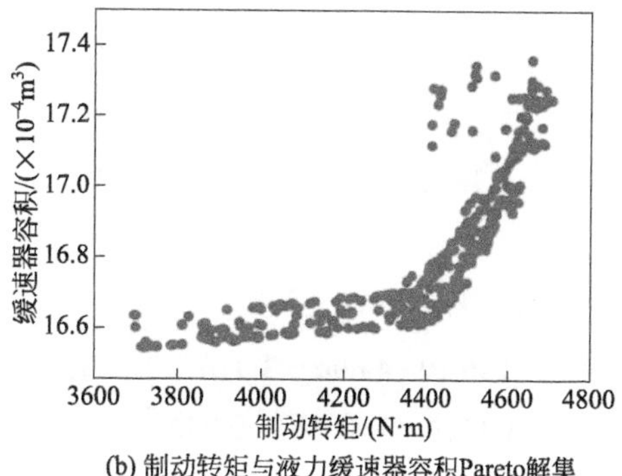

(b) 制动转矩与液力缓速器容积Pareto解集

图 9-13

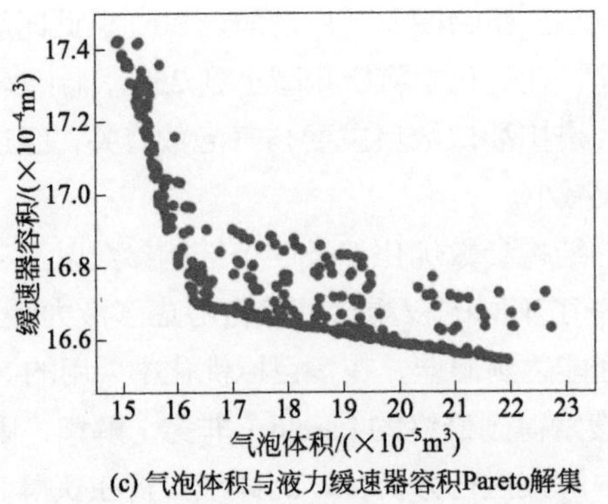

(c) 气泡体积与液力缓速器容积Pareto解集

图 9-13　三个优化目标之间的 Pareto 解集

（3）多目标优化搜索过程分析

多目标优化过程中需要有一个快速响应各种变量对结果影响的适应度函数，通过适应度函数来评判每次搜索出的参数是否能提高液力缓速器的性能。因此，使用 RSM 模型建立制动转矩、液力缓速器容积和气泡体积与各参数间的响应面函数（即适应度函数），式（9.1）～式（9.3）分别对应制动转矩、液力缓速器容积和气泡体积的适应度函数，图 9-14 ～图 9-16 为对应的响应曲面。

$$\begin{aligned} T_B = y_1(\alpha,\beta,N_1,N_2)= \\ -6379.73-29.64\alpha+578.65\beta+48.66N_1+246.78N_2+ \\ 1.71\alpha^2-5.45\beta^2+2.13N_1^2-1.23N_2^2-4.05\alpha\beta- \\ 1.19\alpha N_1-3.87\alpha N_2-0.57\beta N_1-0.96\beta N_2-8.89N_1N_2 \end{aligned} \tag{9.1}$$

$$\begin{aligned} V=V(\alpha,\beta,N_1,N_2)= \\ 17.83-0.05\alpha+0.08\beta+9.7\mathrm{e}{-3}N_1+0.01N_2+ \\ 4.6\mathrm{e}^{-4}\alpha^2-1.9\mathrm{e}^{-3}\beta^2+3.11N_1^2-2.83N_2^2- \\ 3.14\mathrm{e}^{-5}\alpha\beta-3.7\mathrm{e}^{-4}\alpha N_1-5.95\mathrm{e}^{-6}\alpha N_2- \\ 2.3\mathrm{e}^{-4}\beta N_1-5.81\mathrm{e}^{-5}\beta N_2-6.46\mathrm{e}^{-6}N_1N_2 \end{aligned} \tag{9.2}$$

$$\begin{aligned} V_{air}=V_{air}(\alpha,\beta,N_1,N_2)= \\ 146.19-4.69\alpha-3.91\beta-0.19N_1+7.76N_2+0.04\alpha^2- \\ 0.03\beta^2+7.8\mathrm{e}^{-3}N_1^2-0.03N_2^2+0.07\alpha\beta-0.02\alpha N_1- \\ 0.08\alpha N_2-8.44\mathrm{e}^{-3}\beta N_1-0.05\beta N_2-0.07N_1N_2 \end{aligned} \tag{9.3}$$

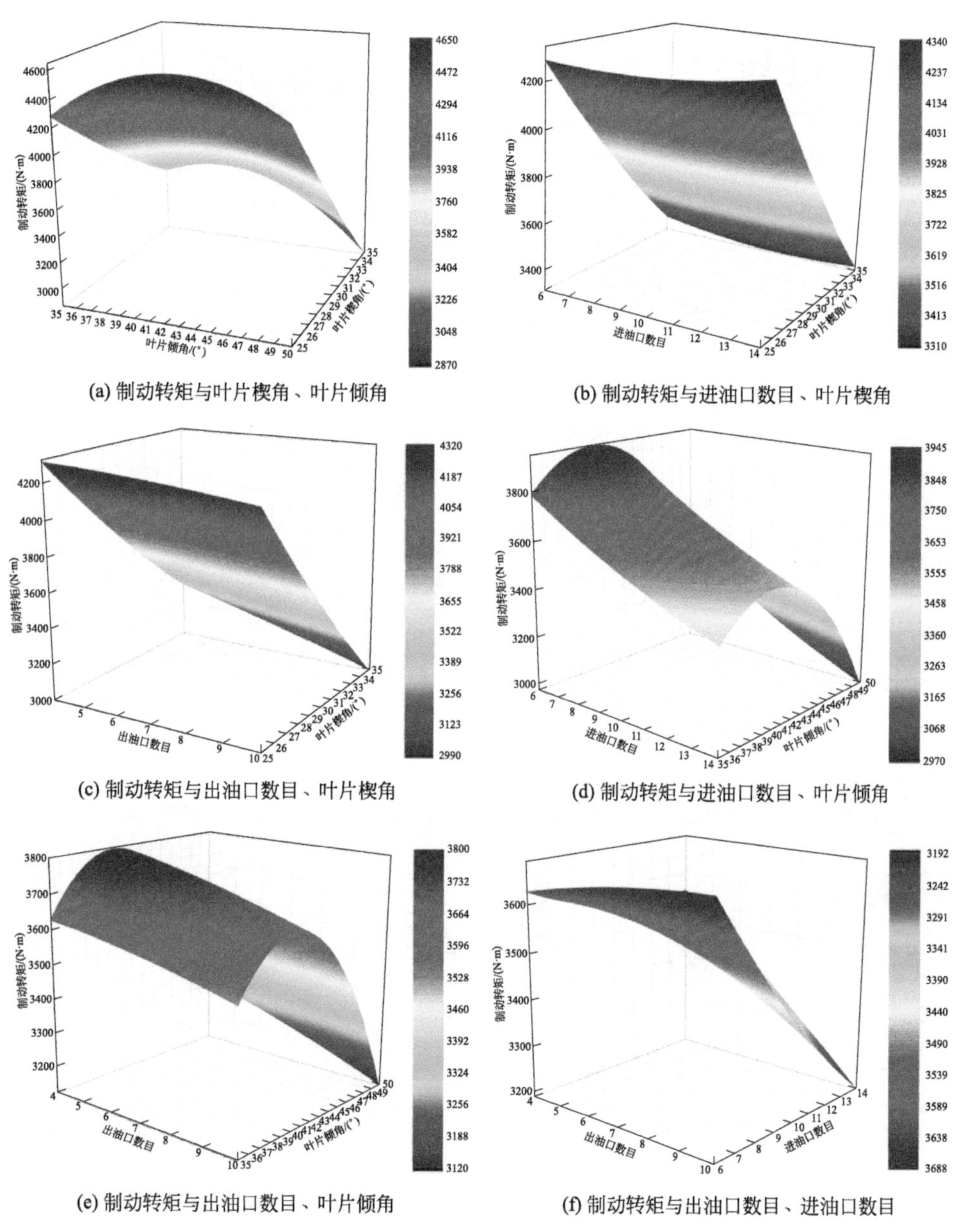

(a) 制动转矩与叶片楔角、叶片倾角

(b) 制动转矩与进油口数目、叶片楔角

(c) 制动转矩与出油口数目、叶片楔角

(d) 制动转矩与进油口数目、叶片倾角

(e) 制动转矩与出油口数目、叶片倾角

(f) 制动转矩与出油口数目、进油口数目

图 9-14　制动转矩与各结构参数的关系

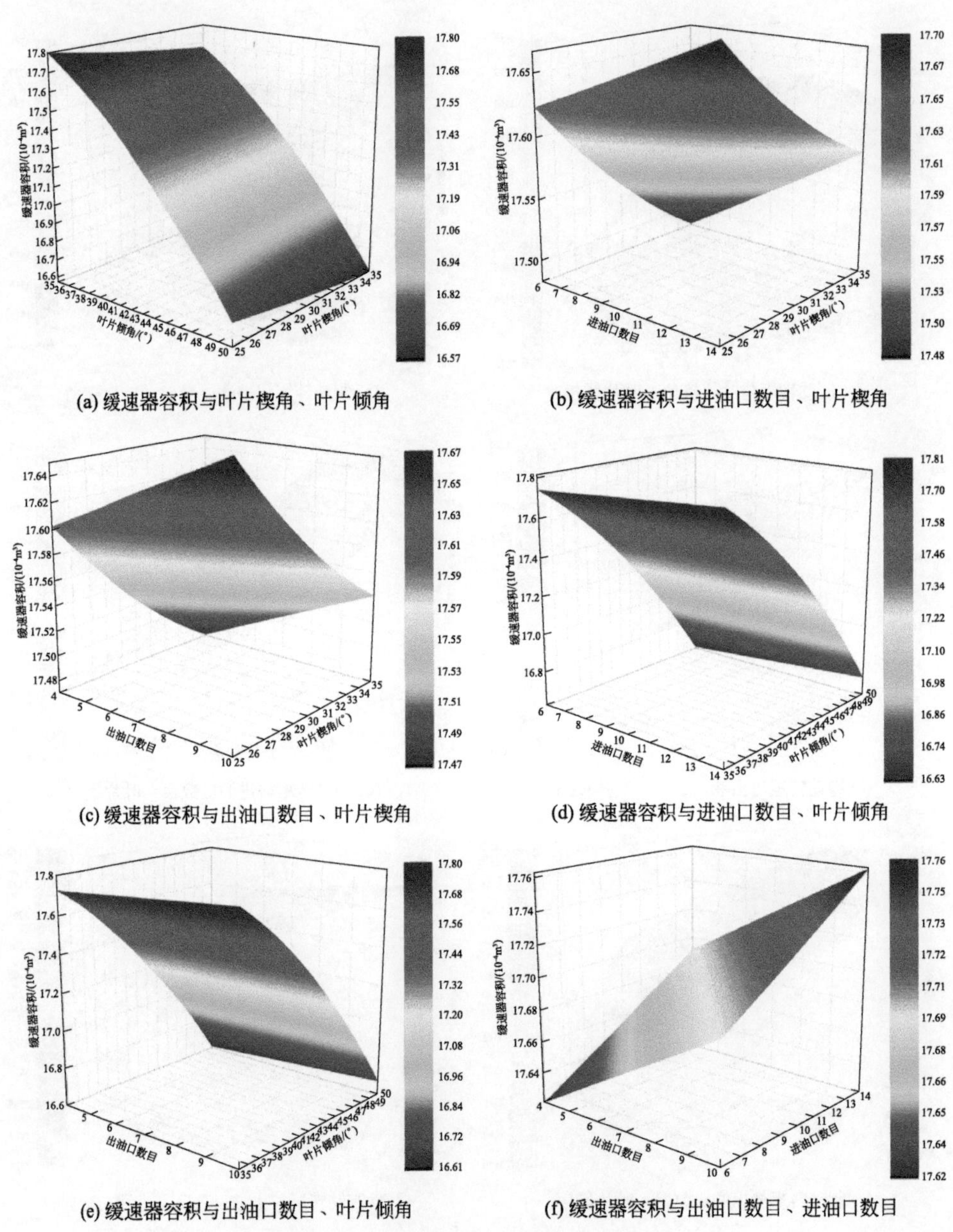

(a) 缓速器容积与叶片楔角、叶片倾角　(b) 缓速器容积与进油口数目、叶片楔角

(c) 缓速器容积与出油口数目、叶片楔角　(d) 缓速器容积与进油口数目、叶片倾角

(e) 缓速器容积与出油口数目、叶片倾角　(f) 缓速器容积与出油口数目、进油口数目

图 9-15　液力缓速器容积与各结构参数的关系

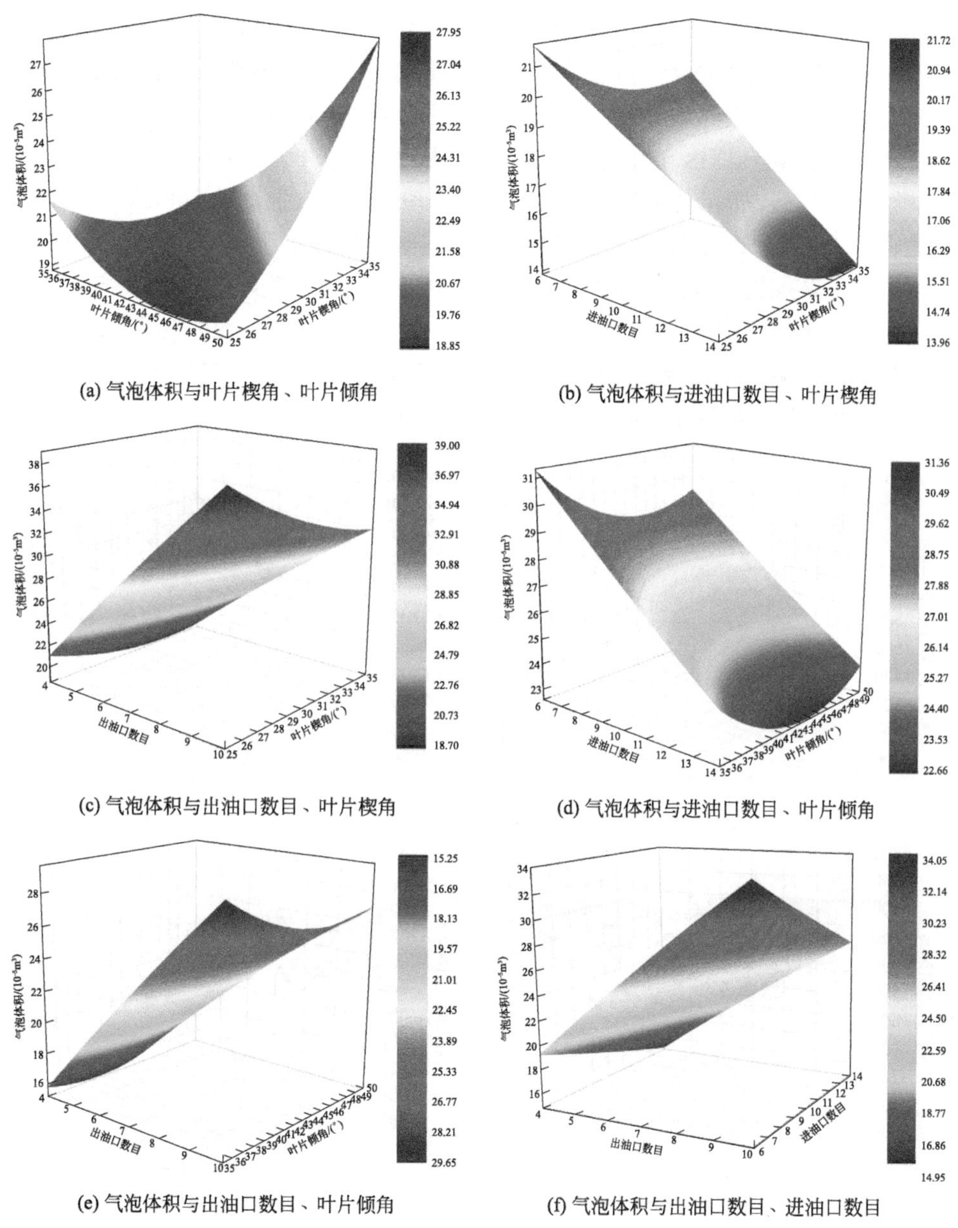

(a) 气泡体积与叶片楔角、叶片倾角

(b) 气泡体积与进油口数目、叶片楔角

(c) 气泡体积与出油口数目、叶片楔角

(d) 气泡体积与进油口数目、叶片倾角

(e) 气泡体积与出油口数目、叶片倾角

(f) 气泡体积与出油口数目、进油口数目

图 9-16　气泡体积与各结构参数的关系

为了分析 NSGA-Ⅱ的优化过程，本小节提取了制动转矩、液力缓速器容积和气泡体积的优化过程，如图 9-17 ～图 9-19 所示。图中红线代表子目标函数的约束，红色点代表不可行解，黑色点代表可行解，蓝色点代表 Pareto 解，绿色点代表最优解。图 9-17 为叶片楔角、叶片倾角、进出油口数目最优值的搜索过程，优化目标

是使液力缓速器的制动转矩最大。优化涉及的 4 个结构参数中，叶片楔角和叶片倾角对制动转矩的影响最大。从图 9-17（a）可以看出，叶片楔角是由初始值 30° 逐渐向左上方搜索，叶片楔角越小，液力缓速器的制动转矩越大，最终当叶片楔角达到 25° 时液力缓速器达到最大的制动转矩。从图 9-17（b）可以看出，叶片倾角是从初始值 40° 逐渐向两边搜索，最终当叶片倾角为 44° 时制动转矩达到最大。叶片倾角在由 35° 向 50° 的搜索过程中，液力缓速器的制动转矩先增大后减小，最终在 44° 时制动转矩达到最大。前面提到叶片楔角和叶片倾角之间互相影响，这两个结构参数的最优值是两者相互影响综合得到的。图 9-17（c）和（d）表示搜索进出油口数目的最优值使制动转矩达到最优，进出油口数目变化导致的制动转矩变化不明显，这两个结构参数的最优值是通过优化气泡体积得到的。

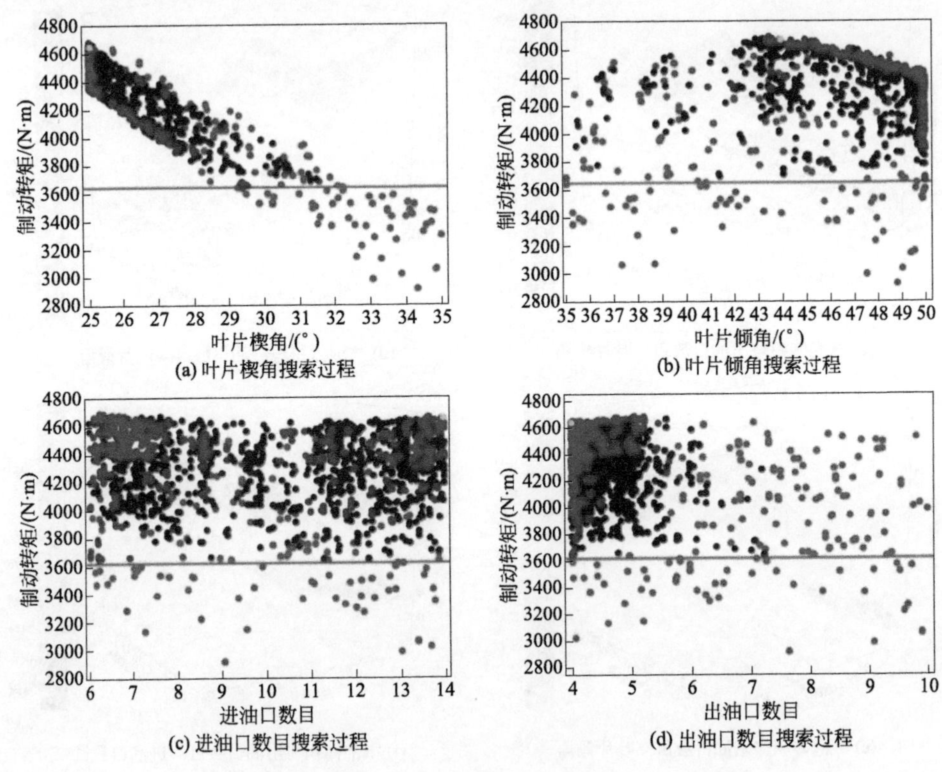

图 9-17 制动转矩优化过程分析

图 9-18 为叶片楔角、叶片倾角、进出油口数目最优值的搜索过程，优化目标是使液力缓速器容积达到最小。从图中可以看出，基本上所有可行点和不可行点都满足液力缓速器容积的约束。图 9-18（a）表示搜索叶片楔角的最优值使液力缓速器容积最小，从图中可以看出，蓝色的非劣解集点主要集中在叶片楔角为 25° 时。图

9-18（b）表示搜索叶片倾角最优值使液力缓速器容积最小，在这 4 个结构参数中对液力缓速器容积影响最大的是叶片倾角，从图可以看出，随着叶片倾角的增大液力缓速器的容积不断线性减小，前面已经解释过此现象的原因。在优化过程中为了达到较小的液力缓速器容积，叶片倾角由初始值 40° 逐渐增加到最优值 44° ，叶片倾角的最优值是综合三个优化目标得到的。图 9-18（c）和（d）表示搜索进出油口数目最佳值使液力缓速器容积最小，在优化过程中随着进出油口数目的增加，液力缓速器的容积也在缓慢增加。图 9-18（c）中解集点分布较分散。与图 9-18（c）不同的是，图 9-18（d）中非劣解集比较集中，此时的非劣解集主要集中在出油口数目少的解集内。进出油口数目的最优值主要是通过优化气泡体积得到的。

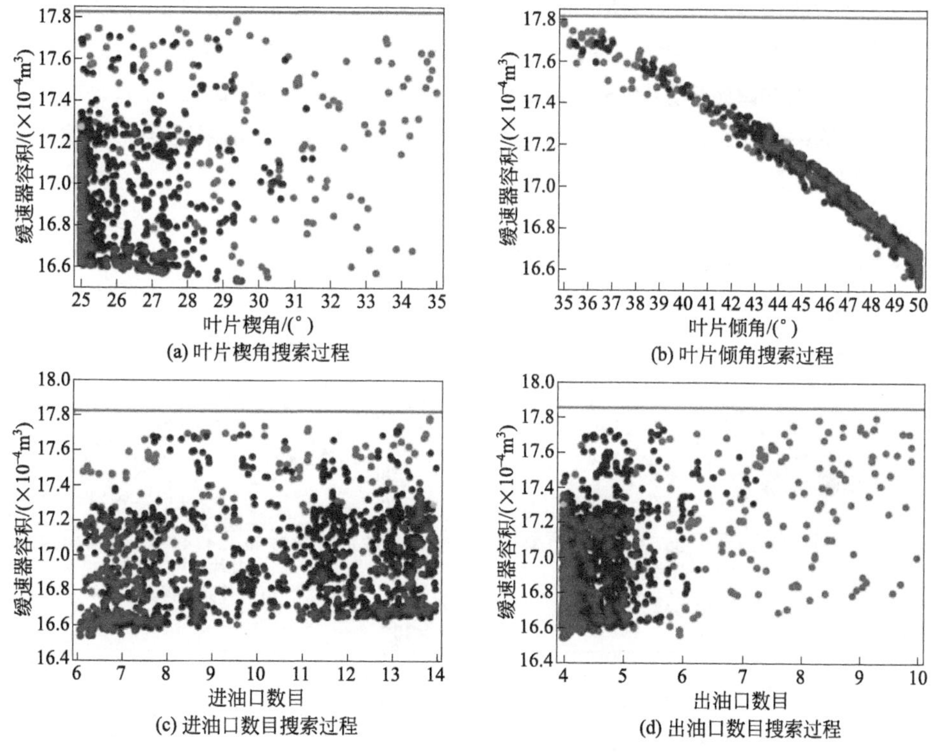

图 9-18　液力缓速器容积优化过程分析

图 9-19 为叶片楔角、叶片倾角、进出油口数目的优化搜索过程，优化目标是尽量减小气泡体积，上述 4 个结构参数都会对气泡体积产生影响。图 9-19（a）为搜索叶片楔角最优值使气泡体积最小。从图中可以发现，绝大多数的不可行点都使气泡体积超过约束，剩余的少量不可行点才是不满足其他两个优化目标的不可行解。图 9-19（a）表明叶片楔角的非劣解集点和可行点主要集中在 25° ～ 30° ，由此说明此时的优化是由初始值 30° 逐渐向左下方搜索，当叶片楔角为 25° 时气泡体积达到最

小值。图 9-19（b）为搜索叶片倾角最优值使气泡体积达到最小。与叶片楔角类似，大部分叶片倾角的不可行点都使气泡体积超过约束，叶片倾角的非劣解集点和可行点主要集中在 42° ～ 50° 。前面已经表明随着叶片倾角增大，液力缓速器内流场的气泡体积先减小后增大，图 9-19（b）表明，当叶片倾角增大为 44° ～ 45° 时气泡体积达到最小值。通过 9-18（b）和图 9-19（b）的对比可以发现，当叶片倾角取最优值 44° 时，制动转矩达到最大值的同时，气泡体积也达到最小值。图 9-19（c）和（d）表示搜索进出油口数目的最优值使气泡体积达到最小。进出油口的数目对气泡体积有很大的影响，随着进油口数目的增多气泡体积是不断减小的，而随着出油口数目的增多气泡体积是不断增大的，原因前面已经说明。从图 9-19（c）来看，进油口的非劣解集点分布较分散，但是明显可以看出，当进油口数目多时气泡体积较小，故在优化中逐渐搜索到进油口数目的最大值，使气泡体积达到最小。图 9-19(d）表明，随着出油口数目的增多气泡体积线性增大，只有出油口数目少时，才满足气泡体积的约束条件。在优化过程中，出油口数目由初始值 6 逐渐搜索到最小值 4 时，气泡体积达到最小。

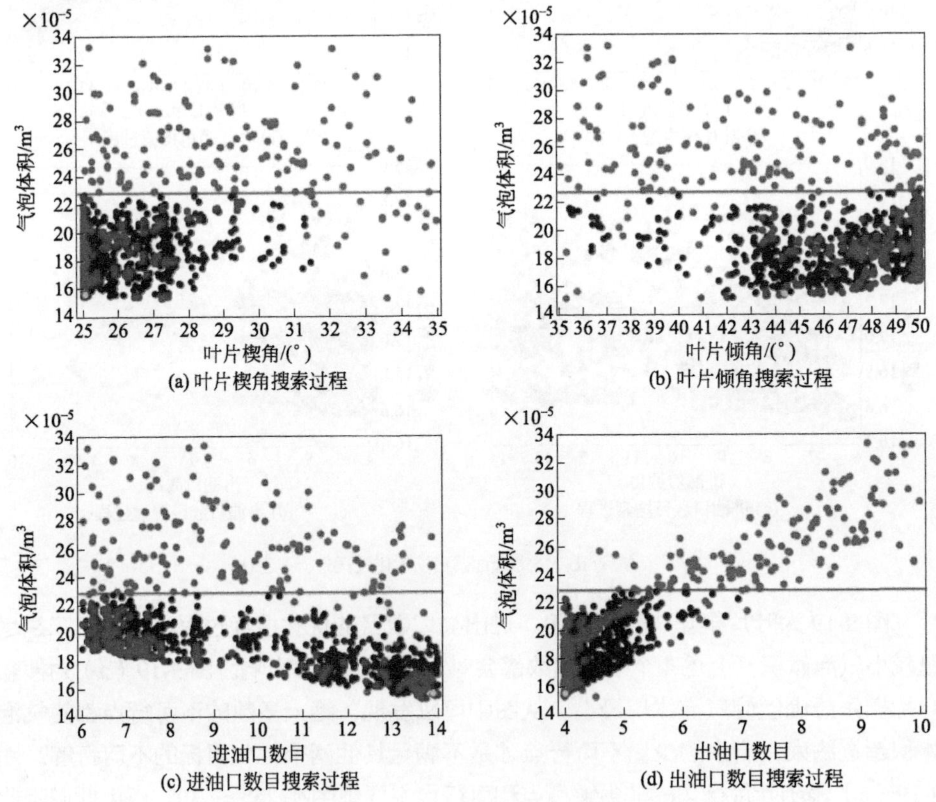

图 9-19　气泡体积优化过程分析

液力缓速器结构参数优化后，液力缓速器的制动转矩得到提高，液力缓速器容积变小，气泡体积也减小。为了探究导致液力缓速器性能提高的内在原因，下面从流场特性的角度来分析优化前后液力缓速器内流场的变化。

（4）优化前后流场压力分析

优化后液力缓速器的制动转矩得到提高，这本质上是液力缓速器内流场的压力变化导致的，图 9-20 和图 9-21 分别是优化前后液力缓速器内流场的压力图，图中（a）和（b）分别是提取出的部分压力面压力图和吸力面压力图。从图中可以看出，优化前后截面上的压力变化规律是相同的，首先压力面压力值明显高于吸力面压力值，其次从截面压力场分布可以看出，从截面中心到截面外环压力递增，呈现出明显的压力分层现象。究其原因，流体在转子流场和定子流场中流动时受到离心力的影响，截面中心区域受离心力影响小，压力值较低；而截面外环区域是流体冲击的主要区域，受离心力影响大，因此外环压力值明显高于中心区域压力值。对比图 9-20 和图 9-21 可以发现，优化后最高压力由 1.5 MPa 提高为 2.3 MPa。对比图 9-20（b）和图 9-21（b）吸力面压力值可以发现，吸力面优化后最高压力由 1.2 MPa 提高为 1.8 MPa。由此可见，经过液力缓速器结构参数优化后，液力缓速器内部流场流体冲击变大，压力损失变大，导致压力面和吸力面的压力升高。首先截面压力提高有助于减少内流场中的气泡数，其次压力面与吸力面的动量矩差加大有助于提高液力缓速器的制动转矩，故优化后液力缓速器这两方面的性能得到提升。

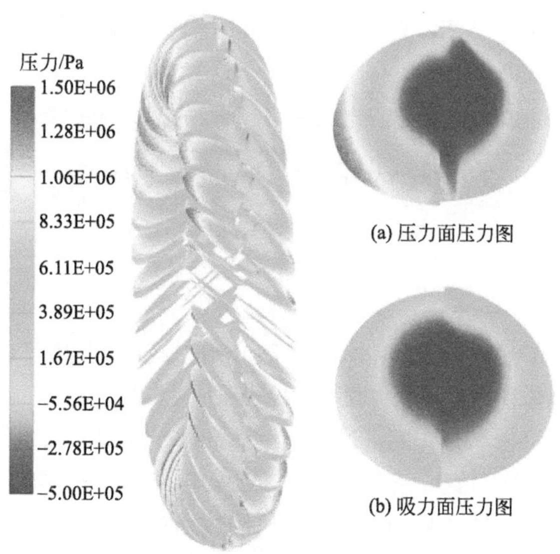

图 9-20　优化前模型压力场

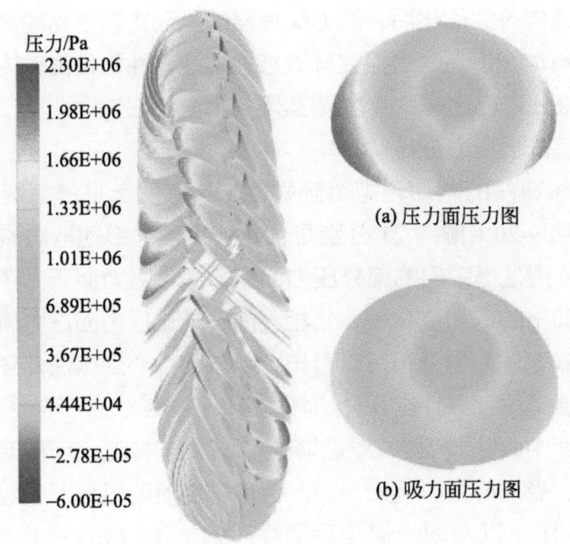

图 9-21 优化后模型压力场

（5）优化前后流场气泡体积分数分析

在优化过程中着重减少液力缓速器运行中产生的气泡数目，气泡体积优化目标的权重为 0.5。表 9-4 给出优化前后转子流场和定子流场内部的气泡体积及优化率，从中可以明显看出，定子内流场的气泡体积大于转子内流场的气泡体积，且优化后转子流场和定子流场的气泡体积都大大减小，其中转子流场气泡体积减小 30.56%，定子流场气泡体积减小 33.94%。

表9-4 优化前后液力缓速器内流场气泡体积对比表

内流场	优化前 /（$\times10^{-5}m^3$）	优化后 /（$\times10^{-5}m^3$）	优化率 /%
转子流场内部	8.54	5.93	30.56
定子流场内部	14.32	9.46	33.94

为了分析优化前后内流场气泡体积分数分布的差异，提取了优化前后转子和定子吸力面叶片气泡体积分数图，如图 9-22 所示。图 9-22（a）和（b）为优化前后转子吸力面叶片的气泡体积分布图，优化前后气泡都是聚集在吸力面叶片中央靠近交接面的区域，此区域压力值较低，有大量气泡聚集，叶片外环高压区域无气泡分布。对比分析发现，优化后转子吸力面叶片中气泡数略有减少，主要体现在气泡主要聚集的区域面积有所减小，吸力面叶片中央的气泡数减少。图 9-22（c）和（d）为优化前后定子吸力面叶片的气泡体积分布图，优化前后气泡都是聚集在叶片的中央靠近交界面的区域，优化后定子吸力面叶片的气泡数减少比较明显，减少的幅度明显

大于转子吸力面叶片的气泡数减少幅度，高气泡体积分数的区域面积大幅减小。由此可见，经过参数优化后，缓速器内部产生的气泡数目显著减少。

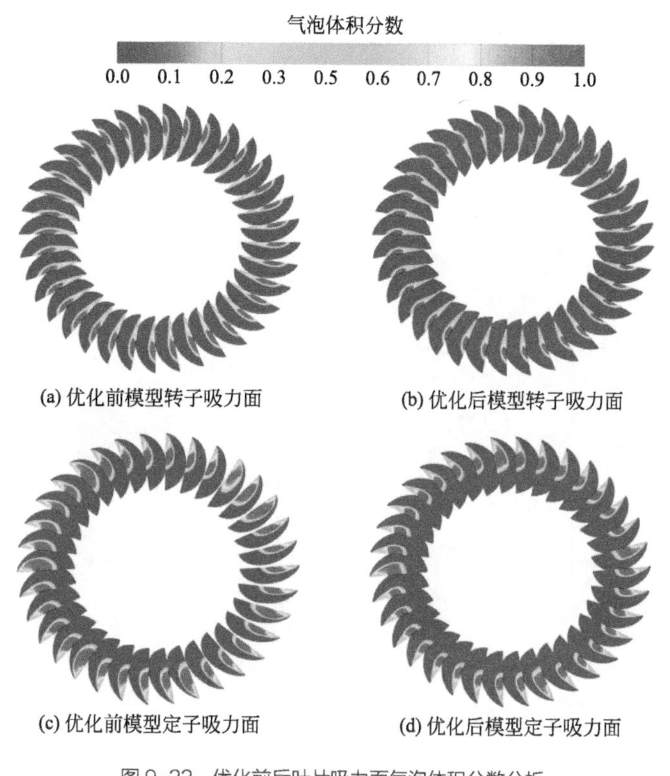

图 9-22　优化前后叶片吸力面气泡体积分数分析

9.2

换热器结构参数多目标优化设计

换热器在化工、石油、动力、食品及其他许多工业生产中占有重要地位，如在化工生产中，换热器可作为加热器、冷却器、冷凝器、蒸发器和再沸器等，应用广泛。特别是绿色环保、低碳问题已经是全球需求焦点的今天，研究强化传热问题如何提高传热性能仍很必要。更高换热性能的换热器并不一定需要结构形状的改变，原有换热器结构参数的改变也能很大限度地提高换热器性能。对于换热器来说，最为关键的要求是充分的换热效果及较低的流动阻力，所以为兼顾两者，本节基于板翅式换热器流 - 热耦合及传热机理，先研究换热器参数对换热性能的影响，再采用多目标优化方法寻找最优的换热器参数。换热器的性能由换热因子 j 与摩擦因子 f 作为评判[13]。锯齿型板翅换热器三维结构如图 9-23 所示。

本节主要讨论的换热器参数为：板翅高度 h、板翅节距 l、板翅间距 s 及板翅厚度 t，具体参数位置如图 9-23（b）所示。

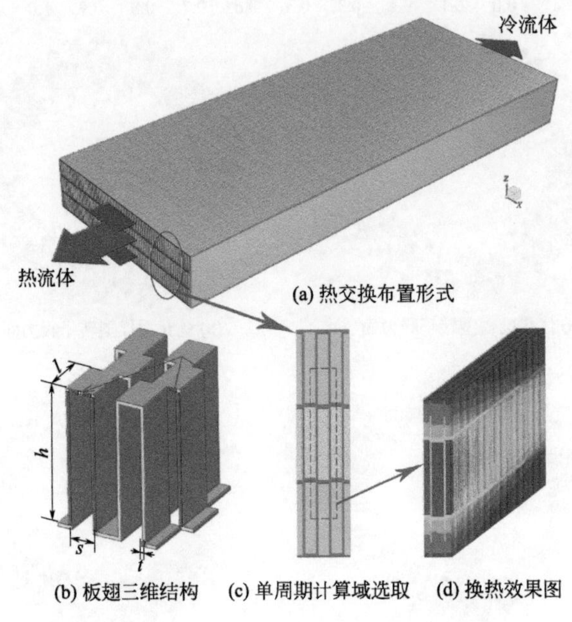

图 9-23 锯齿型板翅换热器三维结构

9.2.1 参数敏感性研究

翅板式换热器强化传热按是否需要外界输入动力分为两类：需要输入外界动力的为主动强化技术，主要方式有机械振动、加电场或磁场、向流体中加入添加物等；相应地，不需要外界输入动力的为被动强化技术，主要方式有扩展表面（各种肋结构）、插入物、旋流器以及湍流发生器等。从内流场角度来分析强化传热的方法主要有[14-20]：①将壁面区和中心主流区流体混合；②降低流体边界层厚度；③促使二次流形成以及增强流体湍流程度，等等。

由于板翅高度 h、板翅节距 l、板翅间距 s 和板翅厚度 t 影响冷热流体的湍流程度和总体传热时的热阻，因此将这 4 个参数作为多目标优化的输入参数。但同时说明换热器 4 个参数对换热性能的影响有些困难，所以本节先进行 4 个单因素的研究。

（1）只改变板翅高度 h

固定 l=3.175，s=1.821，t=0.254，研究不同板翅高度 h 对换热因子 j 与摩擦因子

f的影响。

（2）只改变板翅节距 l

固定 h=9.54，s=1.821，t=0.254，研究不同板翅节距 l 对换热因子 j 与摩擦因子 f 的影响。

（3）只改变板翅间距 s

固定 h=9.54，l =3.175，t=0.254，研究不同板翅间距 s 对换热因子 j 与摩擦因子 f的影响。

（4）只改变板翅厚度 t

固定 h=9.54，l=3.175，s=1.821，研究不同板翅厚度 t 对换热因子 j 与摩擦因子 f 的影响。

确定 4 个参数对换热器性能的影响，最后再研究多参数相互作用时对换热器性能的影响和换热器参数的多目标优化 [21-26]。

9.2.2　多目标优化算法

在多目标优化问题中，各个目标函数往往是互相矛盾的，不存在一组解使得所有目标函数同时达到各自的最优值，所以，多目标优化问题只能取得非支配解集或 Pareto 解集。本书采用了典型非归一化（Non-scalar）方法——多目标遗传算法（Muti-Objective Genetic Algorithm, MOGA），它利用 Pareto 机制直接处理多目标优化问题，不需要将多个目标转化为单一目标，并能够使所求解集的前沿与 Pareto 前沿尽量相接近与均匀覆盖。图 9-24 展示了应用非归一化方法求解 Pareto 前沿的过程 [13,27-30]。

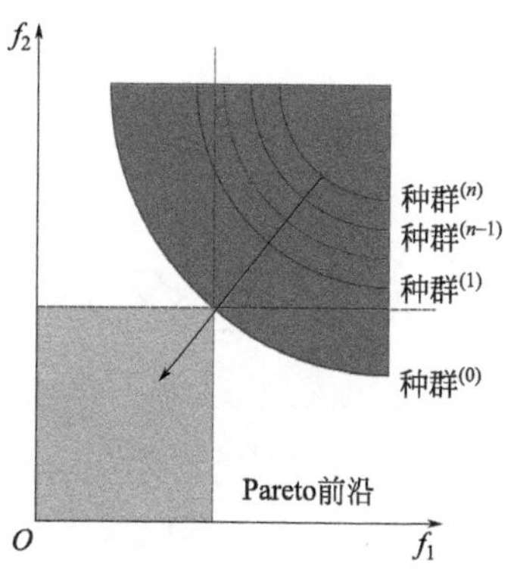

图 9-24　非归一化方法向 Pareto 解集逼近原理

在原理上，MOGA 将 Pareto 最有型条件应用在适应的评价上，如果某一解在 Pareto 最优价值上比上代更有提高，那么就认定适应度得到了提高，基于此再进行施压。除此之外，MOGA 将种群集合作为全体向 Pareto 前沿进化，致力于探求除父代之外的 Pareto 最优解信息，有效地扩大和阀盖 Pareto 前沿。图 9-25 显示了根据解的优劣关系施压变化，图 9-26 展示了最大限度覆盖 Pareto 前沿的情况。

在多目标优化遗传算法的选择上，选取了第二代非劣排序遗传算法——NSGA-Ⅱ，其优化求解过程如图 9-27 所示。

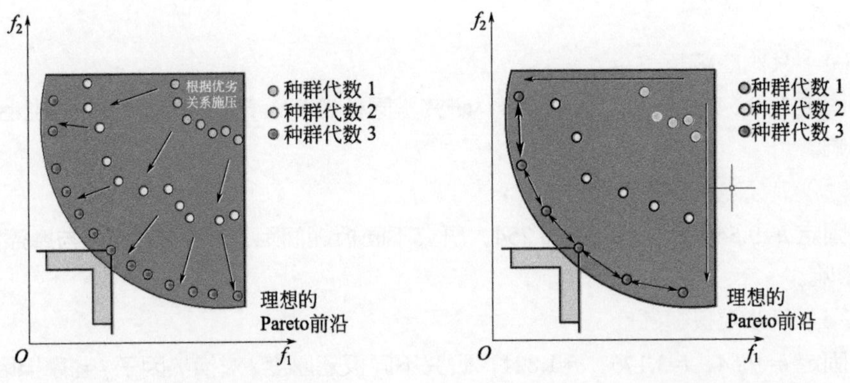

图 9-25　根据解的优劣关系施压　　　图 9-26　最大限度覆盖 Pareto 前沿

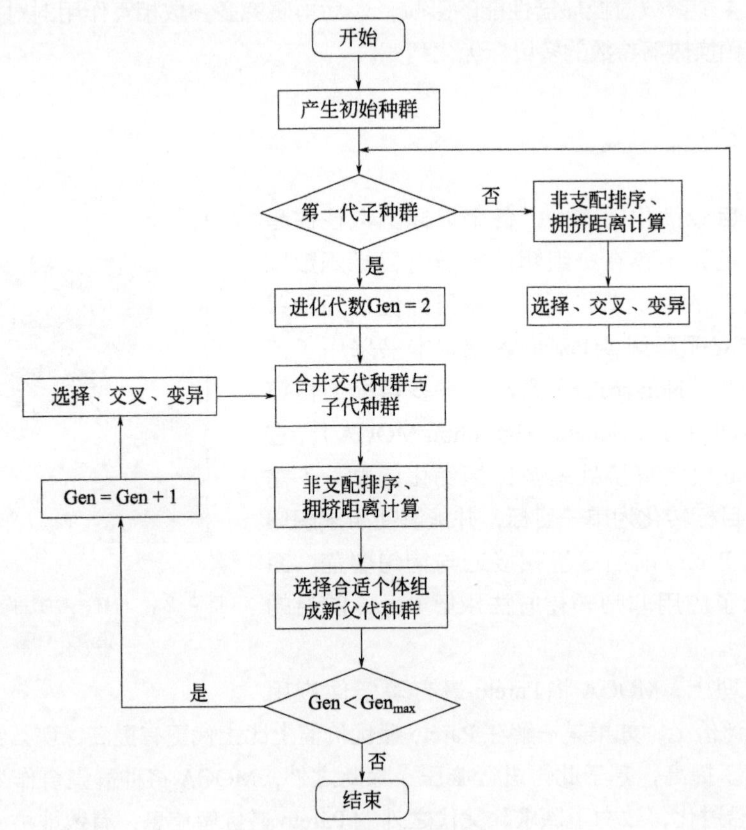

图 9-27　NSGA-Ⅱ优化过程

Gen为个体适应度；Gen_{max}为最优个体适应度

在 NSGA-Ⅱ中，采用 SBX（Simulated Binary Crossover）方法作为交叉和突然变异的运算机制，运用交叉和突然变异运算生成子个体，其分别被定义为

交叉
$$\begin{cases} x_i^{(1,t+1)} = \dfrac{1+\beta_{qi}}{2} x_i^{(1,t)} + \dfrac{1-\beta_{qi}}{2} x_i^{(2,t)} \\ x_i^{(2,t+1)} = \dfrac{1-\beta_{qi}}{2} x_i^{(1,t)} + \dfrac{1+\beta_{qi}}{2} x_i^{(2,t)} \end{cases} \tag{9.4}$$

突然变异
$$\begin{cases} x_i^{(1,t+1)} = x_i^{(1,t)} + \delta_q \left(x_i^{\mathrm{UB}} - x_i^{\mathrm{LB}} \right) \\ \delta_q = \begin{cases} \left[2u + (1-2u)(1-\delta)^{\eta_m+1} \right]_{\eta_m+1}^{1} - 1, & u \leqslant 0.5 \\ 1 - \left[2(1-u) + 2(u-0.5)(1-\delta)^{\eta_m+1} \right]_{\eta_m+1}^{1}, & u > 0.5 \end{cases} \\ \delta = \min\left(x_i - x_i^{\mathrm{LB}}, x_i^{\mathrm{UB}} - x_i \right) / \left(x_i^{\mathrm{UB}} - x_i^{\mathrm{LB}} \right), u \in [1,0] \end{cases} \tag{9.5}$$

9.2.3　典型优化结果分析

实际进行多目标优化前先要了解参数和优化目标之间的大概关系。由图 9-28 可以看出，优化参数与换热器性能值之间呈现出高度的非线性关系，需要构建代理模型建立设计变量与目标函数之间的近似关系。

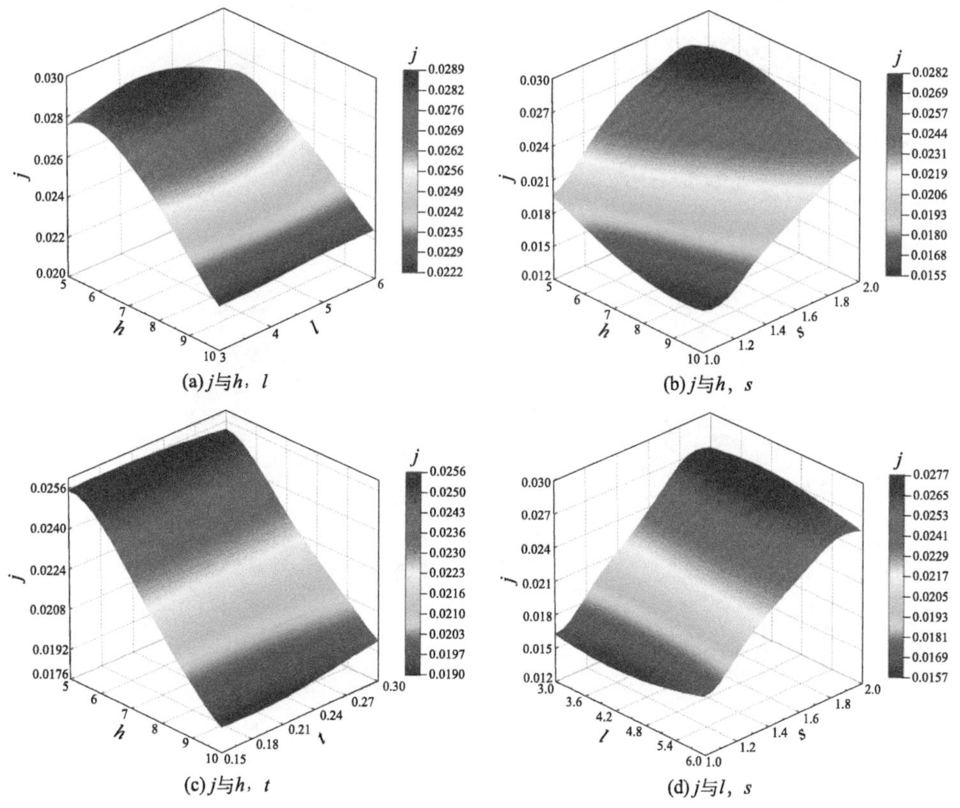

图 9-28

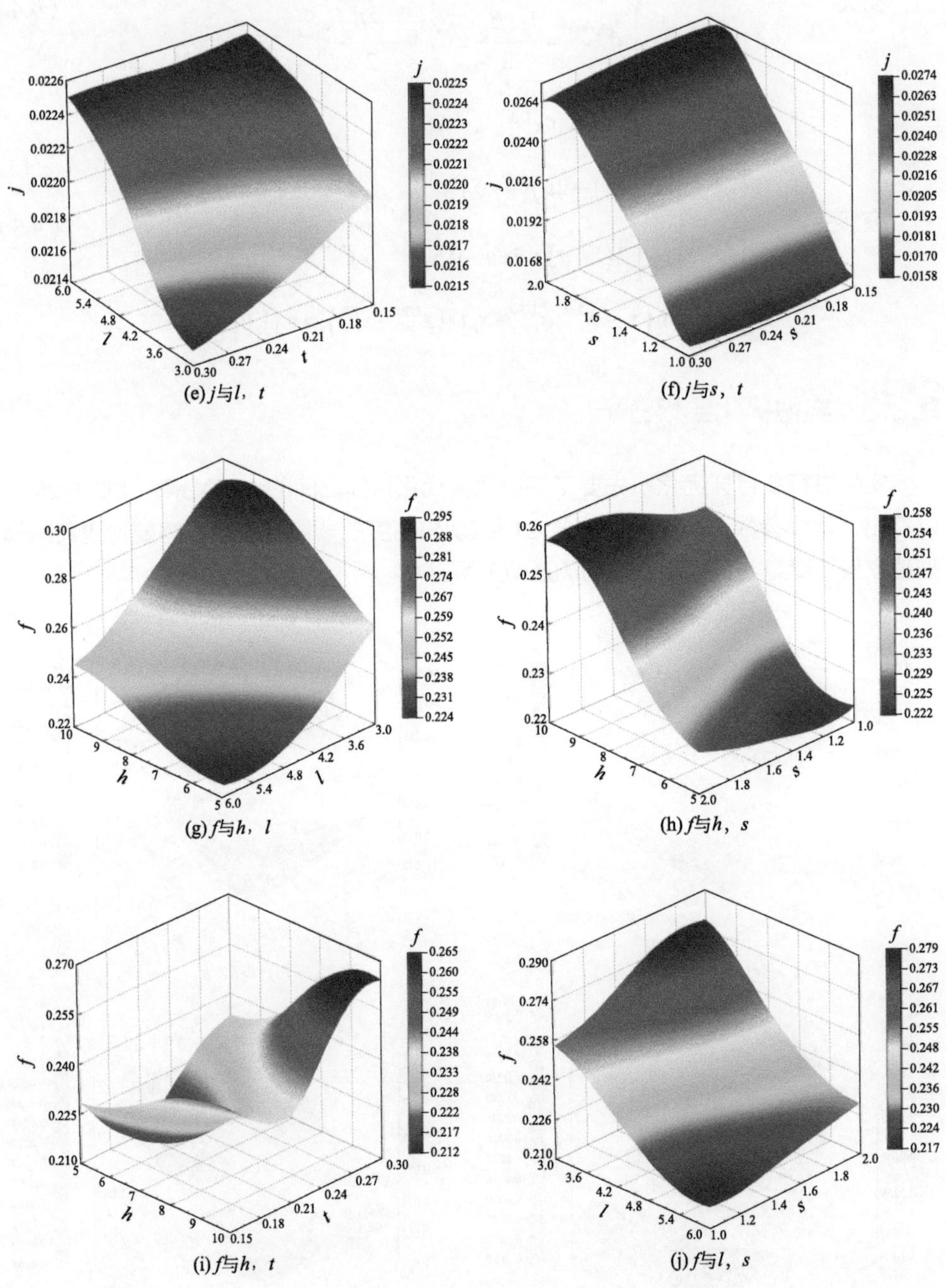

(e) j与l，t

(f) j与s，t

(g) f与h，l

(h) f与h，s

(i) f与h，t

(j) f与l，s

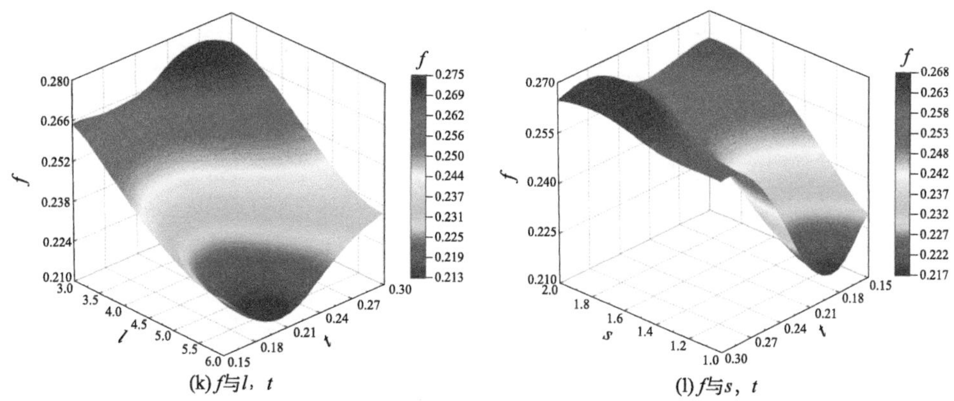

图 9-28　换热器性能值与优化参数之间的关系

采用 Kriging函数方法构建的换热因子及摩擦因子代理模型，其误差分析结果如图 9-29 所示。图中代表换热因子的代理模型（即适应度函数）均方根误差 $RMSE_j$=0.064，代表摩擦因子的代理模型均方根误差 $RMSE_f$=0.119，两者误差均小于工程应用中对误差的要求。

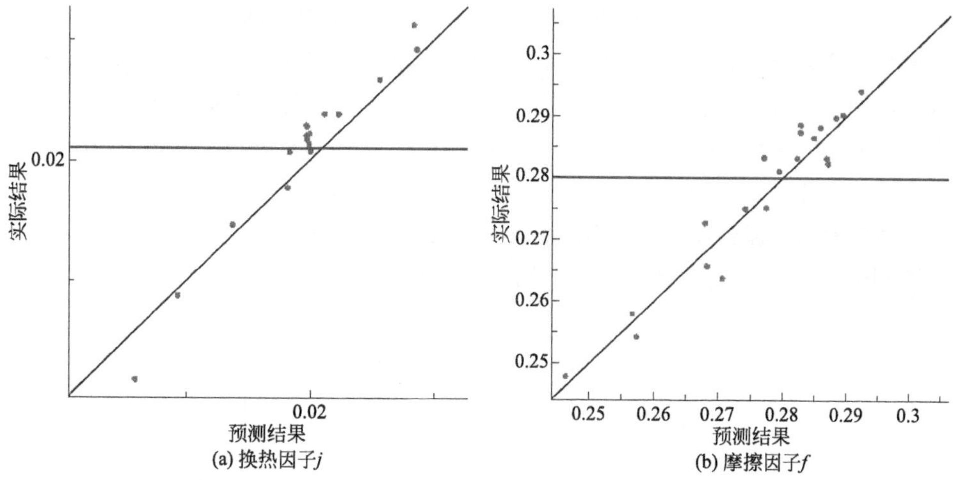

图 9-29　样本点精度检测分布

以最大换热因子 j 与最小摩擦因子 f 为目标函数，应用 NSGA-Ⅱ多目标优化算法对锯齿型板翅换热器结构参数进行优化，经迭代 3000 步后，换热因子 j 与摩擦因子 f 的 Pareto 前沿解集如图 9-30 所示。从图中可以看到，NSGA-Ⅱ算法所求得到的 Pareto 前沿解集分布比较均匀，且换热因子 j 与摩擦因子 f 呈现出非线性正相关，但这两目标函数所设定取值方向相反，故而两个目标函数优化搜索方向是相互矛盾的，一个量的增大，必然以减小另一个量为前提。

下面将各个设计变量对换热性能的影响进行更为具体的分析。

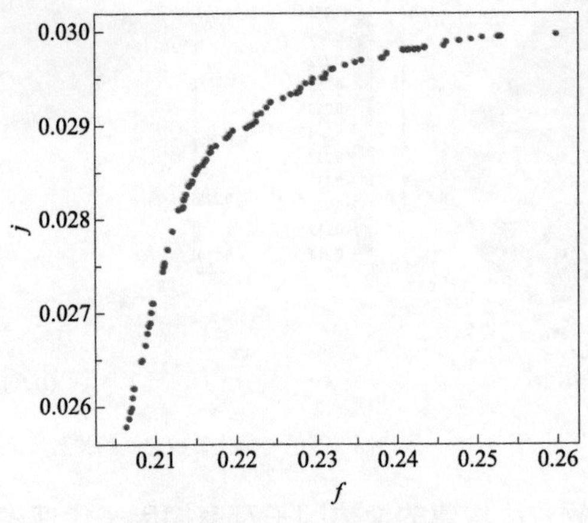

图 9-30 Pareto 前沿解集

（1）只改变板翅高度 h

从图 9-31 中可以看出，随着板翅高度 h 的不断增大，换热因子 j 逐渐减小，摩擦因子 f 先是以较大的幅度逐渐增大，后增大幅度减缓。其中，换热因子 j 减小 18.47%，摩擦因子 f 增大 35.28%。分析其中原因可知，随着 h 的增大，尽管板翅二次换热面积逐渐增大，但隔板间距加大，板翅相应热阻也在增大，故而换热因子 j 以较小的幅度减小；研究设定 Re=100，h 的增大，必然引起流道内流速的减小，但流道内的流体质量流量是在增加的，故而摩擦因子 f 是在逐渐增大的。综合以上分析，对于锯齿型板翅换热器，板翅高度 h 需要小一些，使板翅热阻减小，相应换热因子 j 增大，摩擦因子 f 减小，利于换热器性能的提升。

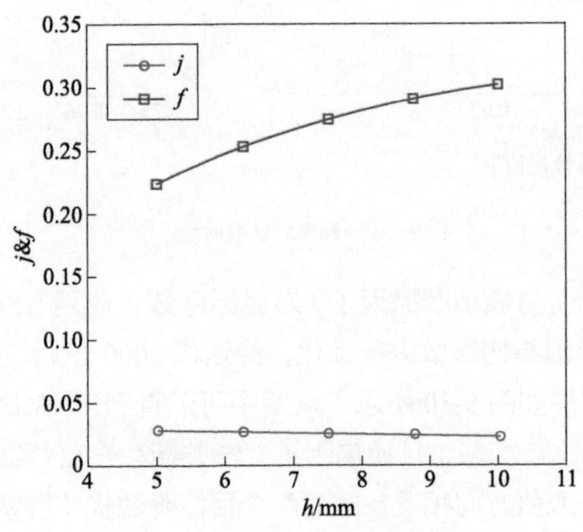

图 9-31 板翅高度 h 对换热器性能影响

图 9-32 为在优化过程中，板翅高度 h 与换热器性能之间的关系。从图 9-32（a）中可以看到，优化解集的分布大致上呈现出这么一个现象：随着板翅高度 h 的增大，换热因子 j 逐渐减小，这与上面只变化板翅高度 h 所得出的结论相一致，优化解集由右下方的原始模型参数为起始点，向周边开始迭代搜索，由于以最大换热因子 j 为目标函数，故而搜索方向整体是沿着图中箭头所指方向推进，并且整个优化解集都被约束在了图中左右两侧板翅高度 h 的蓝红边界线以内，最终在图中左上方得到最优 Pareto 解集。另外，从图 9-32（b）中可以看到，优化解集的分布大致上也呈现出类似的现象：随着板翅高度 h 的增大，摩擦因子 f 逐渐增大，这与上面只变化板翅高度 h 所得出的结论是相一致的，优化解集由右上方的原始模型参数为起始点，向周边开始迭代搜索，由于以最小摩擦因子 f 为目标函数，故而搜索方向整体是沿着图中箭头所指方向推进，并且整个优化解集也都被约束在了图中左右两侧板翅高度 h 的蓝红边界线以内，最终在图中左下方得到最优 Pareto 解集。

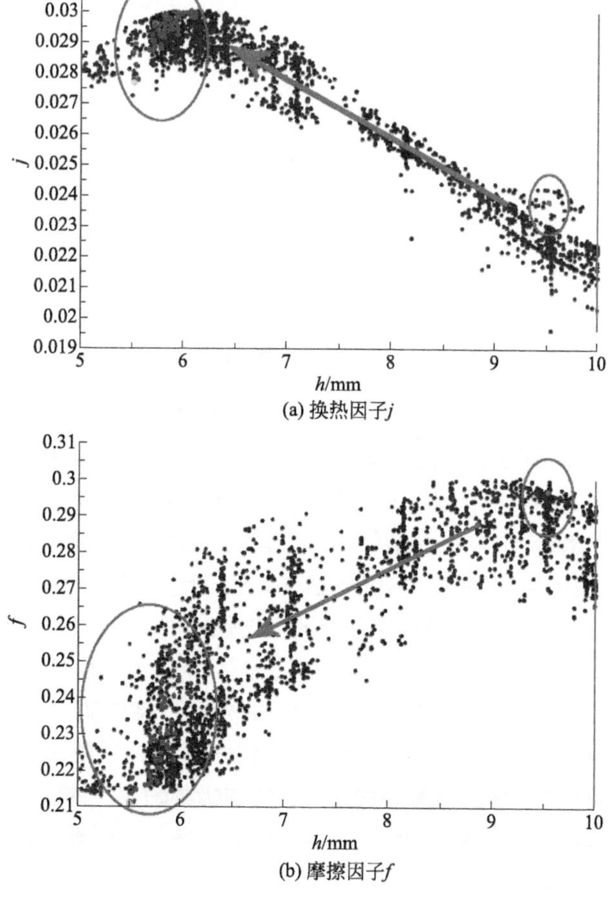

图 9-32　优化过程中板翅高度 h 与换热器性能关系

（2）只改变板翅节距 l

从图 9-33 中可以看出，随着板翅节距 l 的不断增大，换热因子 j 逐渐减小，摩擦因子 f 先是以较大的幅度逐渐减小，后减小幅度放缓。其中，换热因子 j 减小 20.32%，摩擦因子 f 减小 21.88%。分析其中原因可知，随着 l 的增大，减小了板翅对换热介质的扰动，弱化了换热效果，故而换热因子 j 逐渐较小；研究设定 Re=100，l 的增大，必然引起流道内流速的减小，且流道内的流体质量流量也是在减小的，故而摩擦因子 f 在逐渐减小。综合以上分析，对于锯齿型板翅换热器，在一定的压力条件下，板翅节距 l 需要小一些，以增加板翅对换热介质的扰动，强化换热效果，使得换热因子 j 有所增大，利于换热器性能的提升。

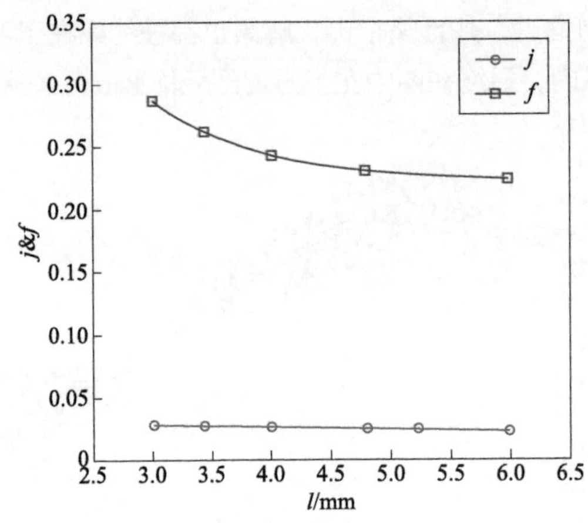

图 9-33　板翅节距 l 对换热器性能影响

图 9-34 为在优化过程中，板翅节距 l 与换热器性能之间的关系。从图 9-34（a）中可以看到，换热因子 j 的优化解集分布较为零散，大致上是由左下方的原始模型参数沿着图中箭头方向优化迭代，进取方向与上述换热因子 j 与板翅节距 l 的分布规律不相符，且沿着箭头方向优化解集点分布较为零散，没有确定的进取方向。这表明在板翅节距 l 的优化过程中，不仅受到了其他设计变量的较大影响，为兼顾整体换热性能的提升，迫使板翅节距 l 以相反方向迭代搜索，还受到了板翅节距 l 边界的约束，小的原始模型板翅节距难以向下搜索，最终在图中上方得到最优 Pareto 解集。另外，从图 9-34（b）中可以看到，优化解集的分布较为明显：随着板翅节距 l 的增大，摩擦因子 f 逐渐减小，这与上文只变化板翅节距 l 所得出的结论是相一致的，优化解集由左上方的原始模型参数为起始点，向周边开始迭代搜索，由于以最小摩擦因子 f 为目标函数，故而搜索方向整体是沿着图中箭头所指方向推进，最终得到最优 Pareto 解集。

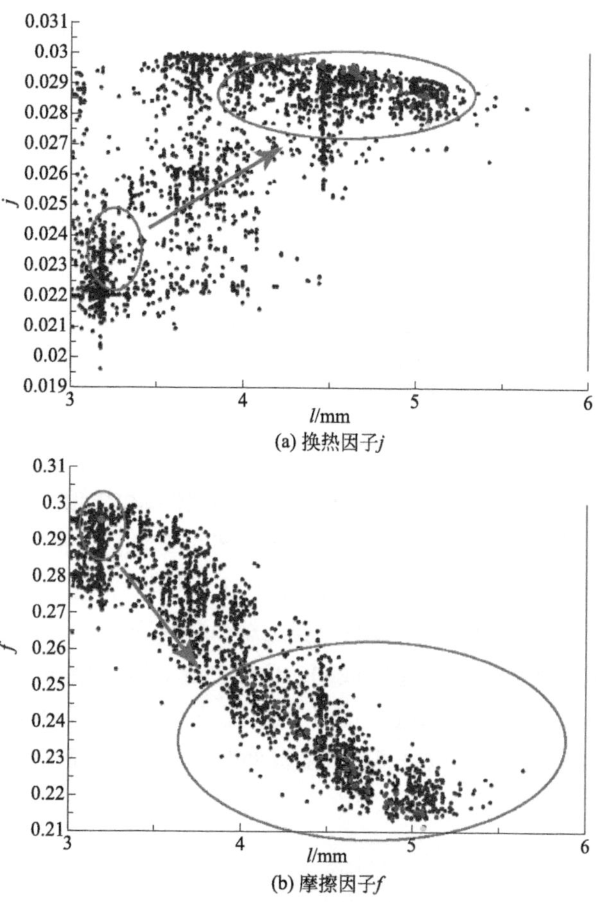

(a) 换热因子 j

(b) 摩擦因子 f

图 9-34　优化过程中板翅节距 l 与换热器性能关系

（3）只改变板翅间距 s

从图 9-35 中可以看出，随着板翅间距 s 的不断增大，换热因子 j 逐渐增大，摩擦因子 f 先是以较大的幅度逐渐减小，后减小幅度放缓。其中，换热因子 j 增大 55.49%，摩擦因子 f 减小 22.71%。结合换热原理分析其中原因可知，随着 s 的增大，板翅一次换热面积增多，有效地强化了换热，故换热因子 j 的增大幅度明显；研究设定 Re=100，s 的增大，必然引起流道内流速的减小，使得摩擦因子 f 以较大幅度下降，但流道内的流体质量流量是在增加的，故而摩擦因子 f 的减小幅度减缓。综合以上分析，对于锯齿型板翅换热器，板翅间距 s 需要大一些，以增加一次换热面积，减小换热介质流速，使相应换热因子 j 增大，摩擦因子 f 减小，利于换热器性能的提升。

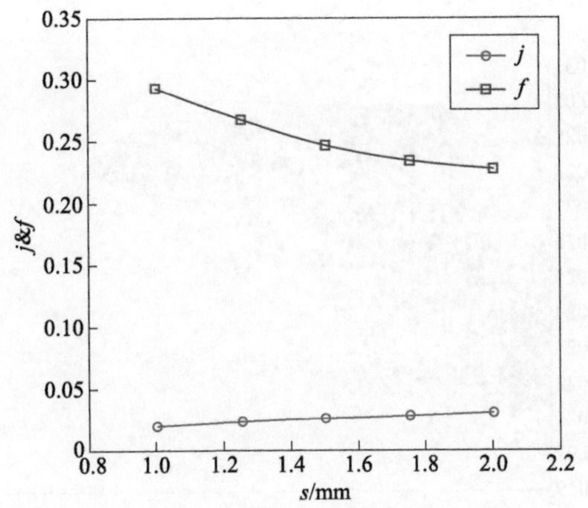

图 9-35　板翅间距 s 对换热器性能影响

图 9-36 为在优化过程中，板翅间距 s 与换热器性能之间的关系。从图 9-36（a）中可以看到，优化解集由右下方的原始模型参数为起始点，向周边开始迭代搜索，搜索方向整体沿着图中箭头所指方向推进，由于起始板翅间距 s 已处于给定边界较大值处，故而优化解集的分布并没有呈现出规律，此部分实现最大换热因子 j 的优化搜索主要是通过改变其他变量完成的，最优 Pareto 解集最终出现在图中右上方。另外，从图 9-36（b）中可以看到，最小摩擦因子 f 的优化搜索也呈现出类似情况，最小摩擦因子 f 的优化搜索也是通过改变其他变量完成的，最优 Pareto 解集最终出现在图中右下方。

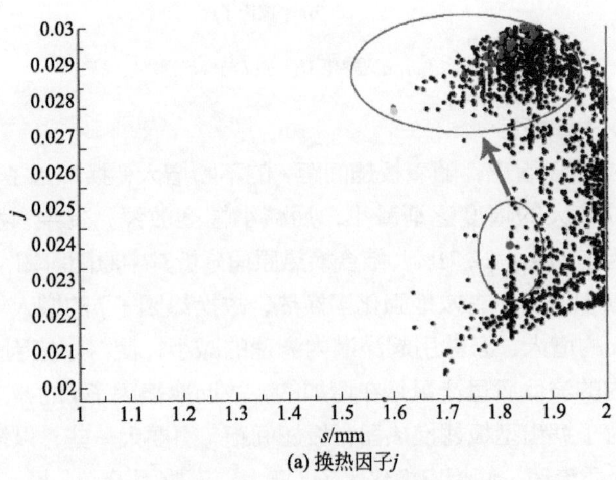

(a) 换热因子 j

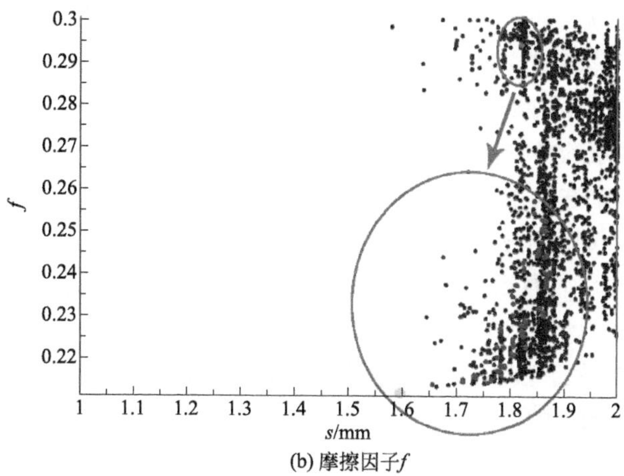

(b) 摩擦因子 f

图 9-36　优化过程中板翅间距 s 与换热器性能关系

（4）只改变板翅厚度 t

从图 9-37 中可以看出，随着板翅厚度 t 的不断增大，换热因子 j 以很小幅度减小，摩擦因子 f 先是以较缓的幅度逐渐增大，后增大幅度变大。其中，换热因子 j 减小 8.3%，摩擦因子 f 增大 32.2%。结合换热原理分析其中原因可知，由于研究设定 Re=100，随着 t 的增大，流道二次换热面积逐渐减小，而换热介质流动速度迅速增大，故而造成摩擦因子 f 的显著增大；另一方面，尽管流道内流速变大有利于换热，但换热面积在减小，所以换热因子 j 变化较小。综合以上分析，对于锯齿型板翅换热器，板翅厚度 t 需要小一些，以降低流道内阻力，减小摩擦因子 f，利于换热器性能的提升。

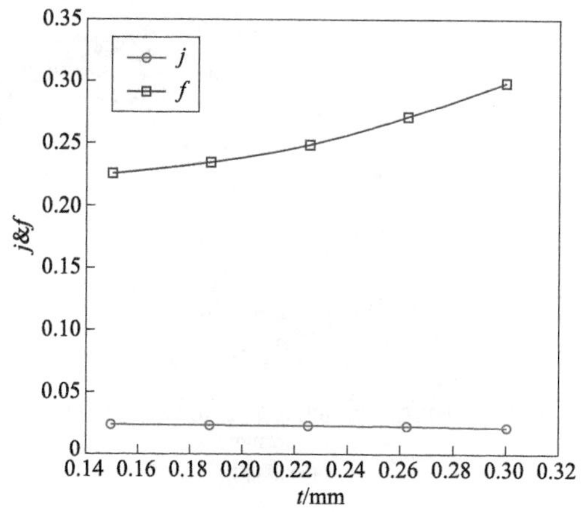

图 9-37　板翅厚度 t 对换热器性能影响

图 9-38 为在优化过程中，板翅厚度 t 与换热器性能之间的关系。从图 9-38（a）中可以看到，优化解集的分布大致上可以呈现出这么一个现象：随着板翅厚度 t 的增大，换热因子 j 逐渐减小，这与上面只变化板翅厚度 t 所得出的结论是相一致的，但受其他设计变量的影响，变化幅度变大，优化解集由右下方的原始模型参数为起始点，向周边开始迭代搜索，由于以最大换热因子 j 为目标函数，故而搜索方向整体是沿着图中箭头所指方向推进，最终在图中左上方得到最优 Pareto 解集。另外，从图 9-38（b）中可以看到，优化解集的分布较为零散，没有确定的进取方向，优化解集由右上方的原始模型参数为起始点，向周边开始迭代搜索，由于以最小摩擦因子 f 为目标函数，故而搜索方向整体是沿着图中箭头所指方向推进，最终在图中左下方得到最优 Pareto 解集。

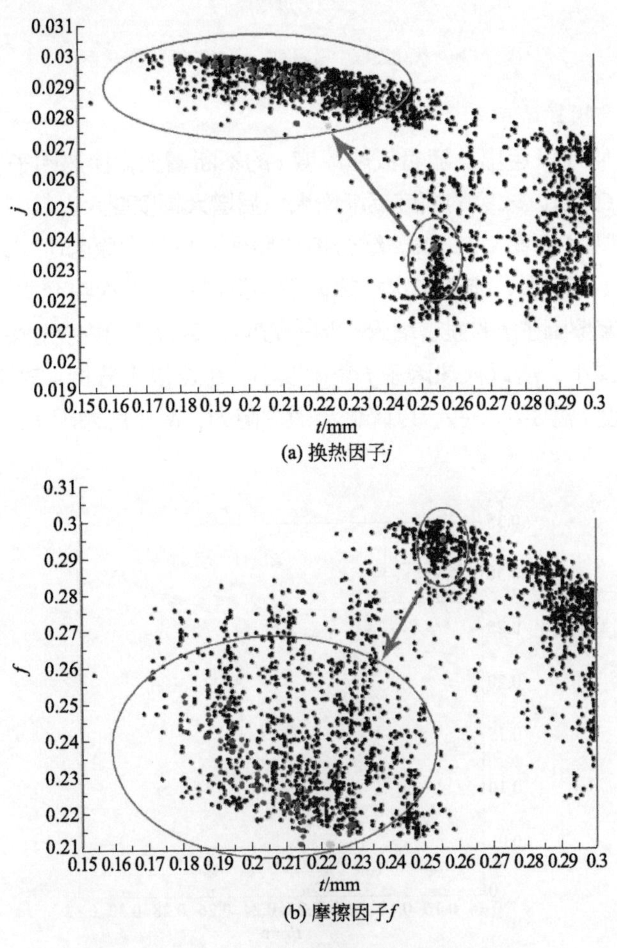

(a) 换热因子 j

(b) 摩擦因子 f

图 9-38　优化过程中板翅厚度 t 与换热器性能关系

（5）多目标优化前后换热器性能对比

① 温度对比。

图 9-39 所示为优化前后锯齿型板翅换热器流道内换热介质的温度分布对比。从图中可以看出，原始模型的工作油（热流体）由液力缓速器流入，温度为 125℃，沿着流动方向温度不断下降，经换热器换热后流出的温度为 91.65℃，温度下降了 33.35℃；冷却水（冷流体）由换热器另一端流入，温度为 60℃，沿着流动方向温度不断上升，经换热器换热后流出后的温度为 68.06℃，温度上升了 8.06℃。同样的，对于优化模型，工作油经换热后流出的温度为 85.33℃，温度下降了 39.67℃，同比原模型温度减少了 18.95%；冷却水经换热后流出温度为 69.36℃，温度上升了 9.36℃，同比原模型温度增加了 16.13%。由此可知，原模型未达到工作油冷却效果，而优化模型换热能力得到了提升，完全可以将液力缓速器流出的工作油冷却至合适工作温度。

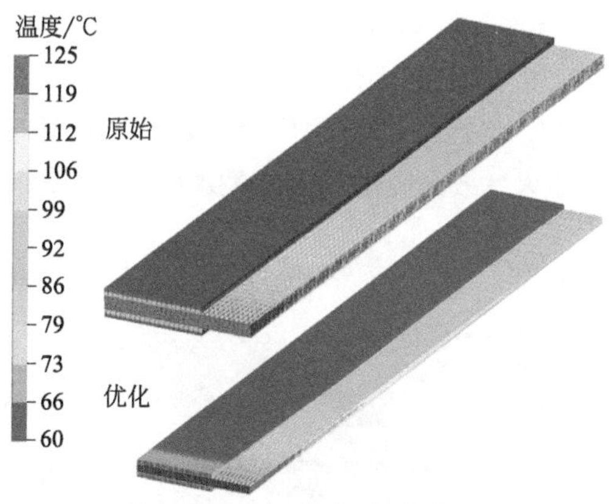

图 9-39 优化前后换热器流道内换热介质的温度场对比

② 压力对比。

图 9-40 所示为优化前后锯齿型板翅换热器流道内换热介质的压力分布对比。CFD 数值计算时设定冷热流体出口均为 0Pa，所以冷热流体进口压力即为压降值，由后处理读取数据可知，原模型工作油压降为 17792.7Pa，冷却水压降为 10643.6Pa，优化模型工作油压降为 32024Pa，冷却水压降为 17344.1Pa。结合上面温度分布可以看出，优化模型换热能力增强的同时，流道内冷热流体的摩擦阻力都增大了许多。

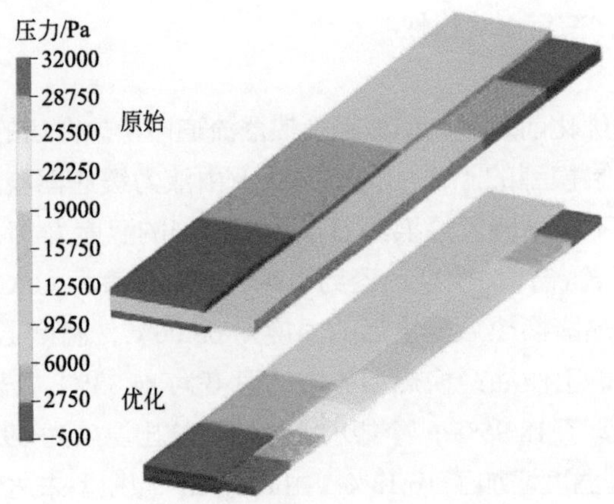

图 9-40 优化前后换热器流道内换热介质的压力对比

③ 速度对比。

图 9-41 显示了优化前后锯齿型板翅换热器流道内工作油的速度分布对比。原始模型的当量直径 D 为 2.498mm，优化模型的当量直径 D 为 1.878mm，同比减小了 24.82%，由于雷诺数 Re 为 100，故而优化模型的速度也会相应增大，如图中截面所示。结合式（9.10）可知，尽管优化模型压降值较大，但当量直径的减小与速度的增大对摩擦因子 f 影响更大，故而优化模型的摩擦因子 f 值减小了。

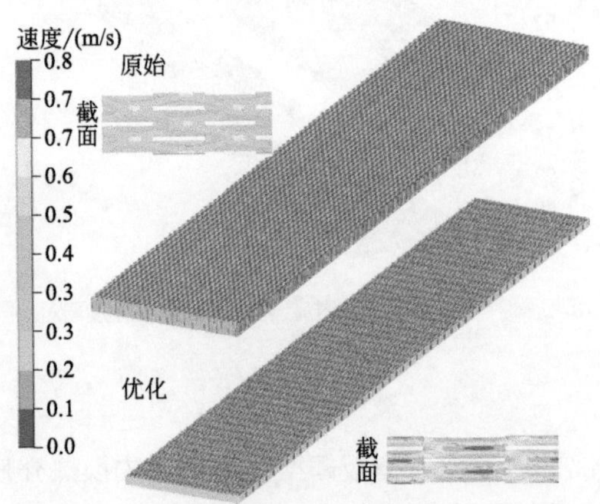

图 9-41 优化前后换热器流道内工作油的速度对比

最终通过研究可知，板翅高度 h 需要小一些，使板翅热阻减小；板翅节距 l 也需要小一些，以增加板翅对换热介质的扰动，强化换热效果；板翅间距 s 需要大一些，以增加一次换热面积，减小换热介质流速；板翅厚度 t 也是需要小一些，以降低流道内阻力，使换热因子 j 增大，摩擦因子 f 减小，利于换热器性能的提升。

参考文献

[1] 徐东 . 液力缓速器热流场 SBES 模拟与其板翅换热器多目标优化研究 [D]. 长春：吉林大学 , 2016.

[2] 闫清东 , 邹波 , 唐正华 . 车用液力减速器叶片数三维集成优化 [J]. 农业机械学报 , 2012, 43（2）: 21-25.

[3] 闫清东 , 邹波 , 魏巍 . 液力减速器叶片前倾角度三维集成优化 [J]. 吉林大学学报（工学版）, 2012, 42（5）: 1135-1139.

[4] 闫清东 , 穆洪斌 , 魏巍 . 双循环圆液力缓速器叶形参数优化设计 [J]. 兵工学报 , 2015, 36（3）: 385-390.

[5] 李强 , 陶泽源 , 孙保群，等 . 液力缓速器结构优化设计与仿真实验分析 [J]. 液压与气动，2020（11）: 59-67.

[6] 邹波 , 朱丽君 , 闫清东 . 液力缓速器制动性能建模与叶栅参数优化研究 [J]. 汽车工程 , 2012, 34（5）: 409-413.

[7] 孔令兴 , 魏巍 , 闫清东 . 液力缓速器关键工作参数全流道数值模拟研究 [J]. 华中科技大学学报（自然科学版）, 2017, 45（03）: 111-116.

[8] Liu C B, Ge L S, Ma W X, et al. Multi-objective optimization design of double-row blades hydraulic retarder with surrogate model[J]. Advances in Mechanical Engineering, 2015, 7（2）:508185.

[9] 李雪松 , 刘春宝 , 程秀生 . 基于流场特性的液力减速器叶栅角度优化设计 [J]. 农业机械学报 , 2014, 45（6）: 20-24.

[10] Liu C B, Bu W Y, Wang T. Numerical investigation on effects of thermophysical properties on fluid flow in hydraulic retarder[J]. International Journal of Heat and Mass Transfer, 2017, 114:1146-1158.

[11] Snigerev B A, Tukmakov A L,Tonkonog V G. Numerical investigation the dynamics of vaporization at the flow of liquid methane in channel with variable section[J]. Journal of Physics : Conference Series，2017, 789(1):012056.

[12] Tsutsumi K, Watanabe S,Tsuda S,etal.Cavitation simulation of automotive torque converter using a homogeneous cavitation model[J]. European Journal of Mechanics-B/Fluids, 2017, 61:263-270.

[13] 崔海波 . 基于 NSGA- Ⅱ 的炮兵群火力分配问题研究 [D]. 长沙：国防科学技术大学，2010.

[14] 张战 , 魏琪 , 候海焱 . 错列翅片换热器表面换热及阻力特性数值研究 [J]. 江苏大学学报（自然科学版）, 2002, 23（2）: 39-42.

[15] 王武林 , 魏琪 . 错列翅片板翅式换热器传热性能数值研究 [J]. 华东船舶工业学院学报，2003，17（4）: 13-16.

[16] 李建军 , 陈江平 , 陈芝久 . 低雷诺数流动错位翅片传热和压降特性的实验研究 [J]. 能源技术 , 2004, 25（4）: 147-149.

[17] 郭丽华 , 覃峰 , 陈江平 , 等 . 低雷诺数工况下锯齿型翅片性能的参数化研究 [J]. 农业机械学报 , 2007, 38(7）: 168-171.

[18] 黄钰期 , 俞小莉 , 陆国栋 . 锯齿型翅片单元的流动与传热数值模拟 [J]. 浙江大学学报：工学版 , 2008, 42(8）: 1462-1468.

[19] 寇磊 . 紧凑式换热器传热和流动特性的数值模拟 [D]. 长沙：中南大学，2009.

[20] 寇磊 , 廖胜明 , 刘玉涵 . 百叶窗翅片传热特性的数值模拟 [J]. 建筑热能通风空调 , 2009, 28（1）: 6-9.

[21] 李媛 , 凌祥 . 板翅式换热器翅片表面性能的三维数值模拟 [J]. 石油机械，2006, 34（7）: 10-14.

[22] 李媛 , 凌祥 , 虞斌 . 铝板翅式换热器翅片表面性能的试验研究 [J]. 石油机械，2006, 33（10）: 1-4.

[23] 李媛 , 板翅式换热器翅片表面性能试验研究与数值模拟 [D]. 南京：南京工业大学 , 2005.

[24] 曲乐 . LNG5 设备中板翅式换热器流动与传热数值模拟研究 [D]. 哈尔滨：哈尔滨工业大学 , 2007.

[25] 曲乐 , 贾林祥 . 锯齿与打孔翅片表面性能数值模拟 [J]. 低温工程 , 2008, 1：010.

[26] 曲乐 , 贾林祥 . 相变换热混合工质板翅式换热器流动与传热数值模拟 [J]. 低温与超导 , 2008, 36（4）: 23-28.

[27] Breuer M. A challenging test case for large eddy simulation : High Reynolds number circular cylinder flow[J]. International Journal of Heat and Fluid Flow, 2000, 21(5):648-654.

[28] Catalano P, Wang M, Iaccarino G, et al. Numerical simulation of the flow around a circular cylinder at high Reynolds numbers[J]. International Journal of Heat and Fluid Flow, 2003, 24(4):463-469.

[29] Cao S, Ozono S, Tamura Y, et al. Numerical simulation of Reynolds number effects on velocity shear flow around a circular cylinder[J]. Journal of Fluids and structures, 2010, 26(5):685-702.

[30] Luo D, Yan C, Liu H, et al. Comparative assessment of PANS and DES for simulation of flow past a circular cylinder[J]. Journal of Wind Engineering and Industrial Aerodynamics, 2014, 134:65-77.